高职高专土木与建筑规划教材

工程造价案例分析

李 军 主编

清华大学出版社
北京

内 容 简 介

本书是针对高职高专院校的教学特点和建设类专业人才培养方案，专门为工程造价与建筑经济类专业的工程造价管理课程而编写的案例教材。在编写过程中，编者本着为高职高专院校培养人才的原则，力求重点突出、语言精练，在内容组织上以必需、实用和够用为原则，简化理论推导，注重实用性。为了便于教学和学习，每章开始设有学习目标、教学要求以及项目案例导入和项目问题导入，注重培养和提高学生的应用能力。

本书内容共 6 章，分别包含有建设项目投资估算与财务评价、建设工程方案的技术经济分析、建设工程计量与计价、建设工程施工招投标、建设工程合同管理与索赔、工程结算与竣工决算等。本书内容通俗易懂、实用性强，紧扣工程造价理论与实践，并附有大量的案例，同时每章后面还设置了"实训练习"供学生课后练习使用，帮助学生巩固所学内容。

本书可作为高等职业技术学院和应用技术学院建筑工程、工程造价等专业的教材，也可作为成人高等教育、自学考试、注册考试的教材，同时还可作为结构设计人员、施工与经济核算人员、工程监理人员等相关专业技术人员、企业管理人员业务知识学习培训用书。

本书封面贴有清华大学出版社防伪标签，无标签者不得销售。

版权所有，侵权必究。举报：010-62782989，beiqinquan@tup.tsinghua.edu.cn。

图书在版编目(CIP)数据

工程造价案例分析/李军主编. —北京：清华大学出版社，2019（2025.1重印）
(高职高专土木与建筑规划教材)
ISBN 978-7-302-51168-7

Ⅰ.①工… Ⅱ.①李… Ⅲ.①建筑造价管理—案例—高等职业教育—教材 Ⅳ.①TU723.3

中国版本图书馆 CIP 数据核字(2018)第 210673 号

责任编辑：桑任松
封面设计：刘孝琼
责任校对：吴春华
责任印制：曹婉颖
出版发行：清华大学出版社
    网 址：https://www.tup.com.cn，https://www.wqxuetang.com
    地 址：北京清华大学学研大厦 A 座   邮 编：100084
    社 总 机：010-83470000   邮 购：010-62786544
    投稿与读者服务：010-62776969，c-service@tup.tsinghua.edu.cn
    质量反馈：010-62772015，zhiliang@tup.tsinghua.edu.cn
    课件下载：https://www.tup.com.cn，010-62791865
印 装 者：天津鑫丰华印务有限公司
经 销：全国新华书店
开 本：185mm×260mm   印 张：15.5   字 数：370 千字
版 次：2019 年 1 月第 1 版   印 次：2025 年 1 月第 9 次印刷
定 价：49.00 元

产品编号：078035-01

前　　言

本书以高职高专人才培养方案为指导，遵循"以服务发展为宗旨，以促进就业为导向"的教育理念和科学性、实践性的编写原则，符合高等职业教育专业教学标准的要求，突出体现以职业能力为本位、以实际应用为目的的职教特色，有助于培养学生的专业精神、职业精神和工匠精神，让学生在专业学习的过程中掌握适应岗位需求的能力。

本书为"十四五"首批职业教育河南省规划教材，也是校企合作开发、工学结合教材，同时也是河南省高等教育教学改革研究与实践项目(2021SJGLX747，基于产教融合联盟的技术技能人才培养模式研究与实践)标志性成果。"工程造价案例分析"作为一门实践性极强的课程，在整个教学任务中属于比较重要的课程，但是以往的教材由于概念讲述过多，导致很多学生在学习过基本知识之后得不到有效的实践。高等职业教育的快速发展要求以加强市场的实用内容教学为主，党的二十大报告明确提出了"健全现代预算制度"的目标任务。书中内容充分体现并围绕党的二十大提出的新目标、新任务、新要求，聚焦工程造价重点、难点，对不同的案例进行针对性的分析。本书从市场的实际出发，坚持以全面素质教育为基础，以就业为导向，培养高素质的应用技能型人才。

教材内容的设计是根据建筑业职业能力要求及教学特点，与建筑行业的岗位相对应，体现新的国家标准和技术规范；注重实用为主，内容精选翔实，文字叙述简练，图文并茂，充分体现了项目教学与综合训练相结合的主流思路。本书在编写时尽量做到内容通俗易懂、理论概述简洁明了、案例清晰实用，特别注重教材的实用性。

本书分别讲述了建设项目投资估算与财务评价、建设工程方案的技术经济分析、建设工程计量与计价、建设工程施工招投标、建设工程合同管理与索赔、工程结算与竣工决算等内容，每章针对不同知识点均添加了大量的案例，结合案例和上下文可以帮助学生更好地理解教学内容，同时配有实训工作单，让学生能够学以致用。除了必备的电子课件、每章习题答案、模拟测试AB试卷外，还相应地配套有大量的讲解音频、视频动画、知识拓展等，通过扫描二维码的形式再次拓展工程造价案例分析的相关知识点，力求让初学者在学习时最大化地接受新知识，最快、最高效地达到学习目的。

本书由开封大学李军任主编，参加编写的还有郑州财经学院余培杰、新乡职业技术学院银利军、河南中鸿文化传播有限公司赵小云、河南黄河河务局开封黄河河务局朱志航、商丘工学院雷亚设。具体的编写分工为李军负责编写第1章、第3章的3.1，并对全书进行统筹，朱志航负责编写第2章，余培杰负责编写第3章的3.2到3.4，银利军负责编写第4章，赵小云负责编写第5章，雷亚设负责编写第6章，在此对在本书编写过程中的全体合作者和帮助者表示衷心的感谢!

本书在编写过程中，得到了许多同行的支持与帮助，在此一并表示感谢。由于编者水平有限和时间紧迫，书中难免有错误和不妥之处，望广大读者批评指正。

编　者

目　　录

电子课件获取
方法.pdf

工程造价案例分析
试卷 A.pdf

工程造价案例分析
A 答案.pdf

工程造价案例分析
试卷 B.pdf

工程造价案例试卷
B 答案.pdf

第1章 建设项目
投资估算与财务
评价.pdf

第1章　建设项目投资估算与财务评价 | 01

【学习目标】

- 掌握投资估算的基本知识、投资估算编制的依据和方法。
- 理解建设投资分类及其估算的方法、工程建设其他费的组成。
- 理解财务评价及经济效果评价体系。
- 掌握财务盈利能力、偿债能力的评价指标。
- 掌握方案的不确定性分析以及敏感性分析。

第1章　学习目
标.mp4

【教学要求】

本章要点	掌握层次	相关知识点
投资估算的基本知识、投资估算编制的依据和方法	1. 了解投资估算的基本知识 2. 了解投资估算编制的依据和方法	投资估算基本知识
建设投资分类及其估算的方法、工程建设其他费的组成	1. 了解建设投资分类及其估算的方法 2. 掌握工程建设其他费用的组成	建设投资分类估算法、工程建设其他费的组成
财务评价及经济效果评价体系	1. 了解财务评价的基本项目 2. 了解财务评价及财务效果评价体系	财务评价基本项目及经济效果评价指标体系
财务盈利能力、偿债能力的评价指标	1. 理解财务盈利能力 2. 熟练偿债能力的评价指标	项目财务盈利能力、偿债能力的评价指标
方案的不确定性分析以及敏感性分析	1. 掌握方案的不确定性分析 2. 掌握技术方案的敏感性分析	方案的不确定性分析以及技术方案敏感性分析

【项目案例导入】

　　某建设项目的工程费与工程建设其他费的估算额为 52180 万元,预备费为 5000 万元,项目的投资方向调节税率为 5%,建设期 3 年。3 年的投资比例是: 第 1 年 20%,第 2 年 55%,第 3 年 25%,第 4 年投产。

　　该项目固定资产投资来源为自有资金和贷款,贷款的总额为 40000 万元,其中外汇贷款为 2300 万美元。外汇牌价为 1 美元兑换 8.3 元人民币。贷款的人民币部分从中国建设银行获得,年利率为 12.48%(按季计息)。贷款的外汇部分从中国银行获得,年利率为 8%(按年计息)。

　　建设项目达到设计生产能力后,全厂定员为 1100 人,工资和福利费按照每人每年 7200元估算。每年其他费用为 860 万元(其中: 其他制造费用为 660 万元)。年外购原材料、燃料、动力费估算为 19200 万元。年经营成本为 21000 万元,年销售收益为 33000 万元,年修理费占年经营成本 10%。各项流动资金最低周转天数分别为: 应收账款 30 天,现金 40 天,应付账款 30 天,存货 40 天。

 【项目问题导入】

　　(1) 估算建设期贷款利息。
　　(2) 用分项详细估算法估算拟建项目的流动资金。
　　(3) 估算拟建项目的总投资。

1.1　投 资 估 算

1.1.1　投资估算基本知识

1. 投资估算概述

　　投资估算是在对项目的建设规模、技术方案、设备方案、工程方案及项目实施进度等进行研究并基本确定的基础上,估算项目投入总资金(包括建设投资和流动资金),并测算建设期内分年资金需要量。投资估算可以作为制定融资方案,进行经济评价,以及编制初步设计概算的依据。

投资估算.avi

投资估算概述.mp4

　　项目总投资是指拟建项目全部建成、投入营运所需的费用总和。在项目的可行性研究和经济评价中,对投资项目总投资的估算,首先要明确投资估算的范围。投资估算的范围应与项目方案设计所规定的研究范围及项目工作(任务)内容保持一致。

　　投资估算是指在建设项目整个投资决策过程中,依据现有的资料和一定的方法,对建设项目的投资额(包括工程造价和流动资金)进行的估计。投资估算总额是指从筹建、施工直至建成投产的全部建设费用,其包括的内容应视项目的性质和范围而定。

投资估算是拟建项目编制项目建议书、可行性研究报告的重要组成部分，是项目决策的重要依据之一。

2. 投资估算的内容

根据国家规定，从满足建设项目投资计划和投资规模的角度考虑，建设项目投资估算包括固定资产投资估算和铺底流动资金估算。但从满足建设项目经济评价的角度，其总投资估算包括固定资产投资估算和流动资金估算。不管从满足哪一个角度进行的投资估算，都需要进行固定资产投资估算和流动资金估算。铺底流动资金的估算是项目总投资估算中流动资金的一部分，它等于项目投产后所需流动资金的30%。根据国家现行规定要求，新建、扩建和技术改造项目，必须将项目建成投资投产后所需的铺底流动资金列入投资计划，铺底流动资金不落实的，国家不予批准立项，银行不予贷款。

项目投入总资金由建设投资(含建设期利息)和流动资金两部分组成。其具体内容包括：

(1) 建筑工程费用；

(2) 设备及工器具购置费；

(3) 安装工程费；

(4) 工程建设其他费；

(5) 基本预备费；

(6) 涨价预备费；

(7) 建设期利息；

(8) 固定资产投资方向调节税；

(9) 无形资产投资与开办费；

(10) 流动资金。

3. 投资估算的作用

(1) 项目建议书、可行性研究报告文件中的投资估算是研究、分析、计算项目投资经济效益的重要条件，是项目经济评价的基础。

(2) 项目建议书阶段的投资估算是多方案比选、优化设计、合理确定项目投资的基础，是项目主管部门审批项目的依据之一，并对项目的规划、规模起参考作用，从经济上判断项目是否应列入投资计划。

(3) 项目可行性研究阶段的投资估算是方案选择和投资决策的重要依据，是确定项目投资水平的依据，是正确评价建设项目投资合理性的基础。

(4) 项目投资估算对工程设计概算起控制作用。可行性研究报告批准之后，其投资估算额作为设计任务书中下达的投资限额，即作为建设项目投资的最高限额，一般不得随意突破，用于对各设计专业实行投资切块分配，作为控制和指导设计的尺度或标准。

(5) 项目投资估算是项目资金筹措及制订建设贷款计划的依据，建设单位可根据批准的项目投资估算额，进行资金筹措和向银行申请贷款。

(6) 项目投资估算是核算建设项目固定资产投资需要额和编制固定资产投资计划的重要依据。

4. 投资估算发生的阶段

投资估算贯穿于整个建设项目投资决策的过程之中。投资决策过程可划分为项目的投资机会研究或项目建议书阶段、初步可行性研究阶段及详细可行性研究阶段，因此投资估算工作也分为相应三个阶段。不同阶段所具备的条件和掌握的资料不同，对投资估算的要求也各不相同，因而投资估算的准确程度在不同阶段也不同，进而每个阶段投资估算所起的作用也不同。

5. 投资估算的原则

投资估算是拟建项目前期可行性研究的重要内容，是经济效益评价的基础，是项目决策的重要依据。估算质量如何，将决定着项目能否纳入投资建设计划。因此，在编制投资估算时应符合下列原则。

扩展资源 1.pdf

(1) 实事求是的原则。

(2) 从实际出发，深入开展调查研究，掌握第一手资料，不能弄虚作假的原则。

(3) 合理利用资源，效益最高的原则。市场经济环境中，利用有限经费，有限的资源，尽可能满足项目需要。

(4) 尽量做到快、准的原则。一般投资估算误差都比较大，通过艰苦细致的工作，加强研究，积累资料，尽量做到又快又准拿出项目的投资估算。

(5) 适应高科技发展的原则。从编制投资估算角度出发，在资料收集，信息储存、处理、使用以及编制方法选择和编制过程应逐步实现计算机化、网络化。

1.1.2 投资估算编制的依据和方法

1. 投资估算编制的依据

(1) 项目建议书(或建设规划)，可行性研究报告(或设计任务书)，方案设计(包括设计招标或城市建筑方案设计竞选中的方案设计，其中包括文字说明和图纸);

(2) 投资估算指标、概算指标、技术经济指标;

(3) 造价指标(包括单项工程和单位工程造价指标);

(4) 类似工程造价;

(5) 设计参数，包括各种建筑面积指标，能源消耗指标等;

(6) 相关定额及定额单价;

(7) 当地材料，设备预算价格及市场价格(包括设备、材料价格，专业分包报价等);

(8) 当地建筑工程取费标准，如措施费、企业管理费、规费、利润、税金以及与建设有关的其他费用标准等;

(9) 当地历年、历季调价系数及材料差价计算办法等;

(10) 现场情况，如地理位置、地质条件、交通、供水、供电条件等;

(11) 其他经验参考数据，如材料、设备运杂费率，设备安装费率，零星工程及辅材的比率等。

2. 投资估算的基本方法

常用的固定资产估算方法有：资金周转率法、单位生产能力估算法、生产能力指数法、比例估算法、系数估算法、综合指标投资估算法等。

流动资金估算一般是参照现有同类企业的状况采用分项详细估算法，个别情况或者小型项目可采用扩大指标法。

投资估算基本
方法.mp4

1.1.3　建设投资分类估算法

1. 概念

建设投资分类估算法是按照综合估算框架，根据建设投资的一般工作分解结构，自下而上、分类分层地分别进行估算。

建设工程项目总投资一般是指进行某项工程建设花费的全部费用。生产性建设工程项目总投资包括建设投资和铺底流动资金两部分；非生产性建设工程项目总投资则只包括建设投资。

建设投资由设备及工器具购置费、建筑安装工程费、工程建设其他费用、预备费(包括基本预备费和涨价预备费)和建设期利息组成。具体的解释详见二维码。

扩展资源 2.pdf

2. 工程费用估算

建筑工程费是指建造永久性建筑物和构筑物所需要的费用，主要包括以下几部分内容。

(1) 各类房屋建筑工程和列入房屋建筑工程预算的供水、供暖、卫生、通风、煤气等设备费用及其装饰、油饰工程的费用，列入建筑工程的各种管道、电力、电信和电缆导线敷设工程的费用。

(2) 设备基础、支柱、工作台、烟囱、水塔、水池、灰塔等建筑工程以及各种窑炉的砌筑工程和金属结构工程的费用。

(3) 建设场地的大型土石方工程、施工临时设施和完工后的场地清理等费用。

(4) 矿井开凿、井巷延伸、露天矿剥高，石油、天然气钻井，修建铁路、公路、桥梁、水库、堤坝、港渠及防洪等工程的费用。

3. 估算方法

建筑工程费的估算方法有单位建筑工程投资估算法、单位实物工程量投资估算法和概算指标投资估算法，前两种方法比较简单，最后一种方法要以较为详细的工程资料为基础，工作量较大，实际工作中可根据具体条件和要求选用。

1) 单位建筑工程投资估算法

单位建筑工程投资估算法，是以单位建筑工程量投资乘以建筑工程总量来估算建筑工程费的方法。一般工业与民用建筑以单位建筑面积(平方米)投资，工业窑炉砌筑以单位容积(立方米)投资，水库以水坝单位长度(米)投资，铁路路基以单位长度(公里)投资，矿山掘进以单位长度(米)投资，乘以相应的建筑工程总量计算建筑工程费。

2) 单位实物工程量投资估算法

单位实物工程量投资估算法，是以单位实物工程量投资乘以实物工程量总量来估算建筑工程费的方法。土石方工程按每立方米投资，矿井巷道衬砌工程按每延长米投资，路面铺设工程按每平方米投资，乘以相应的实物工程量总量计算建筑工程费。

3) 概算指标投资估算法

在估算建筑工程费时，对于没有前两种估算指标，或者建筑工程费占建设投资比例较大的项目，可采用概算指标投资估算法。建筑工程概算指标通常是以整个建筑物为对象，以建筑面积、体积等为计量单位确定人工、材料和机械台班的消耗量标准和造价指标。建筑工程概算指标分别有一般土建工程概算指标、给排水工程概算指标、采暖工程概算指标、通信工程概算指标、电气照明工程概算指标等。采用概算指标投资估算法需要较为详细的工程资料、建筑材料价格和工程费用指标，工作量较大，具体方法参照专门机构发布的概算编制办法。估算建筑工程费应编制建筑工程费估算表。

4. 建设投资估算步骤

(1) 分别估算各单项工程所需建筑工程费、设备购置费和安装工程费；

(2) 汇总各单项工程建筑工程费、设备购置费和安装工程费，得出项目建设所需的工程费用；

扩展资源 3.pdf

(3) 在工程费用的基础上估算工程建设其他费用；

(4) 以工程费用和工程建设其他费用为基础，估算基本预备费；

(5) 在确定工程费用分年投资计划的基础上，估算涨价预备费；

(6) 汇总求得建设投资。

5. 设备及工器具购置费的估算

设备及工器具购置费用是由设备购置费用和工具、器具及生产家具购置费用组成。

1) 设备购置费的组成和计算

设备购置费是指为建设工程项目购置或自制的达到固定资产标准的设备、工具、器具的费用。设备购置费包括设备原价和设备运杂费，即

$$设备购置费=设备原价或进口设备抵岸价+设备运杂费 \tag{1-1}$$

式中，设备原价是指国产标准设备、非标准设备的原价。设备运杂费是指设备原价中未包括的包装和包装材料费、运输费、装卸费、采购费及仓库保管费、供销部门手续费等。如果设备是由设备成套公司供应的，成套公司的服务费也应计入设备运杂费中。

(1) 国产标准设备原价。

国产标准设备是指按照主管部门颁布的标准图纸和技术要求，由设备生产厂批量生产的，符合国家质量检验标准的设备。国产标准设备原价一般指的是设备制造厂的交货价，即出厂价。如设备由设备成套公司供应，则以订货合同价为设备原价。有些设备有两种出厂价，即带有备件的出厂价和不带有备件的出厂价。在计算设备原价时，一般按带有备件的出厂价计算。

(2) 国产非标准设备原价。

非标准设备是指国家尚无定型标准，各设备生产厂不可能在工艺过程中采用批量生产，

只能按一次订货，并根据具体的设备图纸制造的设备。非标准设备原价有多种不同的计算方法，如成本计算估价法、系列设备插入估价法、分部组合估价法、定额估价法等。但无论哪种方法都应该使非标准设备计价的准确度接近实际出厂价，且计算方法要简便。

扩展资源 4.pdf

2) 进口设备抵岸价的构成及其计算

进口设备抵岸价是指抵达买方边境港口或边境车站，且交完关税以后的价格。

进口设备如果采用装运港船上交货价(FOB)，其抵岸价构成为

$$进口设备抵岸价=进口设备的货价+国外运费+国外运输保险费+银行财务费+外贸手续费+进口关税+增值税+消费税 \tag{1-2}$$

(1) 进口设备的货价：一般指装运港船上交货价(离岸价)FOB。

(2) 国外运费：即从装运港(站)到达我国抵达港(站)的运费。我国进口设备大部分采用海洋运输方式，小部分采用铁路运输方式，个别采用航空运输方式，计算公式为

$$国外运费=离岸价×运费率$$

或：
$$国外运费=运量×单位运价 \tag{1-3}$$

(3) 国外运输保险费：对外贸易货物运输保险是由保险人(保险公司)与被保险人(出口人或进口人)订立保险契约，在被保险人交付议定的保险费后，保险人根据保险契约的规定对货物在运输过程中发生的承保责任范围内的损失给予经济上的补偿。计算公式为

$$国外运输保险费 = \frac{离岸价+国外运费}{1-国外运输保险费率} ×国外运输保险费率 \tag{1-4}$$

(4) 银行财务费：一般指银行手续费，计算公式为

$$银行财务费=离岸价×银行财务费率 \tag{1-5}$$

银行财务费率一般为 0.4%～0.5%。

(5) 外贸手续费：是指按商务部规定的外贸手续费率计取的费用，外贸手续费率一般取 1.5%。计算公式为

$$外贸手续费=进口设备到岸价×外贸手续费率 \tag{1-6}$$

其中
$$进口设备到岸价(CIF)=离岸价+国外运费+国外运输保险费 \tag{1-7}$$

(6) 进口关税：关税是由海关对进出国境的货物和物品征收的一种税，属于流转性课税。计算公式为

$$进口关税=到岸价×进口关税率 \tag{1-8}$$

(7) 增值税：增值税是我国政府对从事进口贸易的单位和个人，在进口商品报关进口后征收的税种。我国增值税条例规定，进口应税产品均按组成计税价格，依税率直接计算应纳税额，不扣除任何项目的金额或已纳税额，即

$$进口产品增值税额=组成计税价格×增值税率 \tag{1-9}$$

$$组成计税价格=到岸价+进口关税+消费税 \tag{1-10}$$

增值税基本税率为 16%。

(8) 消费税：对部分高档消费品征收。计算公式为

$$消费税 = \frac{到岸价×人民币外汇牌价+关税}{1-消费税率} ×消费税率 \tag{1-11}$$

3)   设备运杂费

(1) 设备运杂费的构成。

设备运杂费通常由下列各项构成。

①   运费和装卸费。国产标准设备由设备制造厂交货地点起至工地仓库(或施工组织设计指定的需要安装设备的堆放地点)止所发生的运费和装卸费。进口设备则由我国到岸港口、边境车站起至工地仓库(或施工组织设计指定的需要安装设备的堆放地点)止所发生的运费和装卸费。

②   包装费。在设备出厂价格中没有包含的设备包装和包装材料器具费;在设备出厂价或进口设备价格中如已包括了此项费用,则不应重复计算。

③   设备供销部门的手续费。供销部门的手续费,按有关部门规定的统一费率计算。

④   建设单位(或工程承包公司)的采购与仓库保管费。它是指采购、验收、保管和收发设备所发生的各种费用,包括设备采购、保管和管理人员工资、工资附加费、办公费、差旅交通费、设备供应部门办公和仓库所占固定资产使用费、工具用具使用费、劳动保护费、检验试验费等。这些费用可按主管部门规定的采购保管费率计算。

(2) 设备运杂费的计算。

设备运杂费按设备原价乘以设备运杂费率计算。其计算公式为

$$设备运杂费=设备原价×设备运杂费率 \qquad (1-12)$$

其中,设备运杂费率按各部门及省、市等的规定计取。一般来讲,沿海和交通便利的地区,设备运杂费率相对低一些;内地和交通不便利的地区就相对高一些,边远省份则要更高一些。对于非标准设备来讲,应尽量就近委托设备制造厂,以大幅度降低设备运杂费。进口设备由于原价较高,国内运距较短,因而运杂费比率应适当降低。

6. 工具,器具及生产家具购置费的构成及计算

工器具及生产家具购置费是指新建项目或扩建项目初步设计规定所必须购置的不够固定资产标准的设备、仪器、工卡模具、器具、生产家具和备品备件的费用。其计算公式一般为

$$工器具及生产家具购置费=设备购置费×定额费率 \qquad (1-13)$$

1.1.4 工程建设其他费的组成

建设工程其他费.mp4

工程建设其他费是指工程项目从筹建开始到竣工验收交付使用止的整个建设期间,除建筑安装工程费用、设备及工器具购置费以外的,为保证工程建设顺利完成和交付使用后能够正常发挥效用而发生的一些费用。

工程建设其他费用,按其内容大体可分为三类。第一类为土地使用费,由于工程项目固定于一定地点与地面相连接,必须占用一定量的土地,也就必然要发生为获得建设用地而支付的费用;第二类是与项目建设有关的费用;第三类是与未来企业生产和经营活动有关的费用。

1．土地使用费

土地使用费是指按照《中华人民共和国土地管理法》等规定，建设工程项目征用土地或租用土地应支付的费用。关于土地使用费的其他内容详见二维码。

扩展资源 5.pdf

2．与项目建设有关的其他费用

1）建设管理费

建设管理费是指建设单位从项目筹建开始至工程竣工验收合格或交付使用为止发生的项目建设管理费用。

2）可行性研究费

可行性研究费是指在建设工程项目前期工作中，编制和评估项目建议书(或预可行性研究报告)、可行性研究报告所需的费用。

扩展资源 6.pdf

3）研究试验费

研究试验费是指为本建设工程项目提供或验证设计数据、资料等进行必要的研究试验及按照设计规定在建设过程中必须进行试验、验证所需的费用。研究试验费按照研究试验内容和要求进行编制。

4）勘察设计费

勘察设计费是指委托勘察设计单位进行工程水文地质勘查、工程设计所发生的各项费用。包括：

(1) 工程勘察费；

(2) 初步设计费(基础设计费)、施工图设计费(详细设计费)；

(3) 设计模型制作费。

5）环境影响评价费

环境影响评价费是指按照《中华人民共和国环境保护法》《中华人民共和国环境影响评价法》等规定，为全面、详细评价建设工程项目对环境可能产生的污染或造成的重大影响所需的费用。包括编制环境影响报告书(含大纲)、环境影响报告表和评估环境影响报告书(含大纲)、评估环境影响报告表等所需的费用。

6）劳动安全卫生评价费

劳动安全卫生评价费是指按照劳动部《建设工程项目(工程)劳动安全卫生监察规定》和《建设工程项目(工程)劳动安全卫生预评价管理办法》的规定，为预测和分析建设工程项目存在的职业危险、危害因素的种类和危险危害程度，并提出先进、科学、合理可行的劳动安全卫生技术和管理对策所需的费用。

7）场地准备及临时设施费

场地准备及临时设施费是指建设场地准备费和建设单位临时设施费。

$$场地准备和临时设施费=工程费用×费率+拆除清理费 \qquad (1\text{-}14)$$

发生拆除清理费时可按新建同类工程造价或主材费、设备费的比例计算。凡可回收材料的拆除工程采用以料抵工方式冲抵拆除清理费。

8)　引进技术和进口设备其他费

引进技术及进口设备其他费用，包括出国人员费用、国外工程技术人员来华费用、技术引进费、分期或延期付款利息、担保费以及进口设备检验鉴定费。具体详见二维码。

扩展资源 7.pdf

9)　工程保险费

工程保险费是指建设工程项目在建设期间根据需要对建筑工程、安装工程、机器设备和人身安全进行投保而发生的保险费用。包括建筑安装工程一切险、进口设备财产保险和人身意外伤害险等。不包括已列入施工企业管理费中的施工管理用财产、车辆保险费。不投保的工程不计取此项费用。

10)　特殊设备安全监督检验费

特殊设备安全监督检验费是指在施工现场组装的锅炉及压力容器、压力管道、消防设备、燃气设备、电梯等特殊设备和设施，由安全监察部门按照有关安全监察条例和实施细则以及设计技术要求进行安全检验，应由建设工程项目支付的，向安全监察部门缴纳的费用。

11)　市政公用设施建设及绿化补偿费

市政公用设施建设及绿化补偿费是指使用市政公用设施的建设工程项目，按照项目所在地省级人民政府有关规定建设或缴纳的市政公用设施建设配套费用，以及绿化工程补偿费用。

3. 与未来企业生产经营有关的其他费用

1)　联合试运转费

联合试运转费是指新建项目或新增加生产能力的项目，在交付生产前按照批准的设计文件所规定的工程质量标准和技术要求，进行整个生产线或装置的负荷联合试运转或局部联动试车所发生的费用净支出(试运转支出大于收入的差额部分费用)。试运转支出包括试运转所需原材料、燃料及动力消耗、低值易耗品、其他物料消耗、工具用具使用费、机械使用费、保险金、施工单位参加试运转人员工资以及专家指导费等；试运转收入包括试运转期间的产品销售收入和其他收入。

联合试运转费不包括应由设备安装工程费用开支的调试及试车费用，以及在试运转中暴露出来的因施工问题或设备缺陷等发生的处理费用。

不发生试运转或试运转收入大于(或等于)费用支出的工程，不列此项费用。

当联合试运转收入小于试运转支出时：

$$联合试运转费=联合试运转费用支出-联合试运转收入 \qquad (1\text{-}15)$$

2)　生产准备费

生产准备费是指新建项目或新增生产能力的项目，为保证竣工交付使用进行必要的生产准备所发生的费用。

新建项目按设计定员为基数计算，改扩建项目按新增设计定员为基数计算：

$$生产准备费=设计定员×生产准备费指标(元/人) \qquad (1\text{-}16)$$

3)　办公和生活家具购置费

办公和生活家具购置费是指为保证新建、改建、扩建项目初期正常生产、使用和管理所必须购置的办公和生活家具、用具的费用。改建、扩建项目所需的办公和生活用具购置费，应低于新建项目。其范围包括办公室、会议室、档案室、阅览室、文娱室、食堂、浴室、理发室和单身宿舍等。这项费用按照设计定员人数乘以综合指标计算。

4. 预备费的组成

按我国现行规定，预备费包括基本预备费和涨价预备费。

1) 基本预备费

基本预备费是指在项目实施中可能发生难以预料的支出，需要预先预留的费用，又称不可预见费。主要指设计变更及施工过程中可能增加的工程量费用。计算公式为

$$基本预备费=(设备及工器具购置费+建筑安装工程费+工程建设其他费)$$
$$\times 基本预备费率 \tag{1-17}$$

2) 涨价预备费

涨价预备费是指建设工程项目在建设期内由于价格等变化引起投资增加，需要事先预留的费用。涨价预备费以建筑安装工程费、设备及工器具购置费之和为计算基数。计算公式为

$$PC = \sum_{t=1}^{n} I_t[(1+f)^t - 1] \tag{1-18}$$

式中：PC——涨价预备费；

I_t——第 t 年的建筑安装工程费、设备及工器具购置费之和；

n——建设期；

f——建设期价格上涨指数。

5. 建设期利息的计算

建设期利息是指项目借款在建设期内发生并计入固定资产的利息。为了简化计算，在编制投资估算时通常假定借款均在每年的年中支用，借款第一年按半年计息，其余各年份按全年计息。计算公式为

$$各年应计利息=(年初借款本息累计+本年借款额/2)\times年利率 \tag{1-19}$$

1.2　建设项目财务评价

1.2.1　财务评价基本项目

1. 财务评价的内容

根据不同决策的需要，财务评价分为：融资前分析和融资后分析。经营性项目主要分析项目的盈利能力、偿债能力和财务生存能力，非经营性项目应主要分析项目的财务生存能力。

财务评价的内容.mp4

1) 项目的盈利能力

其主要分析指标包括：项目投资财务内部收益率和财务净现值、项目资本金财务内部

收益率、投资回收期、总投资收益率和项目资本金净利润率。

2) 偿债能力

其主要指标包括利息备付率、偿债备付率和资产负债率等。

3) 财务生存能力

分析项目是否有足够的净现金流量维持正常运营，以实现财务的可持续性。财务可持续性：首先体现在有足够大的经营活动净现金流量；其次各年累计盈余资金不应出现负值。若出现负值，应进行短期借款，同时分析该短期借款的年份长短和数额大小，进一步判断项目的财务生存能力。

2. 财务评价的必要性

(1) 衡量竞争性项目的盈利能力；

(2) 项目资金筹措的依据；

(3) 权衡非盈利项目或微利项目的经济优惠措施(财政补贴等)；

(4) 合营项目谈判签约的重要依据；

(5) 编制项目国民经济评价的基础。

财务评价的必要性.mp4

3. 财务评价的方法

1) 财务评价的基本方法

财务评价的基本方法包括：

(1) 确定性评价方法；

(2) 不确定性评价方法。

财务评价的基本方法.mp4

2) 按评价方法的性质分类

按评价方法的性质不同，财务评价分为：

(1) 定量分析；

(2) 定性分析。

在项目财务评价中，应坚持定量分析与定性分析相结合，以定量分析为主的原则。

3) 按评价方法是否考虑时间因素分类

对定量分析，按其是否考虑时间因素又可分为：

(1) 静态分析；

(2) 动态分析。

在项目财务评价中，应坚持动态分析与静态分析相结合，以动态分析为主的原则。

4) 按评价是否考虑融资分类

财务分析可分为：

(1) 融资前分析；

(2) 融资后分析。

5) 按项目评价的时间分类

(1) 事前评价：是在建设项目实施前投资决策阶段所进行的评价。

(2) 事中评价：亦称跟踪评价，是在项目建设过程中所进行的评价。

(3) 事后评价：亦称项目后评价，是在项目建设投入生产并达到正常生产能力后的总结评价。

4. 财务评价的程序

(1) 熟悉建设项目的基本情况；

(2) 收集、整理和计算有关技术经济基础数据资料与参数；

(3) 根据基础财务数据资料编制各基本财务报表；

(4) 财务评价。

财务评价的程序.mp4

5. 财务评价的方案

(1) 独立型方案；

(2) 互斥型方案。

6. 财务报表的编制

1) 包括基本报表和辅助报表

(1) 为分析项目的盈利能力需编制的主要报表有：项目投资现金流量表、项目资本金现金流量表、投资各方现金流量表、利润与利润分配表及相应的辅助报表。

(2) 为分析项目的偿债能力需编制的主要报表有：资产负债表、借款还本付息计划表及相应的辅助报表。

(3) 为考察项目的财务生存能力，应在财务分析辅助表和利润与利润分配表的基础上，编制项目的财务计划现金流量表。

2) 财务评价指标的计算与评价

(1) 财务评价的盈利能力分析要计算：项目投资财务内部收益率和财务净现值、项目资本金财务内部收益率、投资回收期、总投资收益率、项目资本金净利润率等指标。

(2) 偿债能力分析要计算：资产负债率、偿债备付率、利息备付率等指标。

1.2.2　经济效果评价指标体系

技术方案的经济效果评价，一方面取决于基础数据的完整性和可靠性；另一方面取决于选取的评价指标体系的合理性，只有选取正确的评价指标体系，经济效果评价的结果才能与客观实际情况相吻合，才具有实际意义。在工程经济分析中，常用的经济效果评价指标体系如图 1-1 所示。

经济效果评价指标
体系概述.mp4

静态分析指标的最大特点是不考虑时间因素，计算简便。动态分析指标强调利用复利方法计算资金时间价值。

总之，在进行技术方案经济效果评价时，应根据评价深度要求、可获得资料的多少以及评价方案本身所处的条件，选用多个不同的评价指标，这些指标应有主有次，多方面反映评价方案的经济效果。

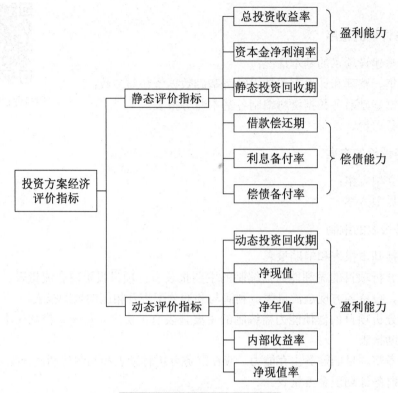

图 1-1　经济效果评价指标体系

1.2.3　项目财务盈利能力分析

1. 投资收益率分析

1)　投资收益率的概念

投资收益率是衡量技术方案获利水平的评价指标,它是技术方案建成投产达到设计生产能力后一个正常生产年份的年净收益额与技术方案投资的比率。它表明技术方案在正常生产年份中,单位投资每年所创造的年净收益额。对生产期内各年的净收益额变化幅度较大的技术方案,可计算生产期年平均净收益额与技术方案投资的比率,其计算公式为

投资收益率
概念.mp4

$$R = \frac{A}{I} \times 100\% \qquad (1\text{-}20)$$

式中:　R ——投资收益率;

　　　　A ——技术方案年净收益额或年平均净收益额;

　　　　I ——技术方案投资。

2)　投资收益率判别准则

将计算出的投资收益率(R)与所确定的基准投资收益率(R_c)进行比较。若 $R \geqslant R_c$,则技术方案可以考虑接受;若 $R < R_c$,则技术方案是不可行的。

3) 投资收益率应用式

根据分析的目的不同，投资收益率又具体分为：总投资收益率(ROI)、资本金净利润率(ROE)。

(1) 总投资收益率(ROI)。

总投资收益率(ROI)表示总投资的盈利水平，按下式计算：

$$ROI = \frac{EBIT}{TI} \times 100\% \qquad (1-21)$$

式中：EBIT——技术方案正常年份的年息税前利润或运营期内年平均息税前利润；

TI——技术方案总投资(包括建设投资、建设期贷款利息和全部流动资金)。

(2) 资本金净利润率(ROE)。

技术方案资本金净利润率(ROE)表示技术方案资本金的盈利水平，按下式计算：

$$ROE = \frac{NP}{EC} \times 100\% \qquad (1-22)$$

式中：NP——技术方案正常年份的年净利润或运营期内年平均净利润，净利润=利润总额-所得税；

EC——技术方案资本金。

总投资收益率(ROI)是用来衡量整个技术方案的获利能力，要求技术方案的总投资收益率(ROI)应大于行业的平均投资收益率；总投资收益率越高，从技术方案所获得的收益就越多。而资本金净利润率(ROE)则是用来衡量技术方案资本金的获利能力，资本金净利润率(ROE)越高，资本金所取得的利润就越多，权益投资盈利水平也就越高；反之，则情况相反。

4) 投资收益率的优劣

投资收益率(R)指标经济意义明确、直观，计算简便，在一定程度上反映了投资效果的优劣，可适用于各种投资规模。但不足的是没有考虑投资收益的时间因素，忽视了资金具有时间价值的重要性；指标的计算主观随意性太强，其确定带有一定的不确定性和人为因素。因此，以投资收益率指标作为主要的决策依据不太可靠，其主要用在技术方案制定的早期阶段或研究过程，且计算期较短、不具备综合分析所需详细资料的技术方案，尤其适用于工艺简单而生产情况变化不大的技术方案的选择和投资经济效果的评价。

投资回收期
概念.mp4

2. 投资回收期分析

1) 投资回收期的概念

投资回收期也称返本期，是反映技术方案投资回收能力的重要指标，投资回收期分为静态投资回收期和动态投资回收期，通常只进行技术方案静态投资回收期计算分析。

技术方案静态投资回收期是在不考虑资金时间价值的条件下，以技术方案的净收益回收期总投资(包括建设投资和流动资金)所需要的时间，一般以年为单位。静态投资回收期宜从技术方案建设开始年算起，若从技术方案投产开始年算起，应予以特别注明。从建设开始年算起，静态投资回收期(P_t)的计算公式如下：

$$\sum_{t=0}^{P_t}(CI-CO)_t = 0 \qquad (1-23)$$

式中： P_t——技术方案静态投资回收期；

    CI——技术方案现金流入量；

    CO——技术方案现金流出量；

    $(CI-CO)_t$——技术方案第 t 年净现金流量。

2) 静态投资回收期的应用式

静态投资回收期可借助技术方案投资现金流量表，根据净现金流量计算，其具体计算又分以下两种情况。

(1) 当技术方案实施后各年的净收益(即净现金流量)均相同时，静态投资回收期的计算公式如下：

$$P_t = \frac{I}{A} \tag{1-24}$$

式中： I——技术方案总投资；

    A——技术方案每年的净收益，即 $A=(CI-CO)_t$。

(2) 当技术方案实施后各年的净收益不相同时，静态投资回收期可根据累计净现金流量求得，也就是在技术方案投资现金流量表中累计净现金流量由负值变为零的时点。其计算公式为

$$P_t = T-1+\frac{\left|\sum_{t=0}^{T-1}(CI-CO)_t\right|}{(CI-CO)_T} \tag{1-25}$$

式中： T——技术方案各年累计净现金流量首次为正或零的年数；

    $\sum_{t=0}^{T-1}(CI-CO)_t$——技术方案第 $(T-1)$ 年累计净现金流量的绝对值；

    $(CI-CO)_T$——技术方案第 T 年的净现金流量。

3) 静态投资回收期的判别准则

将计算出的静态投资回收期 P_t 与所确定的基准投资回收期 P_c 进行比较。若 $P_t \leqslant P_c$ ，表明技术方案投资能在规定的时间内收回，则技术方案可以考虑接受；若 $P_t > P_c$ ，则技术方案是不可行的。

4) 静态投资回收期指标的优劣

静态投资回收期指标容易理解，计算也比较简便，在一定程度上显示了资本的周转速度。显然，资本周转速度越快，静态投资回收期越短，风险越小，技术方案抗风险能力越强。对于那些技术上更新迅速的技术方案，或资金相当短缺的技术方案，或未来的情况很难预测而投资者又特别关心资金补偿的技术方案，采用静态投资回收期评价特别有实用意义。但不足的是，静态投资回收期没有全面考虑技术方案整个计算期内现金流量，即只考虑回收之前的效果，不能反映投资回收之后的情况，故无法准确衡量技术方案在整个计算期内的经济效果。所以，静态投资回收期作为技术方案选择和技术方案优劣的评价准则是不可靠的，它只能作为辅助评价指标，或与其他评价指标结合使用。

3. 财务净现值及财务内部收益率

1) 财务净现值分析

(1) 财务净现值的概念。

财务净现值(FNPV)是反映技术方案在计算期内盈利能力的动态评价指标。技术方案的财务净现值是指用一个预定的基准收益率(或设定的折现率)i_c，分别把整个计算期间内各年所发生的净现金流量都折现到技术方案开始实施时的现值之和。财务净现值计算公式为

财务净现值的
概念.mp4

$$FNPV = \sum_{t=0}^{n} (CI - CO)_t (1 + i_c)^{-t} \tag{1-26}$$

式中：FNPV——财务净现值；

$(CI - CO)_t$——技术方案第 t 年的净现金流量(应注意"+"　"–"号)；

i_c——基准收益率；

n——技术方案计算期。

可根据需要选择计算所得税前财务净现值或所得税后财务净现值。

(2) 财务净现值的判别准则。

财务净现值是评价技术方案盈利能力的绝对指标。当 FNPV>0 时，说明该技术方案除了满足基准收益率要求的盈利之外，还能得到超额收益，故该技术方案财务上可行；当 FNPV=0 时，说明该技术方案基本能满足基准收益率要求的盈利水平，即技术方案现金流入的现值正好抵偿技术方案现金流出的现值，该技术方案财务上还是可行的；当 FNPV<0 时，说明该技术方案不能满足基准收益率要求的盈利水平，即技术方案收益的现值不能抵偿支出的现值，该技术方案财务上不可行。

扩展资源 8.pdf

2) 财务内部收益率分析

(1) 财务内部收益率的概念。

对具有常规现金流量的技术方案，其财务净现值的大小与折现率的高低有直接的关系。若已知某技术方案各年的净现金流量，则该技术方案的财务净现值就完全取决于所选用的折现率，即财务净现值是折现率的函数。其表达式如下：

财务内部收益率
概念.mp4

$$FNPV(i) = \sum_{t=0}^{n} (CI - CO)_t (1 + i)^{-t} \tag{1-27}$$

工程经济中常规技术方案的财务净现值函数曲线在其定义域$(-1<i<+\infty)$内(对大多数工程经济实际问题来说是 $0 \le i < \infty$)，随着折现率的逐渐增大，财务净现值由大变小，由正变负，FNPV 与 i 之间的关系一般如图 1-2 所示。

由图 1-2 可以看出，按照财务净现值的评价准则，只要 $FNPV(i) \ge 0$，技术方案就可以接受。但由于 $FNPV(i)$ 是 i 的递减函数，故折现率 i 定得越高，技术方案被接受的可能性越小。若 $FNPV(0)>0$，则 i 最大可以大到多少，很明显，i 可以大到使 $FNPV(i)=0$，这时 $FNPV(i)$ 曲线与横轴相交，i 达到了其临界值 i^*，可以说 i^* 是财务净现值评价准则的一个分水岭。i^* 就是财务内部收益率(FIRR)。

对常规技术方案，财务内部收益率实质就是使技术方案在计算期内各年净现金流量的现值累计等，于零时的折现率。其数学表达式为：

$$FNPV(FIRR) = \sum_{t=0}^{n}(CI-CO)_t(1+FIRR)^{-t} = 0 \qquad (1-28)$$

式中：FIRR——财务内部收益率。

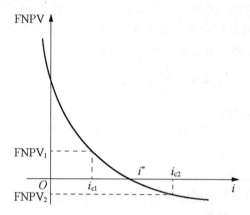

图 1-2　常规技术方案的净现值函数曲线

财务内部收益率是一个未知的折现率，由式(1-28)可知，求方程式中的折现率需解高次方程，不易求解。在实际工作中，一般通过计算机直接计算，手算时可采用试算法确定财务内部收益率 FIRR。

(2) 财务内部收益率的判断。

财务内部收益率计算出来后，与基准收益率进行比较。若 $FIRR \geq i_c$，则技术方案在经济上可以接受；若 $FIRR < i_c$，则技术方案在经济上应予拒绝。

(3) 财务内部收益率的优劣。

财务内部收益率(FIRR)指标考虑了资金的时间价值以及技术方案在整个计算期内的经济状况，不仅能反映投资过程的收益程度，而且 FIRR 的大小不受外部参数影响，完全取决于技术方案投资过程中净现金流量系列的情况。这种技术方案的内部决定性，使它在应用中具有一个显著的优点，即避免了像财务净现值之类的指标那样须事先确定基准收益率这个难题，而只需要知道基准收益率的大致范围即可。但不足的是，财务内部收益率计算比较麻烦；对于具有非常规现金流量的技术方案来讲，其财务内部收益率在某些情况下甚至不存在或存在多个内部收益率。

(4) FIRR 与 FNPV 比较。

对独立常规技术方案的评价，从图 1-2 可知，根据 FIRR 评价的判断准则，当 $FIRR \geq i_{c1}$ 时，技术方案可以接受；而 i_{c1} 对应的 $FNPV_1 > 0$，技术方案也可接受。当 $FIRR < i_{c2}$ 时，技术方案不能接受；i_{c2} 对应的 $FNPV_2 < 0$，根据 FNPV 评价的判断准则，技术方案也不能接受。由此可见，对独立常规技术方案应用 FIRR 评价与应用 FNPV 评价均可，其结论是一致的。

1.2.4　项目偿债能力分析

1. 偿债能力分析

举债经营已成为现代企业经营的一个显著特点，举债是筹措资金的重要途径，对于企业偿债能力的大小，不仅企业自身要关心偿债能力的大小，债权人更为关心。

债务清偿能力分析，重点是分析判断财务主体——企业的偿债能力。债务清偿能力评价，一定要分析债务资金的融资主体的清偿能力，而不是"技术方案"的清偿能力。对于企业融资方案，应以技术方案所依托的整个企业作为债务清偿能力的分析主体。为了考察企业的整体经济实力，分

偿债能力分析
概述.mp4

析融资主体的清偿能力，需要评价整个企业的财务状况和各种借款的综合偿债能力。为了满足债权人的要求，需要编制企业在拟实施技术方案建设期和投产后若干年的财务计划现金流量表、资产负债表、企业借款偿还计划表等报表，分析企业偿债能力。

2. 偿债资金来源

根据国家现行财税制度的规定，偿还贷款的资金来源主要包括可用于归还借款的利润、固定资产折旧、无形资产及其他资产摊销费和其他还款资金来源。

偿债资金来源.mp4

3. 偿债能力指标分析

偿债能力指标主要有：借款偿还期、利息备付率、偿债备付率、资产负债率、流动比率和速动比率。

1)　借款偿还期

(1)　借款偿还期的概念。

借款偿还期是指根据国家财税规定及技术方案的具体财务条件，以可

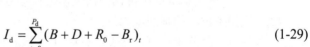

扩展资源 9.pdf

作为偿还贷款的收益(利润、折旧、摊销费及其他收益)来偿还技术方案投资借款本金和利息所需要的时间。它是反映技术方案借款偿债能力的重要指标。借款偿还期的计算式如下：

$$I_d = \sum_{t=0}^{P_d} (B + D + R_0 - B_r)_t \tag{1-29}$$

式中：P_d——借款偿还期(从借款开始年计算；当从投产年算起时，应予注明)；

　　　　I_d——投资借款本金和利息(不包括已用自有资金支付的部分)之和；

　　　　B——第 t 年可用于还款的利润；

　　　　D——第 t 年可用于还款的折旧和摊销费；

　　　　R_0——第 t 年可用于还款的其他收益；

　　　　B_r——第 t 年企业留利。

(2)　借款偿还期的计算。

在实际工作中，借款偿还期可通过借款还本付息计算表推算，以年表示。其具体推算

公式如下：

$$P_{\mathrm{d}}=(借款偿还开始出现盈余年份-1)+\frac{盈余当年应偿还借款额}{盈余当年可用于还款的余额} \tag{1-30}$$

(3) 借款偿还期的判别准则。

借款偿还期满足贷款机构的要求期限时，即认为技术方案是有借款偿债能力的。

在实际工作中，由于技术方案经济效果评价中的偿债能力分析注重的是法人的偿债能力而不是技术方案，因此只计算利息备付率和偿债备付率。

2) 利息备付率(ICR)

(1) 利息备付率的概念。

利息备付率也称已获利息倍数，指在技术方案借款偿还期内各年企业可用于支付利息的息税前利润(EBIT)与当期应付利息(PI)的比值。其表达式为

$$ICR=\frac{EBIT}{PI} \tag{1-31}$$

式中：EBIT——息税前利润，即利润总额与计入总成本费用的利息费用之和；

　　　PI——计入总成本费用的应付利息。

(2) 利息备付率的判别准则。

利息备付率应分年计算，表示企业使用息税前利润偿付利息的保证倍率。正常情况下利息备付率应大于1，并结合债权人的要求确定，否则，表示企业的付息能力保障程度不足。尤其是当利息备付率低于1时，表示企业没有足够资金支付利息，偿债风险很大。

3) 偿债备付率(DSCR)

(1) 偿债备付率的概念。

偿债备付率是指在技术方案借款偿还期内，各年可用于还本付息的资金(EBITDA−T_{AX})与当期应还本付息金额(PD)的比值。其表达式为

$$DSCR=\frac{EBITDA-T_{\mathrm{AX}}}{PD} \tag{1-32}$$

式中：EBITDA——企业息税前利润加折旧和摊销；

　　　T_{AX}——企业所得税；

　　　PD——应还本付息的金额，包括当期应还贷款本金额及计入总成本费用的全部利息。融资租赁费用可视同借款偿还；运营期内的短期借款本息也应纳入计算。

(2) 偿债备付率的判别准则。

偿债备付率应分年计算，它表示企业可用于还本付息的资金偿还借款本息的保证倍率。正常情况下偿债备付率应大于1，并结合债权人的要求确定。当指标小于1时，表示企业当年资金来源不足以偿付当期债务，需要通过短期借款偿付已到期债务。参考国际经验和国内行业的具体情况，根据我国企业历史数据统计分析，一般情况下，偿债备付率不宜低于1.3。

1.2.5 方案的不确定性分析

不确定性分析是指研究和分析当影响技术方案经济效果的各项主要

方案不确定性分析概述.mp4

因素发生变化时，拟实施技术方案的经济效果会发生什么样的变化，以便为正确决策服务的一项工作。不确定性分析是技术方案经济效果评价中的一项重要工作，在拟实施技术方案未做出最终决策之前，均应进行技术方案不确定性分析。

1. 不确定性因素产生的原因

产生不确定性因素的原因很多，一般情况下，产生不确定性的主要原因有以下几点。

(1) 所依据的基本数据不足或者统计偏差。这是指由于原始统计上的误差，统计样本点的不足，公式或模型的套用不合理等所造成的误差。

(2) 预测方法的局限，预测的假设不准确。

(3) 未来经济形势的变化。

(4) 技术进步。技术进步会引起产品和工艺的更新换代，这样根据原有技术条件和生产水平所估计出的年营业收入、年经营成本等指标就会与实际值发生偏差。

(5) 无法以定量来表示的定性因素的影响。

(6) 其他外部影响因素，如政府政策的变化，新的法律、法规的颁布，国际政治经济形势的变化等，均会对技术方案的经济效果产生一定的甚至是难以预料的影响。

影响不确定性
因素的原因.mp4

2. 不确定性分析内容

由于上述种种原因，技术方案经济效果计算和评价所使用的计算参数，诸如投资、产量、价格、成本、利率、汇率、收益、建设期限、经济寿命等，总是不可避免地带有一定程度的不确定性。不确定性的直接后果是使技术方案经济效果的实际值与评价值相偏离，从而给决策者带来风险。为了有效地减少不确定性因素对技术方案经济效果的影响，提高技术方案的风险防范能力，进而提高技术方案决策的科学性和可靠性，除对技术方案进行确定性分析以外，还很有必要对技术方案进行不确定性分析。为此，应根据拟实施技术方案的具体情况，分析各种内外部条件发生变化或者测算数据误差对技术方案经济效果的影响程度，以估计技术方案可能承担不确定性的风险及其承受能力，确定技术方案在经济上的可靠性，并采取相应的对策力争把风险降低到最小限度。这种对影响方案经济效果的不确定性因素进行的分析称为不确定性分析。

3. 不确定性分析的方法

常用的不确定性分析方法有盈亏平衡分析和敏感性分析两种。

1) 盈亏平衡分析

盈亏平衡分析也称量本利分析，就是将技术方案投产后的产销量作为不确定因素，通过计算技术方案的盈亏平衡点的产销量，来分析判断不确定性因素对技术方案经济效果的影响程度，说明技术方案实施的风险大小及技术方案承担风险的能力，为决策提供科学依据。

不确定性分析的
方法.mp4

2) 敏感性分析

敏感性分析则是分析各种不确定性因素发生增减变化时，对技术方案经济效果评价指标的影响，并计算敏感度系数和临界点，找出敏感因素。

在具体应用时，要综合考虑技术方案的类型、特点、决策者的要求，相应的人力、财力，以及技术方案对经济的影响程度等来选择具体的分析方法。

1.2.6 技术方案敏感性分析

在技术方案经济效果评价中，各类因素的变化对经济指标的影响程度是不相同的。有些因素可能仅发生较小幅度的变化就能引起经济效果评价指标发生大的变动，这一类因素称为敏感性因素，而另一些因素即使发生了较大幅度的变化，对经济效果评价指标的影响也不是太大，这一类因素称为非敏感性因素。决策者有必要把握敏感性因素，分析方案的风险大小。

1. 敏感性分析的内容

技术方案评价中的敏感性分析，就是在技术方案确定性分析的基础上，进一步分析、预测技术方案主要不确定因素的变化对技术方案经济效果评价指标的影响，从中找出敏感因素，确定评价指标对该因素的敏感程度和技术方案对其变化的承受能力。敏感性分析有单因素敏感性分析和多因素敏感性分析两种。

敏感性分析.mp4

单因素敏感性分析是对单一不确定因素变化对技术方案经济效果的影响进行分析，为了找出关键的敏感性因素，通常只进行单因素敏感性分析。

多因素敏感性分析是假设两个或两个以上互相独立的不确定因素同时变化时，分析这些变化因素对经济效果评价指标的影响程度和敏感程度。

2. 确定敏感性因素

敏感性分析的目的在于寻找敏感因素，这可以通过计算敏感度系数和临界点来判断。

1) 敏感度系数(S_{AF})

敏感度系数表示技术方案经济效果评价指标对不确定因素的敏感程度。计算公式为

$$S_{AF} = \frac{\Delta A / A}{\Delta F / F} \tag{1-33}$$

式中：S_{AF}——敏感度系数；

$\Delta F/F$——不确定性因素 F 的变化率(%)；

$\Delta A/A$——不确定性因素 F 发生ΔF 变化时，评价指标 A 的相应变化率(%)。

$S_{AF}>0$，表示评价指标与不确定因素同方向变化；$S_{AF}<0$，表示评价指标与不确定因素反方向变化。

$|S_{AF}|$越大，表明评价指标 A 对于不确定因素 F 越敏感；反之，则不敏感。据此可以找出哪些因素是最关键的因素。

虽然敏感系数提供了各不确定因素变动率与评价指标变动率之间的比例，但不能直接显示变化后评价指标的值。为了弥补这种不足，有时需要编制敏感性分析表，列示各因素变动率及相应的评价指标值，见表1-1。

表 1-1　单因素变化对×××评价指标的影响

单位：万元

项　　目	变化幅度						
	−20%	−10%	0	10%	20%	平均+1%	平均−1%
投资额							
产品价格							
经营成本							
……							

敏感性分析表的缺点是不能连续表示变量之间的关系，敏感分析图弥补了这一缺点，如图 1-3 所示。图中横轴代表各不确定因素变动百分比，纵轴代表评价指标(以财务净现值为例)。根据原来的评价指标值和不确定因素变动后的评价指标值，画出直线。这条直线反映不确定因素不同变化水平时所对应的评价指标值。每一条直线的斜率反映技术方案经济效果评价指标对该不确定因素的敏感程度，斜率越大，敏感度越高。一张图可以同时反映多个因素的敏感性分析结果。

单因素敏感性分析的步骤详见二维码。

扩展资源 10.pdf

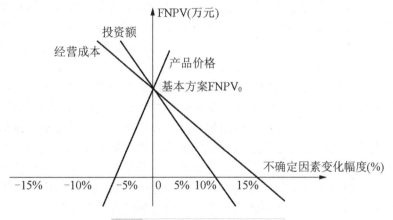

图 1-3　单因素敏感性分析示意图

2)　临界点

临界点是指技术方案允许不确定因素向不利方向变化的极限值(如图 1-4 所示)，超过极限，技术方案的经济效果指标将不可行。例如，当产品价格下降到某一值时，财务内部收益率将刚好等于基准收益率，此点称为产品价格下降的临界点。临界点可用临界点百分比或者临界值分别表示，某一变量的变化达到一定的百分比或者一定数值时，技术方案的经济效果指标将从可行转为不可行。临界点可用专用软件的财务函数计算，也可由敏感性分析图直接求得近似值。采用图解法时，每条直线与判断基准线的相交点所对应的横坐标上不确定因素变化率即为该因素的临界点。

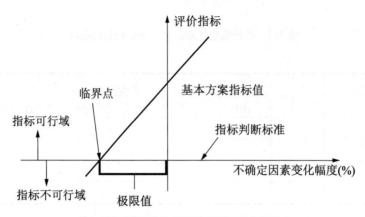

图 1-4　单因素敏感性分析临界点示意图

在实践中常常把敏感度系数和临界点两种方法结合起来确定敏感因素。把临界点与未来实际可能发生的变化幅度相比较，就可大致分析该技术方案的风险情况。

3. 选择方案

如果进行敏感性分析的目的是对不同的技术方案进行选择，一般应选择敏感程度小、风险承受能力强、可靠性大的技术方案。

需要说明的是，单因素敏感性分析虽然对于技术方案分析中不确定因素的处理是一种简便易行、具有实用价值的方法。但它是以假定其他因素不变为前提，这种假定条件，在实际经济活动中是很难实现的，因为各种因素的变动都存在相关性，一个因素的变动往往引起其他因素也随之变动。所以，在分析技术方案经济效果受多种因素同时变化的影响时，要用多因素敏感分析，使之更接近于实际过程。

综上所述，敏感性分析在一定程度上对不确定性因素的变动对技术方案经济效果的影响作了定量的描述，有助于搞清技术方案对不确定性因素的不利变动所能容许的风险程度，有助于鉴别哪个是敏感因素，从而能够及早排除对那些无足轻重的变动因素的注意力，把进一步深入调查研究的重点集中在那些敏感因素上，以达到尽量减少风险、增加决策可靠性的目的。但敏感性分析也有其局限性，它主要依靠分析人员凭借主观经验来分析判断，难免存在片面性。在技术方案的计算期内，各不确定性因素相应发生变动幅度的概率不会相同，这意味着技术方案承受风险的大小不同。而敏感性分析在分析某一因素的变动时，并不能说明不确定性因素发生变动的可能性是大还是小。对于此类问题，还要借助于概率分析等其他方法。

1.3　案　例　分　析

1.3.1　案例1——项目进口设备购置费

【例1】　某公司拟从国外进口一套设备，重量 1500 吨，设备离岸价(FOB)为 400 万美元。国外运费标准为 350 美元/吨，海上运输保险费率为 0.266%，银行费率为 0.5%，外贸手续费为 1.5%，关税税率为 22%，增值税的税率为 16%，美元的银行外汇牌价为 1:6.6，设备国内运杂费率为 2.5%。请计算项目进口设备购置费。

解： 根据公式可知：

(1)　货价=离岸价(FOB)×人民币外汇牌价

进口设备货价=400×6.6=2640(万元)

(2)　国际运费=运量×单位运价

国际运费=1500×350×6.6=346.5(万元)

(3)　国外运输保险费$=\dfrac{离岸价+国外运费}{1-国外运输保险费率}×国外运输保险费率$

国外运输保险费$=\dfrac{2640+346.5}{1-0.266\%}×0.266\%=7.965$(万元)

(4)　进口设备到岸价(CIF)=离岸价+国际运费+国外运输保险费

进口设备到岸价(CIF)=2640+346.5+7.965=2994.465(万元)

(5)　进口关税=进口设备到岸价(CIF)×关税税率

进口关税=2994.465×22%=658.78(万元)

(6)　增值税=(到岸价+进口关税+消费税)×增值税税率

增值税=(2994.465+658.78+0)×16%=584.52(万元)

(7)　银行财务费=离岸价(FOB)×人民币外汇牌价×银行财务费率

银行财务费=400×6.6×0.5%=13.2(万元)

(8)　外贸手续费=进口设备到岸价(CIF)×外贸手续费率

外贸手续费=2994.465×1.5%=44.92(万元)

(9)　国内运杂费=进口设备货价×设备国内运杂费率

国内运杂费=2640×2.5%=66(万元)

(10)进口设备抵岸价=货价+国际运费+国外运输保险费+进口关税+增值税+银行财务费
　　　　　　　　+外贸手续费+消费税

进口设备抵岸价=2640+346.5+7.965+658.78+584.52+13.2+44.92=4295.885(万元)

(11) 设备运杂费=进口设备抵岸价×设备国内运杂费率

设备运杂费=4295.885×2.5%=107.40(万元)

(12) 设备购置费=进口设备抵岸价+设备运杂费

设备购置费=4295.885+107.40=4403.285(万元)

1.3.2　案例2——项目预备费

【例2】　某企业建设工程项目初期的建筑安装工程费为 25000 万元，设备及工器具购置费为 20000 万元，工程建设其他费为 4000 万元，项目建设期为 3 年，项目投资进度计划为：第一年 20%，第二年 50%，第三年 30%。建设期内预计年平均价格总水平上涨率为 5%，基本预备费率为 10%，建设期贷款利息为 1285 万元。试估算该项目的建设投资费用。

解： 根据公式可知：

基本预备费=(设备及工器具购置费+建筑安装工程费+工程建设其他费)×基本预备费率

基本预备费=(20000+25000+4000)×10%=4900(万元)

静态投资=设备及工器具购置费+建筑安装工程费+工程建设其他费+基本预备费

静态投资=20000+25000+4000+4900=53900(万元)

(1) 涨价预备费公式： $PC = \sum_{t=1}^{n} I_t[(1+f)^t - 1]$

式中：PC——涨价预备费；

I_t——第 t 年的设备及工器具购置费、建筑安装工程费之和；

n——建设期；

f——建设期价格上涨指数。

第 1 年末的涨价预备费=(20000+25000)×20%×[(1+0.05)^1-1]=450(万元)

第 2 年末的涨价预备费=(20000+25000)×50%×[(1+0.05)^2-1]=2306.25(万元)

第 3 年末的涨价预备费=(20000+25000)×30%×[(1+0.05)^3-1]=2127.94(万元)

则该项目建设期的涨价预备费=450+2306.25+2127.94=4884.19(万元)

(2) 该项目的建设投资=静态投资+建设期贷款利息+涨价预备费

该项目的建设投资=53900+1285+4884.19=60069.19(万元)

1.3.3 案例3——建设项目总投资

【例 3】 某工程在建设期初的设备及工器具购置费、建筑安装工程费、工程建设其他费之和为 60000 万元，预备费为 5500 万元，该工程项目固定投资来源是自有资金和银行贷款。建设期为 3 年，贷款本金为 35000 万元，各年贷款比例为：第 1 年为 25%，第 2 年为 55%，第 3 年为 20%，年利率为 5%。项目铺底流动资金为 2300 万元。试估算建设项目总投资。

解： 根据公式可知：

(1) 各年贷款额=贷款本金×贷款比例

第 1 年贷款额=35000×25%=8750(万元)

第 2 年贷款额=35000×55%=19250(万元)

第 3 年贷款额=35000×20%=7000(万元)

(2) 各年应计利息=$\left(年初借款本息累计 + \dfrac{1}{2} \times 本年借款额\right) \times 年利率$

第 1 年应计利息=$\dfrac{1}{2} \times 8750 \times 5\%$=218.75(万元)

第 2 年应计利息=$\left(8750 + 218.75 + \dfrac{1}{2} \times 19250\right) \times 5\%$=929.69(万元)

第 3 年应计利息=$\left(8750 + 218.75 + 19250 + 929.69 + \dfrac{1}{2} \times 7000\right) \times 5\%$=1632.42(万元)

建设期利息总和=218.75+929.69+1632.42=2780.86(万元)

(3) 建设项目总投资=设备及工器具购置费+建筑安装工程费+工程建设其他费+预备费
   +建设期利息+流动资金

建设项目总投资=60000+5500+2780.86+2300=70580.86(万元)

1.3.4　案例 4——资金的时间价值

【例4】 某公司目前正在评估两项投资计划。执行计划 A，预计前 10 年每年投资收益有 300 万元，往后的 15 年，每年现金收益增加为 700 万元，第 25 年后没有任何现金收益；执行计划 B，预计前 10 年每年有 1000 万元的现金，10 年后没有任何现金收益。公司财务管理人员评估认为计划 A 的资金机会成本应为 8%，计划 B 的资金机会成本为 14%。试计算计划 A 和 B 的各期现金收益的现值，并选择最优的计划。

解： 根据公式可知：

现值 $P = A\dfrac{(1+i)^n - 1}{i(1+i)^n}$ 或 $P = A(P/A, i, n)$

计划 A：
$$P_A = 700 \times \frac{(1+8\%)^{25} - 1}{8\% \times (1+8\%)^{25}} - 400 \times \frac{(1+8\%)^{10} - 1}{8\% \times (1+8\%)^{10}}$$
$$= 700 \times 10.675 - 400 \times 6.71$$
$$= 4788.5(万元)$$

计划 B：
$$P_B = 1000 \times \frac{(1+14\%)^{10} - 1}{14\% \times (1+14\%)^{10}}$$
$$= 1000 \times 5.216$$
$$= 5216(万元)$$

由上述计算可得 $P_A - P_B = 4788.5 - 5216 = -427.5(万元) < 0$

因此最优计划应选择 B 计划。

1.3.5　案例 5——生产能力分析

【例5】 已知某企业生产能力，年产新型零件 6 万件时，投资总额为 1200 万元。

(1) 若增加相同规格设备，生产能力指数 $n=0.9$，综合调整系数 $f=1$，则年生产 8 万件的项目需要投资多少？

(2) 若将新型零件产量在原有基础上增加 1 倍，则需要增加投资多少？($n=0.6$, $f=1$)

解： 由公式可知：
$$C_2 = C_1 \left(\frac{A_2}{A_1}\right)^n \cdot f$$

式中：C_1、C_2 ——已建类似项目或装置和拟建项目或装置的投资额；

A_1、A_2 ——已建类似项目或装置和拟建项目或装置的生产能力；

f ——不同时期、不同地点的定额、单价、费用变更等综合调整系数；

n ——生产能力指数。

则：(1)　$C_2 = 1200 \times \left(\dfrac{8}{6}\right)^{0.9} \times 1 = 1554.63(万元)$

(2)　$\dfrac{C_2}{C_1} = \left(\dfrac{A_2}{A_1}\right)^n \cdot f = \left(\dfrac{2}{1}\right)^{0.6} \times 1 = 1.52$

即生产能力增加 1 倍，投资额增加 52%。

1.3.6 案例6——盈亏平衡分析

【例 6】 某公司生产某种零件，设计生产能力为年产 5 万件零件，年固定成本为 260 万元，零件的销售价格为 350 元/件，单位产品的可变成本为销售价格的 40%，单位产品的营业税金及附加为销售价格的 10%。

(1) 求盈亏平衡点的产销量？

(2) 计算达到设计生产能力时盈利多少？

(3) 计算年利润 80 万元时的年产销量？

解： 由公式可得：

$$BEP(Q) = \frac{C_F}{p - C_u - T_u}$$

(1) $BEP(Q) = \dfrac{C_F}{p - C_u - T_u} = \dfrac{260}{350 - 350 \times 40\% - 350 \times 10\%} = 14857(件)$

(2) $B = p \times Q - C_u \times Q - C_F - T_u \times Q$

$B = p \times Q - C_u \times Q - C_F - T_u \times Q$

$= 350 \times 5 - 350 \times 40\% \times 5 - 260 - 350 \times 10\% \times 5$

$= 615(万元)$

(3) 年产销量 $= \dfrac{C_F + B}{p - C_u - T_u} = \dfrac{260 + 80}{350 - 350 \times 40\% - 350 \times 10\%} = 1.943(万件)$

1.3.7 案例7——敏感性分析

【例 7】 表 1-2 为单因素变动情况下的财务净现值表。

表1-2 单因素变动情况下的财务净现值表

单位：万元

变化幅度因素	-10%	0	10%
投资额	1375	1200	1125
产品销售价格	485	1200	1964
年经营成本	1985	1200	645

(1) 计算建设项目的投资额、产品销售价格以及年经营成本 3 个因素的敏感性系数，并对敏感性排序。

(2) 计算建设项目的投资额、产品销售价格以及年经营成本 3 个因素的临界点。

解： (1) 根据公式可知：$S_{AF} = \dfrac{\Delta A / A}{\Delta F / F}$

式中：S_{AF} ——敏感性系数；

$\Delta F/F$ ——不确定性因素 F 的变化率(%);

$\Delta A/A$ ——不确定性因素 F 发生 ΔF 变化时，评价指标 A 的相应变化率(%)。

投资额敏感性系数：$S_{AF}=\dfrac{\Delta A/A}{\Delta F/F}=\dfrac{(1125-1200)/1200}{10\%}=-0.625$

产品销售价格敏感性系数：$S_{AF}=\dfrac{\Delta A/A}{\Delta F/F}=\dfrac{(1964-1200)/1200}{10\%}=6.367$

年经营成本敏感性系数：$S_{AF}=\dfrac{\Delta A/A}{\Delta F/F}=\dfrac{(645-1200)/1200}{10\%}=-4.625$

$|S_{AF}|$ 越大，表明指标 A 对于不确定因素 F 越敏感；反之，则不敏感。

因此，由上述计算可知，建设项目的投资额、产品销售价格及年经营成本 3 个因素的敏感性系数从大到小的顺序为：产品销售价格>年经营成本>投资额。

(2) 临界点是指技术方案允许不确定性因素向不利方向变化的极限值，则：

投资额的临界点为：$\dfrac{1200\times10\%}{1125-1200}=-16.00\%$

产品销售价格的临界点为：$\dfrac{1200\times10\%}{1964-1200}=15.71\%$

年经营成本的临界点为：$\dfrac{1200\times10\%}{645-1200}=-21.62\%$

1.3.8　案例 8——决策树分析

【例8】　某企业拟开发新产品，现在有两个可行性方案需要决策。

I. 开发新产品 A，需要追加投资 180 万元，经营期限为 5 年。此间，产品销路好可获利 170 万元；销路一般可获利 90 万元；销路差可获利-6 万元。三种情况的概率分别为 30%，50%，20%。

II. 开发新产品 B，需要追加投资 60 万元，经营期限为 4 年。此间，产品销路好可获利 100 万元；销路一般可获利 50 万元；销路差可获利 20 万元。三种情况的概率分别为 60%，30%，10%。

(1) 画出决策树。

(2) 计算各点的期望值，并做出最优决策。

解：(1) 决策树如图 1-5 所示。

(2) 各方案的期望值：

① 方案 A=170×0.3×5+90×0.5×5+(-6)×0.2×5=770(万元)

② 方案 B=100×0.6×4+50×0.3×4+20×0.1×4=308(万元)

各方案的净收益值：

① 方案 A=770-180=590(万元)

② 方案 B=308-60=248(万元)

因为 590>248>0，所以方案 A 最优。

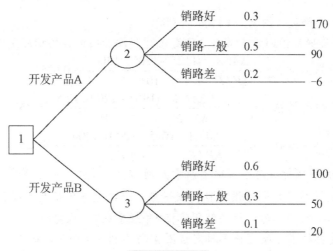

图1-5　决策树

1.3.9　案例9——现金流量

【例9】　某技术方案投资现金流量的数据见表1-3，设基准收益率为10%。计算该技术方案的静态投资回收期和技术方案的财务净现值。

表1-3　某技术方案投资现金流量

计算期(年)	0	1	2	3	4	5	6	7	8
现金流入(万元)	—	—	—	800	1200	1200	1200	1200	1200
现金流出(万元)	—	600	900	500	700	700	700	700	700

解： 由题意可知：静态投资回收期可根据累计净现金流量求得，其公式为：

$$(1)\quad P_t = T - 1 + \frac{\left|\sum_{t=0}^{T-1}(CI - CO)_t\right|}{(CI - CO)_T}$$

式中：T——技术方案各年累计净现金首次为正或零的年数；

$\left|\sum_{t=0}^{T-1}(CI - CO)_t\right|$——技术方案第$(T-1)$年累计净现金流量的绝对值；

$(CI - CO)_T$——技术方案第T年的净现金流量。

$$(2)\quad FNPV = \sum_{t=0}^{n}(CI - CO)_t (1 + i_c)^{-t}$$

式中：$FNPV$——财务净现值；

$(CI - CO)_t$——技术方案第t年的净现值；

i_c——基准收益率；

n——技术方案计算期。

根据计算公式可得表1-4。

表1-4　某技术方案投资现金流量

单位：万元

计算期(年)	0	1	2	3	4	5	6	7	8
现金流入	—	—	—	800	1200	1200	1200	1200	1200
现金流出	—	600	900	500	700	700	700	700	700
净现金流量	—	−600	−900	300	500	500	500	500	500
累计净现金流量	—	−600	−1500	−1200	−700	−200	300	800	1300
基准收益率10%	0.100	0.909	0.826	0.751	0.683	0.621	0.565	0.513	0.467
折现后净现金流	—	−545.4	−743.4	225.3	341.5	310.5	282.5	256.5	233.5
累计折现净现金流	—	−545.4	−1288.8	−1063.5	−722	−411.5	−129	127.5	361

将数据代入公式(1)，可得：静态投资回收期 $P_t = 6-1+\dfrac{|-200|}{500} = 5.4$(年)

根据表格可得技术方案的财务净现值：FNPV=361万元

本 章 小 结

本章主要学习了投资估算的基本知识、投资估算编制的依据和方法；理解了建设投资分类及其估算的方法、其他费的组成、财务评价及财务效果评价体系；掌握了财务盈利能力、偿债能力评价指标的计算、方案的不确定性分析以及敏感性分析。通过本次的学习，学生不仅对建设项目投资估算与财务评价有了基本的了解，还能够进行简单的指标计算。

实 训 练 习

一、单选题

1. 通常用(　　)作为衡量资金时间价值的相对尺度。
　　A. 利润　　　　　B. 利率　　　　　C. 利息　　　　　　D. 本金
2. 年名义利率为8%，按季计息，则计息期有效利率和年有效利率分别是(　　)。
　　A. 2.00%，8.24%　　　　　　B. 2.00%，8.00%
　　C. 2.06%，8.00%　　　　　　D. 2.06%，8.24%
3. 投资项目敏感性分析是通过分析来确定评价指标对主要不确定性因素的敏感程度和(　　)。
　　A. 项目的盈利能力　　　　　B. 项目风险的概率
　　C. 项目对其变化的承受能力　　D. 项目的偿债能力
4. 在中国境外投资的建设项目财务基准收益率的测定，首先考虑(　　)因素。
　　A. 自身发展战略和经营策略　　B. 国家风险

C. 资金成本与风险　　　　　　　　　D. 机会成本与风险

5. 对具有常规现金流量的投资方案，其财务净现值是关于折现率的(　　)函数。

A. 递减　　　　　B. 递增　　　　　C. 先递减后递增　　　D. 先递增后递减

6. 在敏感性分析中，可以通过计算(　　)来确定敏感因素。

A. 不确定性因素变化率和敏感度系数　　B. 指标变化率和敏感度系数

C. 敏感度系数和临界点　　　　　　　　D. 指标变化率和临界点

7. 某施工企业现在对外投资 200 万元，5 年后一次性收回本金与利息，若年基准收益率为 8%，则总计可收回资金(　　)万元。

[已知：$(F/P, 8\%, 5)=1.4693$；$(F/A, 8\%, 5)=5.866$；$(A/P, 8\%, 5)=0.2505$]

A. 234.66　　　　B. 250.50　　　　C. 280.00　　　　D. 293.86

8. 价值工程的核心是(　　)。

A. 对产品进行功能分析

B. 以最低的寿命周期成本，使产品具备它所必须具备的功能

C. 开展有计划、有组织的管理活动

D. 将产品价值、功能和成本作为一个整体同时来考虑

9. 建设项目可行性研究进行的时间和主要作用分别是(　　)。

A. 在项目最终决策前进行，为投资决策提供依据

B. 在项目资金筹措之后进行，为编制项目资金使用计划提供依据

C. 在项目最终决策之后，项目设计之前进行，为项目设计提供依据

D. 在项目决策之后，购买建设用地之前进行，为土地利用规划提供依据

10. 盈亏平衡分析也称(　　)分析，它为投资决策提供科学依据。

A. 定性　　　　　B. 定量　　　　　C. 量本利　　　　D. 社会评价

11. 某企业的某种设备，购置费为 20 万元，使用期限为 10 年，期末设备残值为 5000 元，年折旧费为(　　)元。

A. 20000　　　　B. 5000　　　　C. 19500　　　　D. 19800

12. 年名义利率为 10%，若按月计算利率，则每月的计息利率为(　　)。

A. 0.833%　　　　B. 1.2%　　　　C. 0.12%　　　　D. 1%

13. 使用中央预算内投资、中央专项建设基金、中央统还国外贷款(　　)亿元及以上的项目，由国家发展和改革委员会审核报国务院审批。

A. 5　　　　B. 50　　　　C. 10　　　　D. 20

14. 某施工企业当期实际营业利润 2000 万元，其他业务利润 1000 万元，投资收益 200 万元，营业外收入 50 万元，营业外支出 60 万元，则该企业的利润总额为(　　)万元。

A. 2150　　　　B. 2900　　　　C. 2190　　　　D. 3200

15. 某人向银行借款 500000 元，借款期限 5 年，年利率为 6%，采用等额还本利息照付方式，则第 5 年应还本付息金额是(　　)元。

A. 10800　　　　B. 18600　　　　C. 108000　　　　D. 118000

二、多选题

1. 现金流入包括(　　)。

A. 投资　　　　　　　B. 产品销售收入　　　　C. 税金

D. 回收固定资产余值　E. 回收流动资金

2. 下列项目属于存货范畴的是(　　)。

A. 应收账款　　　　　B. 外购燃料　　　　　　C. 临时设施

D. 低值易耗品　　　　E. 库存设备

3. 下列项目可以列入无形资产的是(　　)。

A. 债权　　　　　　　B. 商标权　　　　　　　C. 技术专利权

D. 土地使用权　　　　E. 非专利技术

4. 根据我国财政部的规定，列为固定资产的，一般须同时具备的条件是(　　)。

A. 使用年限在一年以上　　　　　　B. 经久耐用

C. 单位价值在规定的限额以上　　　D. 须为生产所用

E. 使用年限在半年以上

5. 财务评价包括 (　　)。

A. 项目投资估算　　　　　　　　　B. 编制固定资产投资估算

C. 项目投资现金流量预测　　　　　D. 投资方案财务评价

E. 融资方案财务评价

三、简答题

1. 什么是投资估算？

2. 简述建设工程其他费的组成。

3. 简述项目评价的必要性。

4. 简述不确定性分析的方法。

实训工作单一

班级		姓名		日期	
教学项目	建设项目投资估算与财务评价				
任务	掌握投资估算的方法以及进行建设项目财务评价的目的		案例类型	1. 建设项目总投资 2. 盈亏平衡分析	
相关知识			投资估算和财务评价		
其他要求					
案例解析过程记录					
评语				指导教师	

实训工作单二

班级		姓名		日期	
教学项目	建设项目投资估算与财务评价				
任务	掌握投资估算的基础知识		案例类型	1. 进口设备的购置费 2. 项目预备费	
相关知识			投资估算		
其他要求					
案例解析过程记录					
评语				指导教师	

实训工作单三

班级		姓名		日期	
教学项目	建设项目投资估算与财务评价				
任务	掌握建设项目财务评价		案例类型	1. 生产能力分析 2. 敏感性分析	
相关知识			财务评价		
其他要求					
案例解析过程记录					
评语				指导教师	

第2章 建设工程
设计、施工方案技
术经济分析.pdf

第2章 建设工程方案的技术经济分析 02

【学习目标】

- 掌握工程项目评价的基本内容、方法、指标。
- 理解价值工程的概念、特点及价值工程的功能评价。
- 掌握双代号网络计划的概念及分析方法。

第2章 学习目
标.mp4

【教学要求】

本章要点	掌握层次	相关知识点
工程项目评价的基本内容、方法	1. 了解工程项目评价的基本内容 2. 了解工程项目评价的方法	工程项目评价
经济效果评价指标的计算方法	1. 掌握投资收益率和投资回收期的计算方法 2. 掌握净现值、净年值、费用现值、费用年值的计算	工程项目评价指标计算
价值工程的概念、特点及价值工程的功能评价	1. 了解价值工程的概念、特点 2. 理解价值工程的功能评价	价值工程
双代号网络计划的概念及分析方法	1. 了解双代号网络计划的基本概念 2. 掌握双代号网络计划的分析方法	双代号网络计划

【项目案例导入】

某房地产公司对某公寓项目的开发征集到若干设计方案，经筛选后决定对其中较为出色的四个设计方案作进一步的技术经济评价。经讨论，有关专家决定从五个方面(分别以 $F_1 \sim F_5$ 表示)对不同方案的功能进行评价，并对各功能的重要性达成以下共识：F_3 和 F_4 同样重要，F_4 和 F_5 同样重要，F_1 相对于 F_4 很重要，F_1 相对于 F_2 较重要；此后，各专家对该四个方案的功能满足程度分别打分，其结果见图 2-1。

据造价工程师估算，A、B、C、D 四个方案的单方造价分别为 1420、1230、1150、1360元/m²。

方案功能	方案功能得分			
	A	B	C	D
F_1	9	10	9	8
F_2	10	10	8	9
F_3	9	9	10	9
F_4	8	8	8	7
F_5	9	7	9	6

图 2-1　方案功能得分表

【项目问题导入】

(1) 计算各功能的权重。
(2) 用价值指数法选择最佳设计方案。

第 2 章 评价
指标.avi

2.1　评价指标与评价方法

2.1.1　评价基本内容

工程经济分析的任务就是要根据所考察工程的预期目标和所拥有的资源条件，分析该工程的现金流量情况，选择合适的技术方案，以获得最佳的经济效果。这里的技术方案是广义的，既可以是工程建设中各种技术措施和方案(如工程设计、施工工艺、生产方案、设备更新、技术改造、新技术开发、工程材料利用、节能降耗、环境技术、工程安全和防护技术等措施和方案)，也可以是建设相关企业的发展战略方案(如企业发展规划、生产经营、投资、技术发展等关乎企业生存发展的战略方案)。可以说技术方案是工程经济最直接的研究对象，而获得最佳的技术方案经济效果则是工程经济研究的目的。

所谓经济效果评价就是根据国民经济与社会发展以及行业、地区发展规划的要求，在拟定的技术方案、财务效益与费用估算的基础上，采用科学的分析方法，对技术方案的财务可行性和经济合理性进行分析论证，为选择技术方案提供科学的决策依据。

1. 经济效果评价的基本内容

经济效果评价的内容应根据技术方案的性质、目标、投资者、财务主体以及方案对经济与社会的影响程度等具体情况确定，一般包括方案盈利能力、偿债能力、财务生存能力等评价内容。

经济效果评价的
内容.mp4

2. 技术方案的盈利能力

技术方案的盈利能力是指分析和测算拟定技术方案计算期内的盈利能力和盈利水平。其主要分析指标包括方案财务内部收益率和财务净现值、资本金财务内部收益率、静态投资回收期、总投资收益率和资本金净利润率等，可根据拟定技术方案的特点及经济效果分析的目的和要求等选用。

技术方案盈利能
力分析概念.mp4

3. 技术方案的偿债能力

技术方案的偿债能力是指分析和判断财务主体的偿债能力，其主要指标包括利息备付率、偿债备付率和资产负债率等。

4. 技术方案的财务生存能力(经营性和非经营性区别)

财务生存能力分析也称资金平衡分析，是根据拟定技术方案的财务计划现金流量表，通过考察拟定技术方案计算期内各年的投资、融资和经营活动所产生的各项现金流入和流出，计算净现金流量和累计盈余资金，分析技术方案是否有足够的净现金流量维持正常运营，以实现财务可持续性。而财务可持续性首先应体现在有足够的经营净现金流量，这是财务可持续的基本条件；其次在整个运营期间，允许个别年份的净现金流量出现负值，但各年累计盈余资金不应出现负值，这是财务生存的必要条件。若出现负值，应进行短期借款，同时分析该短期借款的时间长短和数额大小，进一步判断拟定技术方案的财务生存能力。短期借款应体现在财务计划现金流量表中，其利息应计入财务费用。为维持技术方案正常运营，还应分析短期借款的可靠性。

偿债能力
分析.mp4

技术方案财务生
存能力分析.mp4

在实际应用中，对于经营性方案，经济效果评价是从拟定技术方案的角度出发，根据国家现行财政、税收制度和现行市场价格，计算拟定技术方案的投资费用、成本与收入、税金等财务数据，通过编制财务分析报表，计算财务指标，分析拟定技术方案的盈利能力、偿债能力和财务生存能力，据此考察拟定技术方案的财务可行性和财务可接受性，明确拟定技术方案对财务主体及投资者的价值贡献，并得出经济效果评价的结论。投资者可根据拟定技术方案的经济效果评价结论、投资的财务状况和投资所承担的风险程度，决定拟定技术方案是否实施。对于非经营性方案，经济效果评价应主要分析拟定技术方案的财务生存能力。

2.1.2　评价方法

由于经济效果评价的目的在于确保决策的正确性和科学性，避免或最大限度地降低技术方案的投资风险，明确技术方案投资的经济效果水平，最大限度地提高技术方案投资的综合经济效果。因此，正确选择经济效果评价的方法是十分重要的。

1. 经济效果评价的基本方法

经济效果评价的基本方法包括确定性评价方法与不确定性评价方法两类。对同一个技术方案必须同时进行确定性评价和不确定性评价。

技术方案经济效果
评价的方法.mp4

2. 按评价方法的性质分类

按评价方法的性质不同，经济效果评价分为定量分析和定性分析。

1）定量分析

定量分析是指对可度量因素的分析方法。在技术方案经济效果评价中考虑的定量分析因素，包括资产价值、资本成本、有关销售额、成本等一系列可以以货币表示的一切费用和收益。

2）定性分析

定性分析是指对无法精确度量的重要因素实行的估量分析方法。

在技术方案经济效果评价中，应坚持定量分析与定性分析相结合，以定量分析为主的原则。

3. 按评价方法是否考虑时间因素分类

对定量分析，按其是否考虑时间因素又可分为静态分析与动态分析。

1）静态分析

静态分析是不考虑资金的时间因素，即不考虑时间因素对资金价值的影响，而对现金流量分别进行直接汇总来计算分析指标的方法。

2）动态分析

动态分析是在分析方案的经济效果时，对发生在不同时间的现金流量折现后来计算分析指标。在工程经济分析中，由于时间和利率的影响，对技术方案的每一笔现金流量都应考虑它所发生的时间，以及时间因素对其价值的影响。动态分析能较全面地反映技术方案整个计算期的经济效果。

在技术方案经济效果评价中，应坚持动态分析与静态分析相结合，以动态分析为主的原则。

4. 按评价是否考虑融资分类

经济效果分析可分为融资前分析和融资后分析。一般宜先进行融资前分析，在融资前分析结论满足要求的情况下，初步设定融资方案，再进行融资后分析。

1）融资前分析

融资前分析应考察技术方案整个计算期内现金流入和现金流出，编制技术方案投资现金流量表，计算技术方案投资内部收益率、净现值和静态投资回收期等指标。融资前分析排除了融资方案变化的影响，从技术方案投资总获利能力的角度，考察方案设计的合理性，应作为技术方案初步投资决策与融资方案研究的依据和基础。融资前分析应以动态分析为主，静态分析为辅。

2)　融资后分析

融资后分析应以融资前分析和初步的融资方案为基础，考察技术方案在拟定融资条件下的盈利能力、偿债能力和财务生存能力，判断技术方案在融资条件下的可行性。融资后分析可用于比选融资方案，帮助投资者做出融资决策。融资后的盈利能力分析也应包括动态分析和静态分析。

5. 按技术方案评价的时间分类

按技术方案评价的时间可分为事前评价、事中评价和事后评价。

1)　事前评价

事前评价，是指在技术方案实施前为决策所进行的评价。显然，事前评价都有一定的预测性，因而也就有一定的不确定性和风险性。

扩展资源 1.pdf

2)　事中评价

事中评价，亦称跟踪评价，是指在技术方案实施过程中所进行的评价。这是由于在技术方案实施前所做的评价结论及评价所依据的外部条件(市场条件、投资环境等)变化而需要进行修改，或因事前评价时考虑问题不周、失误，甚至根本未做事前评价，在建设中遇到困难，而不得不反过来重新进行评价，以决定原决策是否全部或局部修改。

3)　事后评价

事后评价，亦称后评价，是在技术方案实施完成后，总结评价技术方案决策的正确性，技术方案实施过程中项目管理的有效性等。

2.1.3　评价指标

经济效果评价指标从不同角度反映项目的经济性，根据他们是否考虑资金的时间价值，经济效果评价指标分为静态评价指标和动态评价指标。不考虑资金时间价值的评价指标称静态评价指标；考虑资金时间价值的评价指标称动态评价指标。静态评价指标主要用于技术经济数据不完善和不精确的项目初选阶段；动态评价指标则用于项目最后决策前的可行性研究阶段。

评价指标概念.mp4

静态评价指标主要有：投资收益率、静态投资回收期；动态评价指标主要有：净现值、净年值、费用现值、费用年值等。

动态评价指标是以货币单位计量的价值型指标，而投资收益率、内部收益率、净现值指数等指标是反映资金利用效率的效率型指标。由于这两类指标是从不同角度考查项目的经济性，所以，在对项目方案进行经济效果评价时，应当尽量同时选用这两类指标而不仅是单一指标。

下面我们着重介绍净现值、净年值、费用现值、费用年值等指标。

1. 净现值

1)　净现值计算

净现值指标是投资项目进行动态评价的重要指标之一。净现值(NPV)是指在项目的寿命周期内，根据某一规定的基准收益率或折现率，将各期的净现金流量折算为基期(0 期)的现

值，然后求其代数和，其计算公式为

$$NPV = \sum_{t=0}^{n}(CI-CO)_t \cdot (1+i_c)^{-t} \tag{2-1}$$

式中：NPV——净现值；

    $(CI-CO)_t$——技术方案第 t 年的净现金流量(应注意"+""−"号)；

    i_c——基准收益率；

    n——技术方案计算期。

可根据需要选择计算所得税前财务净现值或所得税后财务净现值。

净现值指标用于多方案比较时，不考虑各方案投资额的大小，因而不直接反映资金的利用效率。为了考察资金的利用效率，人们通常用净现值指数(NPVI)作为净现值的辅助指标。净现值指数是项目净现值与项目投资总额现值之比，其经济含义是单位投资现值所能带来的净现值，其计算公式为

$$NPVI = \frac{NPV}{K_P} = \frac{\sum_{t=0}^{n}(CI-CO)_t(1+i_c)^{-t}}{\sum_{t=0}^{n}K_t(1+i_c)^{-t}} \tag{2-2}$$

式中：K_P——项目总投资现值。

但要注意，NPVI 指标仅适用于投资额相近的方案比选。若采用 NPVI 指标对投资额不等的备选方案进行比选时，因为不是遵循净盈利最大化原则，所以结论可能会出现错误。

对于单一项目而言，若 NPV≥0，则 NPVI≥0(因为 K_P>0)；若 NPV<0，则 NPVI<0。故用净现值指数评价单一项目经济效果时，判别准则与净现值相同。

2)   关于基准收益率 i_c

基准收益率也称基准折现率，是企业或行业投资者以动态的观点所确定的、可接受的技术方案最低标准的收益水平。其在本质上体现了投资决策者对技术方案资金时间价值的判断和对技术方案风险程度的估计，是投资资金应当获得的最低盈利率水平，它是评价和判断技术方案在财务上是否可行和技术方案比选的主要依据。因此基准收益率确定得合理与否，对技术方案经济效果的评价结论有直接的影响，定得过高或过低都会导致投资决策的失误。所以基准收益率是一个重要的经济参数，而且根据不同角度编制的现金流量表，计算所需的基准收益率应有所不同。额外知识详见二维码。

扩展资源 2.pdf

2. 净年值

净年值是指按给定的折现率，通过等值换算将方案计算期内各个不同时点的净现金流量分摊到计算期内各年的等额年值，其计算公式如下：

$$NAV = \left[\sum_{t=0}^{n}(CI-CO)_t(1+i_c)^{-t}\right]\left[\frac{i(1+i_c)^n}{(1+i_c)^n-1}\right] = NPV(A/P,\ i_c,\ n) \tag{2-3}$$

式中：NAV——净年值。

    其余符号含义同前。

或者将项目的净现金流量先折算成净终值，然后用等额支付系列偿债基金与复利系数

相乘，也可以得到净年值，其计算公式为

$$NAV = \left[\sum_{t=0}^{n}(CI - CO)_t(1+i_c)^{-t}\right]\left[\frac{i_c}{(1+i_c)^n - 1}\right] \quad (2\text{-}4)$$
$$= F(A/F, i_c, n)$$

式中：F——终值。

其余符号含义同前。

对独立项目方案而言，若 NAV≥0，则项目在经济效果上可以接受，若 NAV＜0，则项目在经济效果上不可接受。

多方案比选时，非负的净年值越大，方案越优(净年值最大准则)。对于单个方案评价，与 NPV 相同；对于多个方案比较时应用 NAV 指标评价，一般适用于现金流量和利率已知、初始投资额相近，但各方案的寿命期不同的方案比较。NAV 最大值的方案是最优的。

3. 费用现值(PC)

费用现值的含义与净年值含义是相同的，费用现值是指将各投资方案各年的费用按行业基准收益率或设定收益率折现到建设期初的现值之和，费用现值越小，方案越优，其计算公式为

$$PC = NPV(A/P, i, n)$$
$$= \sum_{t=0}^{n}CO_t(P/F, i_c, n)(A/P, i, n) \quad (2\text{-}5)$$

式中：PC——费用现值。

其余符号含义同前。

4. 费用年值

费用年值(AC)法是指将多个投资方案的所有费用按行业基准收益率或设定收益率折现到每年年末的等额资金，费用年值越小，方案越优。其公式为

$$AC = PC(A/P, i_c, n) = \left[\sum_{t=0}^{n}CO_t(P/F, i_c, n)\right](A/P, i_c, n) \quad (2\text{-}6)$$

式中：AC——费用年值。

其余符号含义同前。

值得注意的是，进行互斥方案经济效果评价的前提是要分清方案的寿命期是否相同。

对于寿命期相同的方案，以上几种方法可以直接使用；若互斥方案寿命期不同，必须对寿命期做出某种假定，使得方案在相等期限的基础上进行比较，这样才能保证得到合理的结论。

对于年值法，可将寿命期不同的投资方案无限期重复按净年值或费用年值进行选择；也可采用最小公倍数法，取各投资方案的最小公倍数作为各投资方案的共同寿命期，然后采用寿命期相同的比选方法进行选择；还可采用研究期法，取各投资方案的最短寿命期作为共同寿命期，然后采用寿命期相同的投资方案的选优方法进行选择。

5. 寿命周期成本

在通常情况下，从追求寿命周期成本最低的立场出发，首先是确定寿命周期成本的各

要素，把各要素的成本降低到普通水平；其次是将设置费和维持费两者进行权衡，以便确定研究的侧重点，从而使总费用更为经济；最后，再从寿命周期成本和系统效率的关系这个角度进行研究。此外，由于寿命周期成本是在长时期内发生的，对费用发生的时间顺序必须加以掌握。

1) 费用效率(CE)法

费用效率(CE)是指工程系统效率(SE)与工程寿命周期成本(LCC)的比值。其计算式如下：

$$费用效率(CE)=系统效率(SE)/寿命周期费用(LCC)$$
$$=系统效率(SE)/[设置费(IC)+维持费(SC)] \tag{2-7}$$

(1) 系统效率。

系统效率是投入寿命周期成本后所取得的效果或者说明任务完成到什么程度的指标。如以寿命周期成本为输入，则系统效率为输出。通常，系统的输出为经济效益、价值、效率(效果)等。

(2) 寿命周期成本。

寿命周期成本为设置费和维持费的合计额，也就是系统在寿命周期内的总费用。对于寿命周期成本的估算，必须尽可能地在系统开发的初期进行。估算寿命周期成本时，可先粗分为设置费和维持费。至于如何进一步分别对设置费和维持费进行估算，则要根据估算时所处的阶段，以及设计内容的明确程度来决定。

2) 固定效率法和固定费用法

所谓固定费用法，是将费用值固定下来，然后选出能得到最佳效率的方案。反之，固定效率法是将效率值固定下来，然后选取能达到这个效率而费用最低的方案。

3) 权衡分析法

权衡分析是对性质完全相反的两个要素作适当的处理，其目的是提高总体的经济性。寿命周期成本评价法的重要特点是进行有效的权衡分析。通过有效的权衡分析，可使系统的任务较好地完成，既保证了系统的性能，又可使有限的资源(人、财、物)得到有效的利用。具体分析详见二维码。

2.2 价值工程理论

2.2.1 价值工程的概念及特点

扩展资源 3.pdf

价值工程又称价值分析，是一种把功能与成本、技术与经济结合起来进行技术经济评价的方法。它不仅广泛应用于产品设计和产品开发，而且也应用于工程建设中。

1. 价值工程的概念

价值工程是以提高产品价值和有效利用资源为目的，通过有组织的创造性工作，寻求用最低的寿命周期成本，可靠地实现使用者所需功能，以获得最佳的综合效益的一种管理技术。价值工程中"工程"的含义是指为实现提高价值的目标，所进行的一系列分析研究活动。价值工程中

价值工程概念.mp4

所述的"价值"也是一个相对的概念,是指作为某种产品(或作业)所具有的功能与获得该功能的全部费用的比值。它不是对象的使用价值,也不是对象的交换价值,而是对象的比较价值,其表达式如下:

$$V = \frac{F}{C} \tag{2-8}$$

式中：V——价值;

　　　F——研究对象的功能,广义上讲是指产品或作业的功能和用途;

　　　C——成本,即寿命周期成本。

2. 价值工程的特点

由价值工程的概念可知,价值工程涉及价值、功能和寿命周期成本三个基本要素,它具有以下特点。

价值工程特点.mp4

(1) 价值工程的目标,是以最低的寿命周期成本,使产品具备它所必须具备的功能。

产品的寿命周期成本由生产成本和使用及维护成本组成。产品生产成本 C_1 是指发生在生产企业内部的成本,也是用户购买产品的费用,包括产品的科研、实验、设计、试制、生产、销售等费用及税金等;而产品使用及维护成本 C_2 是指用户在使用过程中支付的各种费用的总和,它包括使用过程中的能耗费用、维修费用、人工费用、管理费用等,有时还包括报废、拆除所需费用(扣除残值)。在一定范围内,产品的生产成本与使用及维护成本存在此消彼长的关系。随着产品功能水平的提高,产品的生产成本 C_1 增加,使用及维护成本 C_2 降低;反之,产品功能水平降低,其生产成本 C_1 降低,但是使用及维护成本 C_2 增加。因此,当功能水平逐步提高时,寿命周期成本 $C=C_1+C_2$,呈马鞍形变化,如图 2-2 所示。

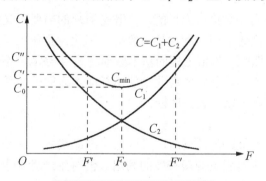

图 2-2　产品功能与成本关系图

在 F' 点,产品功能较少,此时虽然生产成本较低,但由于不能满足使用者的基本需要,使用及维护成本较高,因而使用寿命周期成本较高;在 F'' 点,虽然使用及维护成本较低,但由于存在着多余的功能,因而致使生产成本过高,同样寿命周期成本也较高。只有在 F_0 点,产品功能既能满足用户的需求,产品成本 C_1 和使用及维护成本 C_2 两条曲线叠加所对应的寿命周期成本为最小值 C_{min},体现了比较理想的功能与成本的关系。由此可见,工程产品的寿命周期成本与其功能是辩证统一的关系。寿命周期成本的降低,不仅关系到生产企业的利益,同时也是满足用户的要求并与社会节约程度密切相关。因此,价值工程的活动应贯穿于生产和使用的全过程，要兼顾生产者和用户的利益，以获得最佳的社会综合效益。

(2) 价值工程的核心，是对产品进行功能分析。

价值工程中的功能是指对象能够满足某种要求的一种属性，具体来说功能就是某种特定效能、功用或效用。任何产品都具备相应的功能，假如产品不具备功能，则产品就将失去存在的价值。用户向生产企业购买产品，是要求生产企业提供这种产品的功能，而不是产品的具体结构。企业生产的目的，也是通过生产获得用户所期望的功能，而结构、材质等是实现这些功能的手段，目的是主要的，手段可以广泛选择。因此，价值工程分析产品，不是分析它的结构，而是分析它的功能，是在分析功能的基础之上，再去研究结构、材质等问题，以达到保证用户所需功能的同时降低成本，实现价值提高的目的。

(3) 价值工程将产品价值、功能和成本作为一个整体同时来考虑。

在现实中，人们一般对产品有"性价比"的要求，"性"就是反映产品(或作业)的性能和质量水平，即功能水平；"价"就是反映产品的成本水平。价值工程并不是单纯追求低成本水平，也不是片面追求高功能、多功能水平，而是力求正确处理好功能与成本的对立统一关系，提高它们之间的比值水平，研究产品功能和成本的最佳配置。因此，价值工程对价值、功能、成本的考虑，不是片面和孤立的，而是在确保产品功能的基础上综合考虑生产成本和使用及维护成本，兼顾生产者和用户的利益，创造出总体价值最高的产品。

2.2.2 价值工程的功能评价

1. 提高价值的途径

由于价值工程以提高产品价值为目的，这既是用户的需要，又是生产经营者追求的目标，两者的根本利益是一致的。因此，企业应当研究产品功能与成本的最佳匹配。价值工程的基本原理公式 $V=F/C$，不仅深刻地反映出产品价值与产品功能和实现此功能所耗成本之间的关系，而且也为如何提高价值提供了以下五种途径。

扩展资源 4.pdf

提高价值的五种
途径.mp4

1) 双向型

双向型是指在提高产品功能的同时，又降低了产品成本，这是提高价值最为理想的途径，也是对资源最有效的利用。但对生产者要求较高，往往要借助技术的突破和管理的改善才能实现。

2) 改进型

改进型是指在产品成本不变的条件下，通过改进设计，提高产品的功能，提高利用资源的成果或效用(如提高产品的性能、可靠性、寿命、维修性)，增加某些用户希望的功能等，达到提高产品价值的目的。

3) 节约型

节约型是指在保持产品功能不变的前提下，通过降低成本达到提高价值的目的。从发展趋势上说，科学技术水平以及劳动生产率是在不断提高的，因此消耗在某种功能水平上的产品或系统的费用应不断降低。新设计、新材料、新结构、新技术、新的施工方法和新型高效管理方法，无疑会提高劳动生产率，在功能不发生变化的条件下，降低产品或系统的费用。

4)　投资型

投资型是指产品功能有较大幅度提高，产品成本有较少提高。即成本虽然增加了一些，但功能的提高超过了成本的提高，因此价值还是提高了。

5)　牺牲型

牺牲型是指在产品功能略有下降、产品成本大幅度降低的情况下，也可达到提高产品价值的目的。这是一种灵活的企业经营策略，去除一些用户不需要的功能，从而较大幅度地降低费用，能够更好地满足用户的要求。

扩展资源 5.pdf

2. 功能评价

功能评价是在功能定义和功能整理完成之后，在已定性确定问题的基础上进一步作定量的确定，即评定功能的价值。功能价值 V 的计算方法可分为两大类，即功能成本法与功能指数法。下面仅介绍功能成本法。

功能评价的
方法.mp4

1)　功能评价的程序

价值工程的成本有两种，一种是现实成本，是指目前的实际成本；另一种是目标成本。功能评价就是找出实现功能的最低费用作为功能的目标成本，以功能目标成本为基准，通过与功能现实成本的比较，求出两者的比值(功能价值)和两者的差异值(改善期望值)，然后选择功能价值低、改善期望值大的功能作为价值工程活动的重点对象。功能评价的程序如图 2-3 所示。

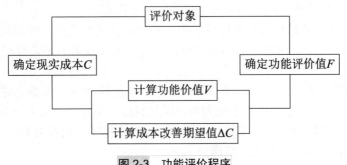

图 2-3　功能评价程序

2)　功能现实成本

功能现实成本的计算与传统的成本核算既有相同点，也有不同之处。两者相同点是指它们在成本费用的构成项目上是完全相同的；而两者的不同之处在于功能现实成本的计算是以对象的功能为单位，而传统的成本核算是以产品或构配件为单位。因此，在计算功能现实成本时，就需要根据传统的成本核算资料，将产品或构配件的现实成本换算成功能的现实成本。具体地讲，当一个构配件只具有一个功能时，该构配件的成本就是它本身的功能成本；当一项功能要由多个构配件共同实现时，该功能的成本就等于这些构配件的成本之和。当一个构配件具有多项功能或同时与多项功能有关时，就需要将

功能现实成本的
计算.mp4

构配件成本分摊给各项有关功能，至于分摊的方法和分摊的比例，可根据具体情况决定。

3）功能评价值 F

对象的功能评价值 F(目标成本)，是指可靠地实现用户要求功能的最低成本，可以根据图纸和定额，也可根据国内外先进水平或根据市场竞争的价格等来确定。它可以理解成是企业有把握，或者说应该达到的实现用户要求功能的最低成本。从企业目标的角度来看，功能评价值可以看成是企业预期的、理想的成本目标值，常用功能重要性系数评价法计算。

功能评价值 F 的
计算.mp4

4）功能价值 V

应用功能成本法计算功能价值 V，是通过一定的测算方法，测定实现应有功能所必须消耗的最低成本，同时计算为实现应有功能所耗费的现实成本，经过分析、对比，求得对象的价值系数和成本降低期望值，确定价值工程的改进对象，其表达式如下：

$$V_i = \frac{F_i}{C_i} \tag{2-9}$$

式中：V_i——第 i 个评价对象的价值系数；

　　　F_i——第 i 个评价对象的功能评价值(目标成本)；

　　　C_i——第 i 个评价对象的现实成本。

$V_i=1$，表示功能评价值等于功能现实成本。这表明评价对象的功能现实成本与实现功能所必需的最低成本大致相当，说明评价对象的价值为最佳，一般无须改进。

$V_i<1$，此时功能现实成本大于功能评价值。表明评价对象的现实成本偏高，而功能要求不高，一种可能是存在着过剩的功能；另一种可能是功能虽无过剩，但实现功能的条件或方法不佳，以致使实现功能的成本大于功能的实际需要。

$V_i>1$，说明该评价对象的功能比较重要，但分配的成本较少，即功能现实成本低于功能评价值。应具体分析，可能功能与成本分配已较理想，或者有不必要的功能，或者应该提高成本。

$V_i=0$ 时，因为只有分子为 0，或分母为 ∞时，才能使 $V=0$。根据上述对功能评价值 F 的定义，分子不应为 0，而分母也不会为 ∞，因此要进一步分析。如果是不必要的功能，则取消该评价对象；但如果是最不重要的必要功能，要根据实际情况处理。

5）确定价值工程对象的改进范围

通过以上分析可以得出，对产品进行价值分析，就是使产品每个构配件的价值系数尽可能趋近于 1。为此，确定的改进对象如下。

(1) F_i/C_i 值低的功能。

计算出来的 $V_i<1$ 的功能区域，基本上应进行改进，特别是 V_i 值比 1 小得较多的功能区域，力求使 $V_i=1$。

(2) $\Delta C_i = (C_i - F_i)$ 值大的功能。

ΔC_i 是成本降低期望值，也是成本应降低的绝对值。当 n 个功能区域的价值系数同样低时，就要优先选择 ΔC_i 数值大的功能区域作为重点对象。

(3) 复杂的功能。

复杂的功能区域，说明其功能是通过很多构配件(或作业)来实现的，通常复杂的功能区域，其价值系数也较低。

（4）问题多的功能。

尽管在功能系统图上的任何一级改进都可以达到提高价值的目的，但是改进的多少、取得效果的大小却是不同的。越接近功能系统图的末端，改进的余地越小，越只能作结构上的小改小革；相反，越接近功能系统图的前端，功能改进就可以越大，就越有可能作原理上的改变，从而带来显著效益。

2.3　网络计划分析法的应用

2.3.1　网络计划分析法的概念

网络计划分析法概念.mp4

简单来说，网络计划分析是利用网络图分析制订计划以及对计划予以评价的技术，是一种类似流程图的箭线图。它描绘出项目包含的各种活动的先后次序，标明每项活动的时间或相关的成本。它能协调整个计划的各道工序，合理安排人力、物力、时间、资金，加速计划的完成。在现代计划的编制和分析手段上，网络计划分析被广泛地使用，是现代化管理的重要手段和方法。

国际上，工程网络计划有许多名称，如 CPM、PERT、CPA、MPM 等。工程网络计划的类型有以下几种不同的划分方法。

1. 工程网络计划按工作持续时间的特点划分

（1）肯定型问题的网络计划；
（2）非肯定型问题的网络计划；
（3）随机网络计划等。

2. 工程网络计划按工作和事件在网络图中的表示方法划分

（1）事件网络；
（2）工作网络。

3. 工程网络计划按计划平面的个数划分

（1）单平面网络计划；
（2）多平面网络计划。

在国际上，美国较多使用双代号网络计划，欧洲则较多使用单代号搭接网络计划。我国《工程网络计划技术规程》(JGJ/T 121—2015)推荐常用的工程网络计划类型包括：

（1）双代号网络计划；
（2）单代号网络计划；
（3）双代号时标网络计划；
（4）单代号搭接网络计划。

我国规程推荐常用的四种网络计划类型.mp4

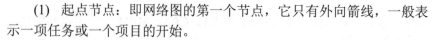

2.3.2 网络计划分析法的应用

本节主要介绍双代号网络图。

1. 双代号网络计划的基本概念

1) 箭线(工作)

工作是泛指一项需要消耗人力、物力和时间的具体活动过程，也称

网络计划箭头的
概念.mp4

工序、活动、作业。在双代号网络图中，任意一条实箭线都要占用时间、消耗资源。在双代号网络图中，为了正确地表述图中工作之间的逻辑关系，往往需要应用虚箭线。虚箭线是实际工作中并不存在的一项虚设工作，故它既不占用时间，也不消耗资源，一般起着工作之间的联系、区分和断路三个作用。

2) 节点(又称结点、事件)

节点是网络图中箭线之间的连接点。在时间上节点表示指向某节点的工作全部完成后该节点后面的工作才能开始的瞬间，它反映前后工作的交接点。网络图中有三个类型的节点。

网络计划中节点的
概念.mp4

(1) 起点节点：即网络图的第一个节点，它只有外向箭线，一般表示一项任务或一个项目的开始。

(2) 终点节点：即网络图的最后一个节点，它只有内向箭线，一般表示一项任务或一个项目的完成。

(3) 中间节点：即网络图中既有内向箭线，又有外向箭线的节点。

双代号网络图中，节点应用圆圈表示，并在圆圈内编号。一项工作应当只有唯一的一条箭线和相应的一对节点，且要求箭尾节点的编号小于其箭头节点的编号。网络图节点的编号顺序应从小到大，可不连续，但不允许重复。

3) 线路

网络图中从起始节点开始，沿箭头方向顺序通过一系列箭线与节点，最后达到终点节点的通路称为线路。在一个网络图中可能有很多条线路，线路中各项工作持续时间之和就是该线路的长度，即线路所需要的时间。一般网络图有多条线路，可依次用该线路上的节点代号来表述，在各条线路中，有一条或几条线路的总时间最长，称为关键路线，一般用双线或粗线标注。其他线路长度均小于关键线路，称为非关键线路。

网络计划中线路的
概念.mp4

4) 逻辑关系

网络图中工作之间相互制约或相互依赖的关系称为逻辑关系，它包括工艺关系和组织关系，在网络中均应表现为工作之间的先后顺序。

(1) 工艺关系：生产性工作之间由工艺过程决定的、非生产性工作之间由工作程序决定的先后顺序称为工艺关系。

(2) 组织关系：工作之间由于组织安排需要或资源(人力、材料、机械设备和资金等)调配需要而规定的先后顺序关系称为组织关系。

网络图必须正确地表达整个工程或任务的工艺流程和各工作开展的先后顺序及它们之

间相互依赖、相互制约的逻辑关系。因此，绘制网络图时必须遵循一定的基本规则和要求。

2. 双代号网络计划的绘图规则

(1) 双代号网络图必须正确表达已定的逻辑关系。

(2) 双代号网络图中，严禁出现循环回路。所谓循环回路是指从网络图中的某一个节点出发，顺着箭线方向又回到了原来出发点的线路。

双代号网络计划的
绘图规则.mp4

(3) 双代号网络图中，在节点之间严禁出现带双向箭头或无箭头的连线。

(4) 双代号网络图中，严禁出现没有箭头节点或没有箭尾节点的箭线。

(5) 当双代号网络图的某些节点有多条外向箭线或多条内向箭线时，为使图形简洁，可使用母线法绘制(但应满足一项工作用一条箭线和相应的一对节点表示)。

(6) 绘制网络图时，箭线不宜交叉。当交叉不可避免时，可用过桥法或指向法。

(7) 双代号网络图中应只有一个起点节点和一个终点节点(多目标网络计划除外)，而其他所有节点均应是中间节点。

(8) 双代号网络图应条理清楚，布局合理。例如：网络图中的工作箭线不宜画成任意方向或曲线形状，应尽可能用水平线或斜线；关键线路、关键工作安排在图面中心位置，其他工作分散在两边；避免倒回箭头等。

3. 双代号网络图中的主要参数

(1) ES：最早开始时间，指各项工作紧前工作全部完成后，本工作有可能开始的最早时刻；

(2) EF：最早完成时间，指各项紧前工作全部完成后，本工作有可能完成的最早时刻；

双代号网络图中的
主要参数.mp4

(3) LF：最迟完成时间，指在不影响整个网络计划工期完成的前提下，本工作的最迟完成时间；

(4) LS：最迟开始时间，指在不影响整个网络计划工期完成的前提下，本工作最迟开始时间；

(5) TF：总时差，指在不影响计划工期的前提下，本工作可以利用的机动时间；

(6) FF：自由时差，在不影响紧后工作最早开始的前提下，本工作可以利用的机动时间。

4. 关键工作和关键线路的确定

1) 关键工作
网络计划中总时差最小的工作是关键工作。

2) 关键线路
自始至终全部由关键工作组成的线路为关键线路，或线路上总的工作持续时间最长的线路为关键线路。网络图上的关键线路可用双线或粗线标注。

2.4 案 例 分 析

2.4.1 案例1——评分法

【例1】 承包商 A 在某办公楼的现浇楼板施工中，拟采用钢木组合模板体系或小钢模体系施工。经有关专家讨论，决定从模板总摊销费用(F_1)、模板浇筑质量(F_2)、模板人工费(F_3)、模板周转时间(F_4)四个技术经济指标对两个方案进行评价并采用 0-1 评分法对各技术经济指标的重要程度进行评分，其部分结果见表 2-1，试确定各技术经济指标的权重。

表 2-1　指标重要程度评分表

	F_1	F_2	F_3	F_4
F_1	×	1	0	1
F_2		×	1	1
F_3			×	0
F_4				×

解: 计算结果详见表 2-2。

表 2-2　指标权重计算表

	F_1	F_2	F_3	F_4	得　分	修正得分	权　重
F_1	×	1	0	1	2	3	3/10=0.300
F_2	0	×	1	1	2	3	3/10=0.300
F_3	1	0	×	0	1	2	2/10=0.200
F_4	0	0	1	×	1	2	2/10=0.200
合计					6	10	1.000

2.4.2 案例2——资金时间价值的分析

【例2】 三个投资方案的期初(0 期)投资和当年投产就获得收益的情况见表 2-3，$i_0=15\%$，试用净现值指标选择一个最佳方案。

表 2-3　现金流量表

方　案	期初投资(元)	年净收益(元)	寿命(年)
A	10000	2800	10
B	16000	3800	10
C	20000	5000	10

解： 根据净现值公式可知：

$NPV_A=-10000+2800(P/A,15\%,10)=-10000+2800\times5.019=4053.2$(元)

$NPV_B=-16000+3800(P/A,15\%,10)=-16000+3800\times5.019=3072.2$(元)

$NPV_C=-20000+5000(P/A,15\%,10)=-20000+5000\times5.019=5095$(元)

因为 $NPV_C>NPV_A>NPV_B$，所以 C 方案最佳，应选择 C 方案。

2.4.3　案例 3——费用现值法

【例 3】 某建设单位拟建一幢建筑面积为 $7320m^2$ 的综合办公楼，该住宅楼的供暖热源拟由社会热网公司提供，室内采暖方式为低温地热辐射采暖。有关投资和费用资料如下。

(1) 一次性支付社会热网公司入网费 50 元/m^2；每年缴纳外网供暖费用 28 元/m^2。

(2) 方案 A 的室内外工程初始投资为 145 元/m^2；每年日常维护管理费用为 6 元/m^2；该方案应考虑室内有效使用面积增加带来的效益(按每年 2 元/m^2 计算)。

(3) 方案 B 的室内外工程初始投资为 130 元/m^2；每年日常维护管理费用为 5 元/m^2。

(4) 不考虑建设期的影响，初始投资设在期初。方案的使用寿命为 50 年，大修周期均为 15 年，每次大修费用为 16 元/m^2。不计残值。

问题：

(1) 试计算方案 A、B 的初始投资费用、年运行费用、每次大修费用。

(2) 绘制方案 A 的全寿命周期费用现金流量图，并计算其费用现值。

(3) 在建设单位拟采用方案 A 后，有关专家提出了一个新的方案 C，即供暖热源采用地下水源热泵，室内供热为集中空调(同时也可用于夏季制冷)。其初始工程投资为 268 元/m^2；每年地下水资源费用为 10 元/m^2；每年用电及维护管理等费用为 40 元/m^2；大修周期为 10 年，每次大修费用为 13 元/m^2；使用寿命 50 年，不计残值。

该方案应考虑室内有效使用面积增加和冬期供暖、夏季制冷使用舒适度带来的效益(按每年 6 元/m^2 计算)。初始投资和每年运行费用、大修费用及效益均按 60% 为采暖 40% 为制冷计算，试在方案 A、C 中选择较经济的方案。

解： 本案例是典型的设计方案的技术经济分析问题。三种建筑采暖方案拥有不同的初始投资、年运行费用和大修费用，需要在考虑资金时间价值的情况下利用技术经济分析的费用现值或费用年值的方法选择费用较低的方案。

这类问题要求能够根据题意正确识别并计算每一种方案的初始投资、年运行费用和大修费用；要求能够正确确定每一个方案在寿命周期内的每一笔现金流量，例如需要能够正确确定寿命周期内需要进行的大修理次数和大修理发生的时间；要求能够理解不同方案的功能差异。方案评价计算中能够根据题意正确考虑不同方案的不同功能所带来的折算效益。

(1) 方案 A 的初始投资费用、年运行费用、每次大修费用：

初始投资费用=$50\times7320+145\times7320=142.74$(万元)

年运行费用=$28\times7320+(6-2)\times7320=23.42$(万元)

每次大修费用=$16\times7320=11.712$(万元)

方案 B 的初始投资费用、年运行费用、每次大修费用：

初始投资费用=50×7320+130×7320=131.76(万元)

年运行费用=28×7320+5×7320=24.156(万元)

每次大修费用=16×7320=11.712(万元)

(2) 方案 A 现金流量如图 2-4 所示。

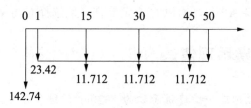

图 2-4　方案 A 现金流量示意图

根据一次支付现值公式：$P=F(1+i)^{-n}$ 以及等额资金现值公式：$A=P\dfrac{i(1+i)^n}{(1+i)^n-1}$ 计算方案 A 费用现值：

$$P_A=23.42\times(P/A,6\%,50)+11.712\times(P/F,6\%,15)+11.712\times(P/F,6\%,30)+$$
$$11.712\times(P/F,6\%,45)+142.74$$
$$=23.424\times15.762+11.712\times0.4173+11.712\times0.1741+11.712\times0.0727+142.74$$
$$=519.73(万元)$$

(3) 方案 C 的初始投资费用、年运行费用、每次大修费用：

初始投资费用=268×7320×60%=117.7056(万元)

年运行费用=(10×7320+40×7320−6×7320)×60%=19.3248(万元)

每次大修费用=13×7320×60%=5.7096(万元)

方案 C 的费用现值：

$$P_C=19.3248\times(P/A,6\%,50)+5.7096\times(P/F,6\%,10)+5.7096\times(P/F,6\%,20)+5.7096\times(P/F,6\%,30)$$
$$+5.7096\times(P/F,6\%,40)+117.7056$$
$$=19.3248\times15.7619+5.7096\times0.5584+5.7096\times0.3118+5.7096\times0.1741+5.7096\times0.0972$$
$$+117.7056=428.82(万元)$$

方案选择：因为费用现值 $P_C<P_A$，所以选择方案 C。

2.4.4　案例4——费用效率

【例 4】　为改善目前已严重拥堵城市主干道的交通状况，某城市拟投资建设一个交通项目，有地铁、轻轨和高架道路 3 个方案。该 3 个方案的使用寿命均按 50 年计算，分别需每 15 年、10 年、20 年大修一次。单位时间价值为 9 元/小时，基准折现率为 8%，其他有关数据见表 2-4 和表 2-5。不考虑建设工期的差异，即建设投资均按期初一次性投资考虑，不考虑拆迁工作和建设期间对交通的影响，3 个方案均不计残值，每年按 360 天计算。寿命周期成本和系统效率计算结果取整数，系统费用效率计算结果保留两位小数。

表 2-4　各方案基础数据表

方　案	地　铁	轻　轨	高架道路
建设投资(万元)	1300000	600000	220000
年维修和运行费(万元/年)	9600	8200	2500
每次大修费(万元/次)	35000	31000	18000
日均客流量(万人/天)	45	29	26
人均节约时间(小时/人)	0.8	0.6	0.4
运行收入(元/人)	4	3	0
土地升值(万元/年)	40000	30000	25000

表 2-5　复利系数表

n	10	15	20	30	40	45	50
$(P/A, 8\%, n)$	6.710	8.559	9.818	11.258	11.925	12.108	12.233
$(P/F, 8\%, n)$	0.463	0.315	0.215	0.099	0.046	0.031	0.021

问题:

1. 3 个方案的年度寿命周期成本各为多少?

2. 若采用寿命周期成本的费用效率(CE)法, 应选择哪个方案?

3. 若高架道路每年造成的噪声影响损失为 7000 万元, 将此作为环境成本, 则在轻轨和高架道路 2 个方案中, 哪个方案较好?

解: 本案例是考核寿命周期成本分析的有关问题。

工程寿命周期成本包括资金成本、环境成本和社会成本。由于环境成本和社会成本较难定量分析, 一般只考虑资金成本, 但本案例问题 3 以简化的方式考虑了环境成本, 旨在强化环境保护的理念。

工程寿命周期资金成本包括建设成本(设置费)和使用成本(维持费)。其中, 建设成本内容明确, 估算的结果也较为可靠; 而使用成本内容繁杂, 且不确定因素很多, 估算的结果不甚可靠, 本案例主要考虑了大修费与年维修和运行费。为简化计算, 本题未考虑各方案的残值, 且假设三个方案的使用寿命相同。

在寿命周期成本评价方法中, 费用效率法是较为常用的一种。运用这种方法的关键在于将系统效率定量化, 尤其是应将系统的非直接收益定量化, 在本案例中主要考虑了土地升值和节约时间的价值。

需要注意的是, 环境成本应作为寿命周期费用增加的内容, 而不能作为收益的减少, 否则, 可能导致截然相反的结论。

问题 1:

1) 计算地铁的年度寿命周期成本 LCC$_D$

(1) 年度建设成本(设置费):

$$IC_D = 1300000(A/P, 8\%, 50) = 1300000/12.233 = 106269(万元)$$

(2) 年度使用成本(维持费):

$$SC_D=9600+35000[(P/F,8\%,15)+(P/F,8\%,30)+(P/F,8\%,45)](A/P,8\%,50)$$
$$=9600+35000\times(0.315+0.099+0.031)/12.233=10873(万元)$$

(3) 年度寿命周期成本:

$$LCC_D=IC_D+SC_D=106269+10873=117142(万元)$$

2) 计算轻轨的年度寿命周期成本 LCC_Q

(1) 年度建设成本(设置费):

$$IC_Q=600000(A/P,8\%,50)=600000/12.233=49048(万元)$$

(2) 年度使用成本(维持费)

$$SC_Q=8200+31000[(P/F,8\%,10)+(P/F,8\%,20)+(P/F,8\%,30)+(P/F,8\%,40)](A/P,8\%,50)$$
$$=8200+31000\times(0.463+0.215+0.099+0.046)/12.233=10286(万元)$$

(3) 年度寿命周期成本:

$$LCC_Q=IC_Q+SC_Q=49048+10286=59334(万元)$$

3) 计算高架道路的年度寿命周期成本 LCC_G

(1) 年度建设成本(设置费):

$$IC_G=220000(A/P,8\%,50)=220000/12.233=17984(万元)$$

(2) 使用成本(维持费):

$$SC_G=2500+18000[(P/F,8\%,20)+(P/F,8\%,40)](A/P,8\%,50)=2500+$$
$$18000\times(0.215+0.046)/12.233=2884(万元)$$

(3) 年度寿命周期成本:

$$LCC_G=IC_G+SC_G=17984+2884=20868(万元)$$

问题 2:

1) 计算地铁的年度费用效率 CE_D

(1) 年度系统效率 SE_D:

$$SE_D=45\times(0.8\times9+4)\times360+40000=221440(万元)$$

(2) $CE_D=SE_D/LCC_D=221440/117142=1.89$

2) 计算轻轨的年度费用效率 CE_Q

(1) 年度系统效率 SE_Q:

$$SE_Q=29\times(0.6\times9+3)\times360+30000=117696(万元)$$

(2) $CE_Q=SE_Q/LCC_Q=117696/59334=1.98$

3) 计算高架道路的年度费用效率 CE_G

(1) 年度系统效率 SE_G:

$$SE_G=26\times0.4\times9\times360+25000=58696(万元)$$

(2) $CE_G=SE_G/LCC_G=58696/20868=2.81$

由于高架道路的费用效率最高,因此,应选择建设高架道路。

问题 3:

将 7000 万元的环境成本加到高架道路的寿命周期成本上,则高架道路的年度费用效率为

$$CE_G=SE_G/LCC_G=58696/(20868+7000)=2.10$$

由问题 2 可知，$CE_G=2.10 > CE_Q=1.98$，因此，若考虑将噪声影响损失作为环境成本，高架道路方案仍优于轻轨方案。

2.4.5　案例 5——价值工程分析

【例 5】　某开发公司的某幢公寓建设工程，有 A、B、C、D 四个设计方案，经有关专家对上述方案进行经济分析和论证，得到的资料见表 2-6 和表 2-7，试运用价值工程方法优选设计方案。

表 2-6　方案功能分析表

方案功能	F_1	F_2	F_3	F_4	F_5
F_1	×	3	2	1	3
F_2	1	×	4	2	1
F_3	2	0	×	3	1
F_4	3	2	1	×	0
F_5	1	3	3	4	×

表 2-7　方案功能得分表

方案功能	方案功能得分			
	A	B	C	D
F_1	9	10	8	9
F_2	8	10	9	10
F_3	10	9	9	9
F_4	9	8	7	8
F_5	8	7	6	9
单方造价(元/m²)	1312.00	1200.00	1514.00	1100.00

解：价值工程原理表明，对整个功能领域进行分析和改善比对单个功能进行分析和改善的效果好，上述四个方案各有其优缺点，如何取舍，可以利用价值工程原理对各个方案进行优化选择，其基本步骤如下。

(1) 计算各方案的功能重要性系数：

F_1 得分 $=3+2+1+3=9$

F_2 得分 $=1+4+2+1=8$

F_3 得分 $=2+0+3+1=6$

F_4 得分 $=3+2+1+0=6$

F_5 得分 $=1+3+3+4=11$

总得分 $=9+8+6+6+11=40$

F_1 功能重要性系数 $=9/40=0.225$

F_2 功能重要性系数 $=8/40=0.200$

F_3功能重要性系数=6/40=0.150

F_4功能重要性系数=6/40=0.150

F_5功能重要性系数=11/40=0.275

(2) 计算功能系数：

ϕ_A=9×0.225+8×0.2+10×0.15+9×0.15+8×0.275=8.675

ϕ_B=10×0.225+10×0.2+9×0.15+8×0.15+7×0.275=8.725

ϕ_C=8×0.225+9×0.2+9×0.15+7×0.15+6×0.275=7.650

ϕ_D=9×0.225+10×0.2+9×0.15+8×0.15+9×0.275=9.050

总得分=8.675+8.725+7.650+9.050=34.10

F_A=8.675/34.10=0.254

F_B=8.725/34.10=0.256

F_C=7.650/34.10=0.224

F_D=9.050/34.10=0.265

(3) 计算成本系数：

C_A=1312.00/5126.00=0.256

C_B=1200.00/5126.00=0.234

C_C=1514.00/5126.00=0.295

C_D=1100.00/5126.00=0.214

(4) 计算价值系数：

V_A=F_A/C_A=0.254/0.256=0.992

V_B=F_B/C_B=0.256/0.234=1.094

V_C=F_C/C_C=0.224/0.295=0.759

V_D=F_D/C_D=0.265/0.214=1.238

(5) 优选方案：A、B、C、D四个方案中，以D方案的价值系数最高，故D方案为最优方案。

2.4.6 案例6——不同分析方法的综合应用

某大型商场建设项目，现有A、B、C三个设计方案，经造价工程师估算的基础资料见表2-8。

表2-8 各设计方案的基础资料

指 标	方 案		
	A	B	C
初始投资(万元)	3500	2500	3000
维护费用(万元/年)	25	75	45
使用年限(年)	70	50	60

经专家组确定的评价指标体系为：①初始投资；②年维护费用；③使用年限；④结构体系；⑤墙体材料；⑥面积系数；⑦门类型。各指标的重要程度之比依次为 5：3：2：4：3：6：1。各专家对指标打分的算术平均值见表 2-9。

表 2-9　指标打分表

指　　标	方　案		
	A	B	C
初始投资	8	10	9
年维护费用	10	8	9
使用年限	10	8	9
结构体系	10	6	8
墙体材料	6	7	7
面积系数	10	5	6
门类型	8	7	8

问题：

1. 如果不考虑其他评审要素，使用最小年费用法选择最佳设计方案(折现率按8%考虑)。

2. 如果按上述 7 个指标组成的指标体系对 A、B、C 三个设计方案进行综合评审，确定各指标的权重，并用综合评分法选择最佳设计方案。

3. 如果上述 7 个评价指标的后 4 个指标定义为功能项目，寿命期年费用作为成本，试用价值工程方法优选最佳设计方案(除问题 1 保留两位小数外，其余计算结果均保留三位小数)。

解：对设计方案的优选可以从不同的角度进行分析与评价。如果从经济角度考虑，可采用最小费用法或最大效益法；如果从技术角度考虑，可采用综合评分法或加权打分法；如果从技术与经济相结合的角度进行分析与评价，则可采用价值工程法和费用效率法等。

问题 1：计算各方案的寿命期年费用

A 方案：$3500×(A/P,8\%,70)+25=3500×0.08+25=306.31$(万元)

B 方案：$2500×(A/P,8\%,50)+75=2500×0.082+75=280.00$(万元)

C 方案：$3000×(A/P,8\%,60)+45=3000×0.081+45=288.00$(万元)

$280.00<288.00<306.31$

结论：B 方案的寿命期年费用最小，故 B 方案为最佳设计方案。

问题 2：多指标综合评分法优选方案

(1) 计算各指标的权重：

各指标重要程度的系数之和为 5+3+2+4+3+6+1=24

初始投资的权重：$5÷24=0.208$

年维护费用的权重：$3÷24=0.125$

使用年限的权重：$2÷24=0.083$

结构体系的权重：$4÷24=0.167$

墙体材料的权重：$3÷24=0.125$

面积系数的权重：6÷24=0.250

窗户类型的权重：1÷24=0.042

(2) 计算各方案的综合得分：

A 方案：8×0.208+10×0.125+10×0.083+10×0.167+6×0.125+10×0.250+8×0.042=9.000

B 方案：10×0.208+8×0.125+8×0.083+6×0.167+7×0.125+5×0.250+7×0.042=7.165

C 方案：9×0.208+9×0.125+9×0.083+8×0.167+7×0.125+6×0.250+8×0.042=7.791

结论：A 方案的综合得分最高，故 A 方案为最佳设计方案。

问题 3：用价值工程法优选方案

1) 确定各方案的功能指数

(1) 计算各功能项目的权重：

功能项目重要程度系数为 4、3、6、1，系数之和为 4+3+6+1=14。

结构体系的权重：4÷14=0.286

墙体材料的权重：3÷14=0.214

面积系数的权重：6÷14=0.429

窗户类型的权重：1÷14=0.071

(2) 计算各方案的功能综合得分：

A 方案：10×0.286+6×0.214+10×0.429+8×0.071=9.002

B 方案：6×0.286+7×0.214+5×0.429+7×0.071=5.856

C 方案：8×0.286+7×0.214+6×0.429+8×0.071=6.928

(3) 计算各方案的功能指数：

功能合计得分：9.002+5.856+6.928=21.786

F_A=9.002÷21.786=0.413

F_B=5.856÷21.786=0.269

F_C=6.928÷21.786=0.318

2) 确定各方案的成本指数

各方案的寿命期年费用之和为 306.31+280.00+288.00=874.31(万元)

C_A=306.31÷874.31=0.350

C_B=280.00÷874.31=0.320

C_C=288.00÷874.31=0.329

3) 确定各方案的价值指数

V_A=F_A÷C_A=0.413÷0.350=1.180

V_B=F_B÷C_B=0.269÷0.320=0.841

V_C=F_C÷C_C=0.318÷0.329=0.967

1.180>0.967>0.841

结论：A 方案的价值指数最大，故 A 方案为最佳设计方案。

2.4.7　案例 7——网络计划分析

假设某工程的初始双代号网络计划如图 2-5 所示，图中箭线下方括号外数字为工作正常持续时间，括号内数字为最短持续时间。箭线上方括号外数字为工作按正常持续时间完成时所需的直接费，括号内数字为工作按最短持续时间完成时所需的直接费；该工程的间接费用率为 0.9 万元/天。试对本工程造价进行优化。

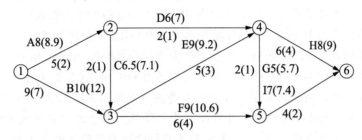

图 2-5　初始双代号网络计划示意图(费用单位：万元，时间单位：天)

解：

1. 根据各项工作的正常持续时间，确定初始网络计划的计算工期和关键线路。

初始网络计划的关键线路有两条，为 B→E→G→I 和 B→E→H。计算工期为 20 天；工作为正常持续时间时工程直接费为 8+10+6.5+6+9+9+5+8+7=68.5(万元)，间接费为 20×0.9=18(万元)，总费用为 68.5+18=86.5(万元)。

2. 计算各项工作时间压缩的费用率

F_A=(8.9−8)÷(5−2)=0.3(万元/天)

F_B=(12−10)÷(9−7)=1.0(万元/天)

F_C=(7.1−6.5)÷(2−1)=0.6(万元/天)

F_D=(7−6)÷(2−1)=1(万元/天)

F_E=(9.2−9)÷(5−3)=0.1(万元/天)

F_F=(10.6−9)÷(6−4)=0.8(万元/天)

F_G=(5.7−5)÷(6−4)=0.7(万元/天)

F_H=(9−8)÷(6−4)=0.5(万元/天)

F_I=(7.4−7)÷(4−2)=0.2(万元/天)

3. 费用优化

压缩关键工作的持续时间，使工期缩短，降低间接费用，从而降低总费用。

(1) 第 1 次压缩：因为初始网络计划(见图 2-5)有两条关键线路，为了同时缩短两条关键线路的总持续时间，压缩方案有以下 4 个。

① 压缩工作 B，直接费用率为 1.0 万元/天；

② 压缩工作 E，直接费用率为 0.1 万元/天；

③ 同时压缩工作 H 和 G，组合直接费用率为 0.5+0.7=1.2(万元/天)；

④ 同时压缩工作 H 和 I，组合直接费用率为 0.5+0.2=0.7(万元/天)。

在上述压缩方案中，由于工作 E 的直接费用率最小(0.1 万元/天)，且小于间接费用率 0.9 万元/天，说明压缩工作 E 可使总费用降低。将工作 E 持续时间压缩为 3 天，重新计算确定工期和关键路线。此时，关键路线为 B→F→I，关键工作 E 被压缩成非关键工作，故只能将 E 工作持续时间延长至 4 天(即只压缩其工作时间 1 天)，使其成为关键工作，此时关键线路有 3 条：B→E→H、B→E→G→I 和 B→F→I。

(2) 第 2 次压缩，有以下 5 个方案。

① 压缩工作 B，直接费用率为 1.0 万元/天；

② 同时压缩工作 E 和 F，组合直接费用率为 0.1+0.8=0.9(万元/天)；

③ 同时压缩工作 E 和 I，组合直接费用率为 0.1+0.2=0.3(万元/天)；

④ 同时压缩工作 F、G 和 H，组合直接费用率为 0.8+0.7+0.5=2.0(万元/天)；

⑤ 同时压缩工作 H 和 I，组合直接费用率为 0.5+0.2=0.7(万元/天)。

上述压缩方案中，由于工作 E 和 I 的组合费用率最低(0.3 万元/天)，且低于间接费用率 0.9 万元/天，说明同时压缩工作 E 和 I 可使总费用降低。由于工作 E 只能压缩 1 天，工作 I 的持续时间也只能随之压缩 1 天，工作 E 和 I 的持续时间同时压缩 1 天后，关键线路由压缩前的 3 条变为 2 条，即为：B→E→H 和 B→F→I。

(3) 第 3 次压缩，有以下 3 个压缩方案。

① 压缩工作 B，直接费用率为 1.0 万元/天；

② 同时压缩工作 F 和 H，组合直接费用率为 0.8+0.5=1.3(万元/天)；

③ 同时压缩工作 H 和 I，组合直接费用率为 0.5+0.2=0.7(万元/天)。

上述压缩方案中，由于工作 H 和 I 的组合费用率最低(0.7 万元/天)，且低于间接费用率 0.9 万元/天，说明同时压缩工作 H 和 I 可使总费用降低。由于工作 I 只能压缩 1 天，工作 H 的持续时间也只能随之压缩 1 天。工作 I 和 H 的持续时间同时压缩 1 天后，关键线路仍为：B→E→H 和 B→F→I。

(4) 第 4 次压缩，有以下 2 个方案。

① 压缩工作 B，直接费用率为 1.0 万元/天；

② 同时压缩工作 F 和 H，组合直接费用率为 0.8+0.5=1.3(万元/天)。

上述压缩方案中，由于两个方案的压缩费用率均大于间接费用率 0.9 万元/天，说明不管选择哪个压缩方案均使总费用增大。因此，不需要压缩工作，此方案已为最优方案。此时，计算工期为 17 天。最后，得到优化后的网络计划图如图 2-6 所示。

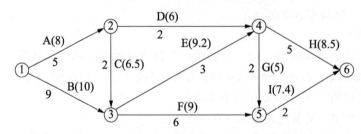

图 2-6　方案优化后的网络示意图(费用单位：万元，时间单位：天)

(5) 计算方案优化后的工程总费用。

直接费：F_1=8+10+6.5+6+9.2+9+5+8.5+7.4=69.6(万元)

间接费：F_2=0.9×17=15.3(万元)

总费用：$F=F_1+F_2$=69.6+15.3=84.9(万元)

费用优化结果见表 2-10。

表 2-10 费用结果优化表

压缩 次数	被压缩的 工作名字	直接费用率或组合直 接费用率(万元/天)	费率差 (万元/天)	缩短时间 (天)	费用增加值 (万元)	总工期 (天)	总费用 (万元)
0	—	—	—			20	86.5
1	E	0.1	−0.8	1	−0.8	19	85.7
2	E、I	0.3	−0.6	1	−0.6	18	85.1
3	H、I	0.7	−0.2	1	−0.2	17	84.9

由上表可知,经过费用优化后,本工程的计算工期缩短了3天,总费用减少了1.6万元。

本 章 小 结

通过本章的学习学生能够了解工程项目评价的基本内容、工程项目评价的方法;掌握投资收益率和投资回收期的计算方法,净现值、净年值、费用现值、费用年值的计算;了解价值工程的概念、特点,了解价值工程的功能评价,了解双代号网络计划的基本概念并掌握双代号网络计划的分析方法。这些内容的学习让学生在以后的学习或者工作中能学以致用。

实 训 练 习

一、单选题

1. 甲施工企业年初向银行贷款流动资金200万元,按季度计算并支付利息,季度利率为1.5%,则甲施工企业一年应支付的该项流动资金贷款利息为(　　)万元。

　　A. 6.00　　　　　B. 6.05　　　　　C. 12.00　　　　　D. 12.27

2. 某企业欲投资一项目,预计2年后项目投入运营并获利,项目运营期为10年,各年净收益为500万元,每年净收益的80%可用于偿还贷款。银行贷款年利率为6%,复利计息,借款期限为6年。如运营期各年年末还款,该企业期初最大贷款额度为(　　)。

　　A. 1234万元　　　B. 1308万元　　　C. 1499万元　　　D. 1589万元

3. 某企业年初投资6000万元,10年内等额回收本利,若基准收益率为8%,则每年年末应回收的资金是(　　)。

　　A. 600万元　　　　B. 826万元　　　　C. 894万元　　　　D. 964万元

4. 某企业年初投资5000万元,10年内等额回收本利,若基准收益率为8%,则每年年末应回收的资金是(　　)。

　　A. 500万元　　　　B. 613万元　　　　C. 745万元　　　　D. 784万元

5. 某人连续5年每年年末存入银行20万元,银行年利率为6%,按年复利计息,第5年年末一次性收回本金和利息,则到期可以收回的金额为(　　)万元。

　　A. 104.80　　　　B. 106.00　　　　C. 107.49　　　　D. 112.74

6. 下列关于现值 P、终值 F、年金 A、利率 i、计息期数 n 之间关系的描述中，正确的是(　　)。

    A. F 一定、n 相同时，i 越高、P 越大

    B. P 一定、n 相同时，i 越高、F 越小

    C. i、n 相同时，F 与 P 呈同向变化

    D. i、n 相同时，F 与 P 呈反向变化

7. 某技术方案的初期投资额为 1500 万元，此后每年年末的净现金流量为 400 万元，若基准收益率为 15%，方案的寿命期为 15 年，则该技术方案的财务净现值为(　　)。

    A. 739 万元　　　　B. 839 万元　　　　C. 939 万元　　　　D. 1200 万元

8. 价值工程的目标是(　　)。

    A. 以最低的生产成本实现最好的经济效益

    B. 以最低的生产成本实现使用者所需的功能

    C. 以最低的寿命周期成本实现使用者所需最高功能

    D. 以最低的寿命周期成本可靠地实现使用者所需的必要功能

9. 价值工程的核心(　　)。

    A. 功能分析　　　　　　　　　　B. 成本分析

    C. 价值分析　　　　　　　　　　D. 寿命周期成本分析

10. 价值工程中，确定产品价值高的标准是(　　)。

    A. 成本低，功能大　　　　　　　B. 成本低，功能小

    C. 成本高，功能大　　　　　　　D. 成本高，功能小

11. 价值工程中(价值 V、研究对象的功能 F、寿命周期成本 C)，下列等式正确的是(　　)。

    A. $V=C/F$　　　B. $V=F/C$　　　C. $V=F+C$　　　D. $V=F-C$

12. 在一定范围内，产品生产成本与使用及维护成本的关系是(　　)。

    A. 随着产品功能水平的提高，产品的生产成本增加，使用及维护成本降低

    B. 随着产品功能水平的提高，产品的生产成本减少，使用及维护成本降低

    C. 随着产品功能水平的降低，产品的生产成本增加，使用及维护成本提高

    D. 随着产品功能水平的降低，产品的生产成本减少，使用及维护成本提高

13. 价值工程中的功能一般是指产品的(　　)。

    A. 基本功能　　B. 使用功能　　C. 主要功能　　　　D. 必要功能

14. 双代号时标网络计划的特点之一是(　　)。

    A. 可以在图上直接显示工作开始与结束时间和自由时差，但不能显示关键线路

    B. 不能在图上直接显示工作开始与结束时间，但可以直接显示自由时差和关键线路

    C. 可以在图上直接显示工作开始与结束时间，但不能显示自由时差和关键线路

    D. 可以在图上直接显示工作开始与结束时间、自由时差和关键线路

15. 在双代号时标网络图中，以波形线表示工作的(　　)。

    A. 逻辑关系　　B. 关键线路　　C. 总时差　　　　D. 自由时差

16. 双代号时标网络图中箭线末端(箭头)对应的标值为(　　)。

A. 该工作的最早开始时间　B. 该工作的最迟完成时间

C. 该工作的最早完成时间　D. 紧后工作的最迟开始时间

二、多选题

1. 价值工程活动过程中，分析阶段的主要工作有(　　)。

    A. 价值工程对象选择　　　　B. 功能定义　　　　C. 功能评价

    D. 方案评价　　　　　　　　E. 方案审批

2. 关于价值工程的论述，正确的有(　　)。

    A. 价值工程以研究产品功能为核心，通过改善功能结构达到降低成本的目标

    B. 价值工程中，功能分析的目的是补充不足的功能

    C. 价值工程中的成本是指生产成本

    D. 价值工程中的价值是指单位成本所获得的功能水平

    E. 价值工程在产品设计阶段效果最显著

3. 价值工程涉及价值、功能和寿命周期成本三个基本要素，其特点包括(　　)。

    A. 价值工程的核心是对产品进行功能分析

    B. 价值工程要求将功能定量化，即将功能转化为能够与成本直接相比的量化值

    C. 价值工程的目标是以最低的生产成本使产品具备其所必须具备的功能

    D. 价值工程是以集体的智慧开展的有计划、有组织的管理活动

    E. 价值工程中的价值是指对象的使用价值，而不是交换价值

4. 《工程网络计划技术规程》推荐的常用工程网络计划类型包括(　　)。

    A. 双代号网络计划　　B. 单代号网络计划　　C. 双代号时标网络计划

    D. 单代号时标网络计划　　E. 单代号搭接网络计划

5. 网络计划技术包括(　　)。

    A. 关键线路法　　B. 关键时间点法　　C. 图示评审技术

    D. 计划评审技术　　E. 风险评审技术

三、简答题

1. 简述经济效果评价的基本内容。

2. 简述价值工程的概念。

3. 简述工程常用的网络计划类型。

实训工作单一

班级		姓名		日期	
教学项目	建设工程方案的技术经济分析				
任务	掌握价值工程和网络计划相关知识		要求	1. 价值工程案例分析 2. 绘制网络计划图	
相关知识			建设工程方案的技术经济分析		
其他要求					
案例分析过程记录					
评语				指导教师	

实训工作单二

班级		姓名		日期	
教学项目	建设工程方案的技术经济分析				
任务	掌握价值工程和网络计划知识		要求	1. 资金时间价值分析 2. 网络计划分析	
相关知识			价值工程和网络计划		
其他要求					

案例分析过程记录

评语			指导教师	

第 3 章　建设工程
计量与计价.pdf

第 3 章　建设工程计量与计价　03

【学习目标】

第 3 章学习
目标.mp4

- 了解建设工程定额的分类。
- 掌握施工定额、预算定额、企业定额及单位估价表的基本知识。
- 了解工程量清单的概述及分类、工程量清单的编制及作用。
- 了解工程量清单计价概述、计价的一般规定及工程量清单计价方法。
- 掌握招标控制价、投标报价的知识。
- 掌握合同价款的约定、合同价款调整的相关内容。
- 重点掌握工程计价表格的填写。

【教学要求】

本章要点	掌握层次	相关知识点
建设工程定额的分类	了解建设工程定额的基本分类	建设工程定额
施工定额、预算定额、企业定额及单位估价表	1. 掌握施工定额、预算定额、企业定额 2. 了解单位估价表的基本知识	施工定额、预算定额、企业定额及单位估价表
工程量清单的概述及分类、工程量清单的编制及作用	1. 了解工程量清单的概述及分类 2. 理解工程量清单的编制及作用	工程量清单编制及作用
工程量清单计价概述、计价的一般规定及计价方法	1. 了解工程量清单计价概述、计价的一般规定 2. 掌握工程量清单计价方法，掌握工程量的计算	工程量清单计价概述、计价的一般规定及计价方法

续表

本章要点	掌握层次	相关知识点
招标控制价、投标报价的编制	掌握招标控制价、投标报价的概念，计价依据，编制内容及编制程序	招标控制价、投标报价
合同价款的约定、合同价款调整	重点掌握合同价款的约定、合同价款调整及竣工结算与支付	合同价款的约定、调整
工程计价表格的填写	熟悉工程计价表格的基本内容并能熟练填写计价表格	工程计价表格

 【项目案例导入】

某项毛石护坡砌筑工程定额测定资料如下。

(1) 完成每立方米毛石砌体的基本工作时间为 7.9h;

(2) 辅助工作时间、准备与结束时间、不可避免中断时间和休息时间等，分别占毛石砌体工作延续时间的 3%、2%、2% 和 16%;

(3) 每 $10m^3$ 毛石砌体需要 M5 水泥砂浆 $3.93m^3$，毛石 $11.22m^3$，水 $0.79m^3$;

(4) 每 $10m^3$ 毛石砌体需要 200L 砂浆搅拌机 0.66 台班;

(5) 该地区有关资源的现行价格如下：人工工日单价为 25 元/工日，M5 水泥砂浆单价为 95.51 元/m^3，毛石单价为 58 元/m^3，水单价为 1.85 元/m^3，200L 砂浆搅拌机台班单价为 51.41 元/台班。

 【项目问题导入】

(1) 确定砌筑每立方米毛石护坡的人工时间定额和产量定额。

(2) 若预算定额的其他用工占基本用工的 12%，试编制该分项工程的预算工料机单价。

(3) 若毛石护坡砌筑砂浆设计变更为 M10 水泥砂浆。该砂浆现行单价为 111.20 元/m^3。定额消耗量不变，应如何换算毛石护坡的工料机单价？换算后的新单价是多少？

3.1 建设工程定额

3.1.1 建设工程定额的分类

建设工程定额是工程建设中各类定额的总称。为对建设工程定额有一个全面的了解，可以按照不同的原则和方法对其进行科学的分类。

1. 按生产要素内容分类

1) 人工定额

人工定额也称劳动定额，是指在正常的施工技术和组织条件下，完成单位合格产品所

按生产要素分类
定额.mp4

必需的人工消耗量标准。

2)　材料消耗定额

材料消耗定额是指在合理和节约使用材料的条件下，生产单位合格产品所必须消耗的一定规格的材料、成品、半成品和水、电等资源的数量标准。

扩展资源 1.pdf

3)　施工机械台班使用定额

施工机械台班使用定额也称施工机械台班消耗定额，是指施工机械在正常施工条件下完成单位合格产品所必需的工作时间。它反映了合理地、均衡地组织劳动和使用机械时该机械在单位时间内的生产效率。

2. 按编制程序和用途分类

1)　施工定额

按编制程序分类
定额.mp4

施工定额是以同一性质的施工过程——工序作为研究对象，表示生产产品数量与时间消耗综合关系的定额。施工定额是施工企业(建筑安装企业)为组织生产和加强管理在企业内部使用的一种定额，属于企业定额的性质。施工定额是建设工程定额中分项最细、定额子目最多的一种定额，也是建设工程定额中的基础性定额。施工定额由人工定额、材料消耗定额和施工机械台班使用定额组成。

施工定额是施工企业进行施工组织、成本管理、经济核算和投标报价的重要依据。施工定额直接应用于施工项目的管理，用来编制施工作业计划、签发施工任务单、签发限额领料单以及结算计件工资或计量奖励工资等。施工定额和施工生产结合紧密，施工定额的定额水平反映了施工企业生产与组织的技术水平和管理水平。施工定额也是编制预算定额的基础。

2)　预算定额

预算定额是以施工定额为基础综合扩大编制的，同时也是编制概算定额的基础。预算定额的编制对象是建筑物或构筑物各个分部分项工程其中的人工、材料和机械台班的消耗水平根据施工定额综合取定，定额项目的综合程度大于施工定额。预算定额是编制施工图预算的主要依据，是编制单位估价表、确定工程造价、控制建设工程投资的基础和依据。与施工定额不同，预算定额是社会性的，而施工定额则是企业性的。

3)　概算定额

概算定额是以扩大的分部分项工程为对象编制的定额。概算定额是编制扩大初步设计概算、确定建设项目投资额的依据。概算定额一般是在预算定额的基础上综合扩大而成的，每一综合分项概算定额都包含了数项预算定额。

4)　概算指标

概算指标是概算定额的扩大与合并，它是以整个建筑物和构筑物为对象，以更为扩大的计量单位来编制的。概算指标的设定和初步设计的深度相适应，一般是在概算定额和预算定额的基础上编制的，是设计单位编制设计概算或建设单位编制年度投资计划的依据，也可作为编制估算指标的基础。

5） 投资估算指标

投资估算指标通常是以独立的单项工程或完整的工程项目为对象编制确定的生产要素消耗的数量标准或项目费用标准，是根据已建工程或现有工程的价格数据和资料，经分析、归纳和整理编制而成的。投资估算指标是在项目建议书和可行性研究阶段编制投资估算、计算投资需要量时使用的一种指标，是合理确定建设工程项目投资的基础。

3. 按编制部门和适用范围分类

1） 国家定额

国家定额是指由国家建设行政主管部门组织，依据有关国家标准和规范，综合全国工程建设的技术与管理状况等编制和发布，在全国范围内使用的定额。

按编制部门和适用
范围分类定额.mp4

2） 行业定额

行业定额是指由行业建设行政主管部门组织，依据有关行业标准和规范，考虑行业工程建设特点等情况所编制和发布的，在本行业范围内使用的定额。

3） 地区定额

地区定额是指由地区建设行政主管部门组织，考虑地区工程建设特点和情况制定发布的，在本地区内使用的定额。

4） 企业定额

企业定额是指由施工企业自行组织，主要根据企业的自身情况(包括人员素质、机械装备程度、技术和管理水平等)编制的，在本企业内部使用的定额。

4. 按投资的费用性质分类

按照投资的费用性质，可将建设工程定额分为建筑工程定额、设备安装工程定额、建筑安装工程费用定额、工器具定额及工程建设其他费用定额等。详细解释见二维码。

3.1.2 施工定额

1. 施工定额的基本概念

施工定额，是施工企业(建筑安装企业)为组织生产和加强管理在企业内部使用的一种定额，属于企业生产定额的性质。它是建筑安装工人在合理的劳动组织或工人小组在正常施工条件下，为完成单位合格产品，所需劳动、机械、材料消耗的数量标准。它由劳动定额、机械定额和材料定额三个相对独立的部分组成。施工定额是施工企业内部经济核算的依据，也是编制预算定额的基础。

施工定额的
概念.mp4

2. 施工定额的分类

建筑安装企业在施工过程中确定的工程项目的劳动力、材料、施工机械等消耗的标准量。

施工定额包括劳动定额、材料消耗定额和机械台班使用定额三部分。

1)　劳动定额(人工定额)

劳动定额是指在先进合理的施工组织和技术措施的条件下，完成合格的单位建筑安装产品所需要消耗的人工数量。它通常以劳动时间(工日或工时)来表示。劳动定额是施工定额的主要内容，主要表示生产效率的高低，劳动力的合理运用，劳动力和产品的关系以及劳动力的配备情况。

2)　材料消耗定额

材料消耗定额是指在合理节约使用材料的条件下，完成合格的单位建筑安装产品所必须消耗的材料数量。主要用于计算各种材料的用量，其计量单位多为公斤、米等。

3)　机械台班使用定额

机械台班使用定额分为机械时间定额和机械产量定额两种。在正确的施工组织与合理地使用机械设备的条件下，施工机械完成合格的单位产品所需的时间，为机械时间定额，其计量单位通常以台班或台时来表示。在单位时间内，施工机械完成合格的产品数量称为机械产量定额。其他详见二维码。

3. 施工定额的作用

施工定额是建筑安装工人或工人小组在合理的劳动组织和正常的施工条件下，为完成单位合格产品所需消耗的人工、材料、机械的数量标准。

扩展资源 2.pdf

施工定额是施工企业管理工作的基础，也是建设工程定额体系的基础。施工定额在企业管理工作中的基础作用主要表现在以下几个方面。

(1)　施工定额是企业计划管理的依据。表现为施工定额是企业编制施工组织设计的依据，也是企业编制施工工作计划的依据。

(2)　施工定额是组织和指挥施工生产的有效工具。企业通过下达施工任务书和限额领料单来实现组织管理和指挥施工生产。

(3)　施工定额是计算工人劳动报酬的依据。工人的劳动报酬是根据工人劳动的数量和质量来计量的，而施工定额为此提供了一个衡量标准，它是计算工人计件工资的基础，也是计算奖励工资的基础。

(4)　施工定额有利于推广先进技术。施工定额水平中包含着某些已成熟的先进的施工技术和经验，工人要达到和超过定额，就必须掌握和运用这些先进技术，如果工人想大幅度超过定额，就必须创造性地劳动。

(5)　施工定额是编制施工预算，加强企业成本管理和经济核算的基础。

4. 施工定额的编制

(1)　施工定额的编制原则。

①　平均先进原则。平均先进原则是指在正常的施工条件下，多数施工班组或生产者经过努力可以达到，少数班组或劳动者可以接近，个别班

扩展资源 3.pdf

组或劳动者可以超过的水平，企业施工定额的编制应能够反映比较成熟的先进技术和先进经验，有利于降低工料消耗，提高企业管理水平，达到鼓励先进、勉励中间、鞭策落后的目的。

② 简明适用原则。企业施工定额设置应简单明了，便于查阅，计算要满足劳动组织分工，经济责任与核算个人生产成本劳动报酬的需要。同时，企业自行设定的定额标准也要符合《建设工程工程量清单计价规范》"四个统一"的要求，定额项目的设置要尽量齐全完备，根据企业特点合理划分定额步距，常用的对工料消耗影响大的定额项目步距可小一些，反之步距可大一些，这样有利于企业报价与成本分析。

③ 以专家为主编制定额的原则。企业施工定额的编制要求有一支经验丰富，技术与管理知识全面，有一定专业水平的专家队伍，这样可以保证编制施工定额的延续性、专业性和实践性。

④ 坚持实事求是，动态管理的原则。企业施工定额应本着实事求是的原则，结合企业经营管理的特点，确定工料机各项消耗的数量，对影响造价较大的主要常用项目，要多考虑施工组织设计、先进的工艺，从而使定额在运用上更贴近实际、技术上更先进，经济上更合理，使工程单价真实反映企业的个别成本。

此外，还应注意到市场行情瞬息万变，企业的管理水平和技术水平也在不断地更新，不同的工程，在不同的时段，都有不同的价格，因此企业施工定额的编制还要注意坚持动态管理的原则。

⑤ 企业施工定额的编制还要注意量价分离，独立自产，及时采用新技术、新结构、新材料、新工艺等原则。

(2) 编制施工定额前的准备工作。

编制施工定额是一项非常复杂的工作，事先必须做好充分准备和全面规划。编制前的准备工作一般包括以下几个方面的内容。

① 明确编制任务和指导思想；

② 系统整理和研究日常积累的定额基本资料；

③ 拟定定额编制方案，确定定额水平、定额步距、表达方式等。

3.1.3 预算定额

1. 预算定额的概念

预算定额的
概念.mp4

预算定额是建筑工程预算定额和安装工程预算定额的总称，是编制施工图预算时，计算工程造价和计算工程劳动力(工日)、机械(台班)、材料需要量的一种定额。预算定额一般是计价定额，在工程建设定额中占有很重要的地位，从编制程序看，它是概算定额的编制基础。其编制需要按照施工图纸和工程量计算规则计算工程量，还需要借助某些可靠的参数计算人工、材料和机械(台班)的消耗量，并在此基础上计算出资金的需要量，计算出建筑安装工程的价格。在中国，现行的工程建设概算、预算制度，规定了通过编制概算和预算确定造价。概算定额、概算指标、预算定额等则为计算人工、材料、机械(台班)的耗用量提供了统一的可靠参数。同时，现行制度还赋予了概算、预算定额和费用定额相应的权威性。这些定额和指标成为建设单位和施工企业之间建立经济关系的重要基础。

关于预算定额的分类可详见二维码。

2. 预算定额的编制

扩展资源 4.pdf

预算定额是在施工定额的基础上进行综合扩大编制而成的。预算定额中的人工、材料和施工机械台班的消耗水平根据施工定额综合取定，定额子目的综合程度大于施工定额，从而可以简化施工图预算的编制工作。预算定额是编制施工图预算的主要依据。

预算定额项目中人工、材料和施工机械台班消耗量指标，应根据编制预算定额的原则、依据，采用理论与实际相结合、图纸计算与施工现场测算相结合、编制定额人员与现场工作人员相结合等方法进行计算。

1)　人工消耗量指标的确定

预算定额中人工消耗量水平和技工、普工比例，以人工定额为基础，通过有关图纸规定，计算定额人工的工日数。

人工消耗指标的组成及人工消耗指标的计算详见二维码。

2)　材料耗用量指标的确定

扩展资源 5.pdf

材料耗用量指标是在节约和合理使用材料的条件下，生产单位合格产品所必须消耗的一定品种规格的材料、燃料、半成品或配件数量标准。材料耗用量指标是以材料消耗定额为基础，按预算定额的定额项目，综合材料消耗定额的相关内容，经汇总后确定。

3)　机械台班消耗指标的确定

预算定额中的施工机械消耗指标，是以台班为单位进行计算，每一台班为八小时工作制。预算定额的机械化水平，应以多数施工企业采用的和已推广的先进施工方法为标准。预算定额中的机械台班消耗量按合理的施工方法取定并考虑增加了机械幅度差。

(1)　机械幅度差。

机械幅度差是指在施工定额中未曾包括的，而机械在合理的施工组织条件下所必需的停歇时间，在编制预算定额时应予以考虑。其内容包括：

①　施工机械转移工作面及配套机械互相影响损失的时间；

②　在正常的施工情况下，机械施工中不可避免的工序间歇；

③　检查工程质量影响机械操作的时间；

④　临时水、电线路在施工中移动位置所发生的机械停歇时间；

⑤　工程结尾时，工作量不饱满所损失的时间。

由于垂直运输用的塔吊、卷扬机及砂浆、混凝土搅拌机是按小组配合，应以小组产量计算机械台班产量，不另增加机械幅度差。

(2)　机械台班消耗指标的计算。

①　小组产量计算法。

按小组日产量大小来计算耗用机械台班多少，计算公式如下：

$$分项定额机械台班使用量 = \frac{分项定额计量单位值}{小组产量} \qquad (3\text{-}1)$$

② 台班产量计算法。

按台班产量大小来计算定额内机械消耗量大小，计算公式如下：

$$定额台班用量 = \frac{定额单位}{台班产量} \times 机械幅度差系数 \qquad (3\text{-}2)$$

3. 预算定额的作用

(1) 预算定额是编制施工图预算、确定和控制建筑安装工程造价的基础。

预算定额的
作用.mp4

施工图预算是施工图设计文件之一，是控制和确定建筑安装工程造价的必要手段。编制施工图预算，除设计文件决定的建设工程的功能、规模、尺寸和文字说明是计算分部分项工程量和结构构件数量的依据外，预算定额是确定一定计量单位工程人工、材料、机械消耗量的依据，也是计算分项工程单价的基础。

(2) 预算定额是对设计方案进行技术经济比较、技术经济分析的依据。

设计方案在设计工作中居于中心地位。设计方案的选择要满足功能、符合设计规范，既要技术先进又要经济合理。根据预算定额对方案进行技术经济分析和比较，是选择经济合理设计方案的重要方法。对设计方案进行比较，主要是通过定额对不同方案所需人工、材料和机械台班消耗量等进行比较。这种比较可以判明不同方案对工程造价的影响。对于新结构、新材料的应用和推广，也需要借助预算定额进行技术分析和比较，从技术与经济的结合上考虑普遍采用的可能性和效益。

(3) 预算定额是施工企业进行经济活动分析的参考依据。

实行经济核算的根本目的，是用经济的方法促使企业在保证质量和工期的条件下，用较少的劳动消耗取得预定的经济效果。中国的预算定额仍决定着企业的收入，企业必须以预算定额作为评价企业工作的重要标准。企业可根据预算定额，对施工中的人工、材料、机械的消耗情况进行具体的分析，以便找出低工效、高消耗的薄弱环节及其原因。为实现经济效益的增长由粗放型向集约型转变，提供对比数据，促进企业提高在市场上的竞争的能力。

(4) 预算定额是编制标底、投标报价的基础。

在深化改革和市场经济体制下，预算定额作为编制标底的依据和施工企业报价的基础的作用仍将存在，这是由于它本身的科学性和权威性决定的。

(5) 预算定额是编制概算定额和估算指标的基础。

概算定额和估算指标都是在预算定额基础上经综合扩大编制的，也需要利用预算定额作为编制依据，这样做不但可以节省编制工作中的人力、物力和时间，收到事半功倍的效果，还可以使概算定额和估算指标在水平上与预算定额一致，以避免造成执行中的不一致。

3.1.4　企业定额

企业定额是施工企业根据自身的技术水平和管理水平编制的，完成单位合格产品所必需的人工、材料和施工机械台班消耗量，以及其他生产经营要素消耗的数量标准。企业定额反映企业的施工生产与生产消费之间的数量关系，是施工企业生产力水平的体现。企业的技术和管理水平不同，企业定额的定额水平也就不同。因此，企业定额是施工企业进行施工管理和投标报价的基础和依据，也是企业核心竞争力的具体表现。

1．企业定额的作用

随着我国社会主义市场经济体制的不断完善，工程造价管理制度改革的不断深入，企业定额将日益成为施工企业进行管理的重要工具。

(1)　企业定额是施工企业计算和确定工程施工成本的依据，是施工企业进行成本管理、经济核算的基础。企业定额是根据本企业的人员技能、施工机械装备程度、现场管理和企业管理水平制定的，按企业定额计算得到的工程费用是企业进行施工生产所需的成本。在施工过程中，对实际施工成本的控制和管理，应以企业定额作为控制的计划目标数开展相应的工作。

(2)　企业定额是施工企业进行工程投标、编制工程投标价格的基础和主要依据。企业定额的定额水平反映出企业施工生产的技术水平和管理水平，在确定投标价格时，首先是依据企业定额计算出施工企业拟完成投标工程需发生的计划成本。在掌握工程成本的基础上，再根据所处的环境和条件，确定在该工程上拟获得的利润、预计的风险和其他应考虑的因素，从而确定投标价格。因此，企业定额是施工企业编制投标报价的基础。

(3)　企业定额是施工企业编制施工组织设计的依据。企业定额可应用于工程的施工管理，用于签发施工任务单、签发限额领料单及结算计件工资或计量奖励工资等。企业定额直接反映本企业的施工生产力水平。运用企业定额可以更合理地组织施工生产，有效确定和控制施工中的人力、物力消耗，节约成本开支。

2．企业定额的编制原则

施工企业在编制企业定额时应依据本企业的技术能力和管理水平，以基础定额为参照和指导，测定计算完成分项工程或工序所必需的人工、材料和机械台班的消耗量，准确反映本企业的施工生产力水平。

目前，为适应国家推行的工程量清单计价办法，企业定额可采用基础定额的形式，按统一的工程量计算规则、统一划分的项目、统一的计量单位进行编制。

在确定人工、材料和机械台班消耗量以后，需按选定的市场价格，包括人工价格、材料价格和机械台班价格等编制分项工程单价和分项工程的综合单价。

3．企业定额的编制法

编制企业定额最关键的工作是确定人工、材料和机械台班的消耗量，以及计算分项工程单价或综合单价。具体测定和计算方法同前述施工定额及预算定额的编制。

　　人工消耗量的确定，首先是根据企业环境，拟定正常的施工作业条件，分别计算测定基本用工和其他用工的工日数，进而拟定施工作业的定额时间。

　　确定材料消耗量，是通过企业历史数据的统计分析、理论计算、实地试验、实地考察等方法计算确定材料包括周转材料的净用量和损耗量，从而拟定材料消耗的定额指标。

　　机械台班消耗量的确定，同样需要按照企业的环境，拟定机械工作的正常施工条件，确定机械净工作效率和利用系数，据此拟定施工机械作业的定额台班和与机械作业相关的工人小组的定额时间。

　　人工价格也即劳动力价格，一般情况下就按地区劳务市场价格计算确定。人工单价最常见的是日工资单价，通常是根据工种和技术等级的不同分别计算人工单价，有时可以简单地按专业工种将人工粗略划分为结构、精装修、机电三类，然后按每个专业需要的不同等级人工的比例综合计算人工单价。

　　材料价格按市场价格计算确定，其应是供货方将材料运至施工现场堆放地或工地仓库后的出库价格。

　　施工机械使用价格最常用的是台班价格。应通过市场询价，根据企业和项目的具体情况计算确定。

3.1.5　单位估价表

单位估价表的
概念.mp4

　　在拟定的预算定额的基础上，有时还需要根据所在地区的工资、物价水平计算确定相应的人工、材料和施工机械台班的价格，即相应的人工工资价格、材料预算价格和施工机械台班价格，计算拟定预算定额中每一分项工程的单位预算价格，这一过程称为单位估价表的编制。

　　单位估价表是由分部分项工程单价构成的单价表，具体的表现形式可分为工料单价和综合单价等。

1. 工料单价单位估价表

　　工料单价是确定定额计量单位的分部分项工程的人工费、材料费和机械使用费的费用标准，即人、料、机费用单价，也称为定额基价。

　　分部分项工程的单价，是用定额规定的分部分项工程的人工、材料、施工机具的消耗量，分别乘以相应的人工价格、材料价格、机械台班价格，从而得到分部分项工程的人工费、材料费和机械费，并将三者汇总而成的。因此，单位估价表是以定额为基本依据，根据相应地区和市场的资源价格，既需要人工、材料和施工机具的消耗量，又需要人工、材料和施工机具价格，经汇总得到分部分项工程的单价。

　　由于生产要素价格，即人工价格、材料价格和机械台班价格是随地区的不同而不同，随市场的变化而变化。所以，单位估价表应是地区单位估价表，应按当地的资源价格来编制地区单位估价表。同时，单位估价表应是动态变化的，应随着市场价格的变化，及时不断地对单位估价表中的分部分项工程单价进行调整、修改和补充，使单位估价表能够正确反映市场的变化。

通常，单位估价表是以一个城市或一个地区为范围进行编制，在该地区范围内适用。因此单位估价表的编制依据如下。

(1)　全国统一或地区通用的概算定额、预算定额或基础定额，用以确定人工、材料、机械台班的消耗量。

(2)　本地区或市场上的资源实际价格或市场价格，用以确定人工、材料、机械台班价格。

单位估价表的编制公式为

分部分项工程单价=分部分项人工费+分部分项材料费+分部分项机械费

$$= \sum (\text{人工定额消耗量} \times \text{人工价格}) + \sum (\text{材料定额消耗量} \\ \times \text{材料价格}) + \sum (\text{机械台班定额消耗量} \times \text{机械台班价格}) \tag{3-3}$$

编制单位估价表时，在项目的划分、项目名称、项目编号、计量单位和工程量计算规则上应尽量与定额保持一致。

编制单位估价表，可以简化设计概算和施工图预算的编制。在编制概预算时，将各个分部分项工程的工程量分别乘以单位估价表中的相应单价后，即可计算得出分部分项工程的人、料、机费用，经累加汇总就可得到整个工程的人、料、机费用。

2. 综合单价单位估价表

编制单位估价表时，在汇集分部分项工程人工、材料、机械台班使用费用，得到人、料、机费用单价以后，再按取定的企业管理费费用比率以及取定的利润率、规费和税率，计算出各项相应费用，汇总人、料、机费用、企业管理费、利润、规费和税金，就构成一定计量单位的分部分项工程的综合单价。综合单价分别乘以分部分项工程量，可得到分部分项工程的造价费用。

3. 企业单位估价表

作为施工企业，应依据本企业定额中的人工、材料、机械台班消耗量，按相应人工、材料、机械台班的市场价格，计算确定一定计量单位的分部分项工程的工料单价或综合单价，形成本企业的单位估价表。

建筑安装工程费用具体项目组成如图 3-1、图 3-2 所示。

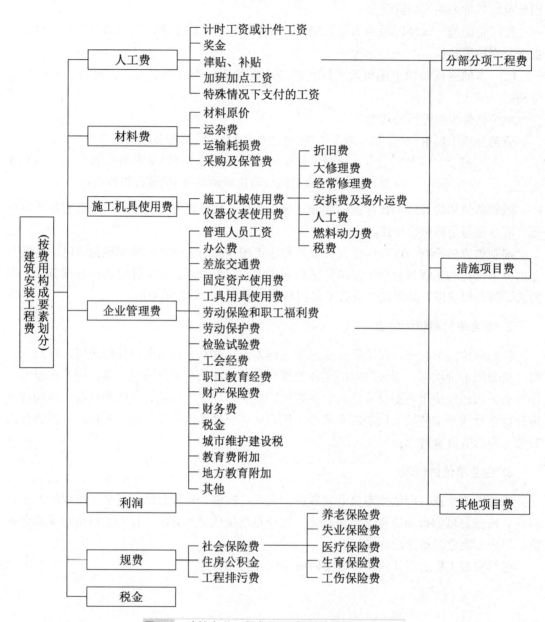

图 3-1   建筑安装工程费用组成图(按费用构成划分)

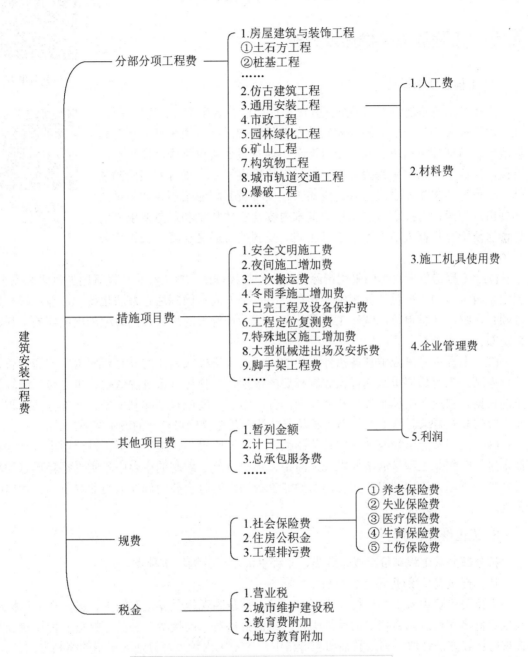

图 3-2　建筑安装工程费用组成图(按造价形式划分)

3.2 工程量清单

工程量清单.avi

工程量清单
概述.mp4

3.2.1 工程量清单概述及分类

1. 工程量清单概述

工程量清单是建设工程的分部分项工程项目、措施项目、其他项目、规费项目和税金项目的名称和相应数量等的明细清单。由分部分项工程量清单、措施项目清单、其他项目清单、规费税金清单组成。在招投标阶段，招标工程量清单为投标人的投标竞争提供了一个平等和共同的基础。工程量清单将要求投标人完成的工程项目及其相应工程实体数量全部列出，为投标人提供拟建工程的基本内容、实体数量和质量要求等信息。这使所有投标人所掌握的信息相同，受到的待遇是客观、公正和公平的。

(1) 工程造价管理部门采用国际惯例作为整体框架，对工程量计算规则加以研究完善，制定全国统一的工程量计算规则。其在以下几个方面与国际通行办法相统一，即：统一划分项目，统一计量单位，统一工程量计算，统一计价表的形式，同时编制出相应的工料消耗定额。

(2) 工程量清单应由具备招标文件的招标人或招标人委托的具有相应资质的造价咨询单位编制。工程量清单是招标人编制标底的依据，是投标方报价的依据，也是竣工结算调整的依据。它应包括编制说明和清单两部分，编制说明应包括编制依据、分部分项工程工作内容的补充要求，施工工艺等特殊要求以及主要材料价格档次的设定等内容。

(3) 工程量清单的编制应按有关图纸、工程地质报告、施工规范、设计图集等要求和规定进行编制。工程量清单要求表述清楚、用语规范，编制的内容中除实物消耗形态的项目之外，招标方还应列出非实物形态的竞争费用，同时也要明确竞争与非竞争工程费用的分类。

2. 工程量清单分类

按分部分项工程单价组成来分类，工程量清单可分为以下种类。

1) 直接费单价(也称工料单价)

直接费单价由人工、材料和机械费组成，是按照现行预算定额的工、料、机消耗标准及预算价格和可进入直接费的调价确定。其他直接费、间接费、利润、材料差价、税金等按现行计算方法计取，列入其他相应价格中，这是国内绝大部分地区采用的编制方式。

2) 部分费用单价(也称综合单价)

部分费用单价只综合了直接费、管理费和利润，并依综合单价计算公式确定综合单价。该综合单价对应图纸分部分项工程量清单，即分部分项工程实物量计价表，一般这部分费用属于非竞争性费用。综合费用项目如脚手架工程费、高层建筑增加费、施工组织措施费、履约担保手续费、工程担保费、保险费等属于竞争性费用。国内的做法一般是：非竞争性费用采用定额预算编制方法套用定额及相应的调查文件计算，而竞争性费用由投标人依据工程实际情况和自己的能力自由报价。

　　3)　全费用单价

　　全费用单价由直接费、非竞争性费用和竞争性费用组成。该工程量清单项目由工程清单、措施费和暂列金额组成。工程量清单由分部分项工程组成，措施费由各措施项目费组成；暂列金额即不可预见费，它包括工程变更和零星工程(计日工)。全费用单价合同是典型、完整的单价合同，工程量能形成一个独立的子目分项编制。对于该子目的工作内容和范围必须加说明界定。

　　工作量清单不能单独使用，应与招标文件的招标须知、合同文件、技术规范和图纸等结合使用。

3.2.2　工程量清单的编制

　　工程量清单必须作为招标文件的组成部分，由招标人提供，并对其准确性和完整性负责。工程量清单是工程量清单计价的基础，应作为编制招标控制价、投标报价、计算或调整工程量、索赔等的依据之一，一经中标签订合同，工程量清单即为合同的组成部分。工程量清单应由具有编制能力的招标人或受其委托、具有相应资质的工程造价咨询人编制。

　　工程量清单应以单位(项)工程为单位编制，应由分部分项工程量清单、措施项目清单、其他项目清单、规费和税金项目清单组成。

　　工程量清单编制的依据有：

　　(1)　《建设工程工程量清单计价规范》(GB 50500—2013)和相关工程的国家计量规范；

　　(2)　国家或省级、行业建设主管部门颁发的计价定额和办法；

　　(3)　建设工程设计文件及相关材料；

　　(4)　与建设工程有关的标准、规范、技术资料；

　　(5)　拟定的招标文件；

　　(6)　施工现场情况、地勘水文资料、工程特点及常规施工方案

　　(7)　其他相关资料。

招标工程量清单
编制依据.mp4

1. 分部分项工程项目清单的编制

　　分部分项工程项目工程量清单应按建设工程工程量计量规范的规定，确定项目编码、项目名称、项目特征、计量单位，并按不同专业工程量计量规范给出的工程量计算规则，进行工程量计算。对于计价而言，无论什么专业都应是一样的；而计量，随着专业的不同存在不一样的规定，将其作为附录处理，不方便操作和管理，也不利于专业计量规范的修订和增补，因此在"08 规范"的基础上，分离出计量的内容，新修编成 9 个计量规范，即：《房屋建筑与装饰工程工程量计价规范》(GB 50854—2013)、《仿古建筑工程工程量计算规范》(GB 50855—2013)、《通用安装工程工程量计算规范》(GB 50856—2013)、《市政工程工程量计算规范》(GB 50857—2013)、《园林绿化工程工程量计算规范》(GB 50858—2013)、《矿山工程工程量计算规范》(GB 50859—2013)、《构筑物工程工程量计算规范》(GB

50860—2013)、《城市轨道交通工程工程量计算规范》(GB 50861—2013)、《爆破工程工程量计算规范》(GB 50862—2013)。以上 9 个计量规范中工程量清单的编制规则是一致的，以下统称为《工程量计算规范》。

1) 项目编码的设置

项目编码是分部分项工程量清单项目名称的数字标识。分部分项工程量清单项目编码以五级编码设置，采用十二位阿拉伯数字表示。一至九位为统一编码，应按《工程量计算规范》的规定设置，十至十二位应根据拟建工程的工程量清单项目名称和项目特征设置，同一招标工程的项目编码不得有重码。各级编码代表的含义如下。

(1) 一、二位为工程分类顺序码：房屋建筑与装饰工程为 01、仿古建筑工程为 02、通用安装工程为 03、市政工程为 04、园林绿化工程为 05、矿山工程为 06、构筑物工程为 07、城市轨道交通工程为 08、爆破工程为 09；

(2) 三、四位为专业分类顺序码；

(3) 五、六位为分部工程顺序码；

(4) 七、八、九位为分项工程项目顺序码；

(5) 十至十二位为工程量清单项目顺序码。

项目编码结构如图 3-3 所示(以房屋建筑与装饰工程为例)。

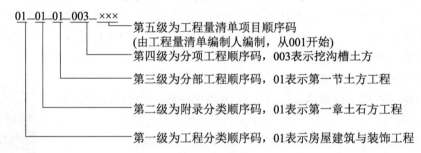

图 3-3　工程量清单项目编码结构

2) 项目名称的确定

分部分项工程量清单的项目名称应根据《工程量计算规范》的项目名称结合实际的拟建工程确定。《工程量计算规范》中规定的"项目名称"为分项工程项目名称，一般以工程实体命名。编制工程量清单时，应以附录中的项目名称为基础，考虑该项目的规格、型号、材质等特征要求，并结合拟建工程的实际情况，对其进行适当的调整或细化，使其能够反映影响工程造价的主要因素。

3) 项目特征的描述

项目特征是指构成分部分项工程量清单项目、措施项目自身价值的本质特征。分部分项工程量清单项目特征应按《工程量计算规范》的项目特征，结合拟建工程项目的实际予以描述。分部分项工程量清单的项目特征是确定一个清单项目综合单价的重要依据，在编制的工程量清单中必须对其项目特征进行准确和全面的描述。工程量清单项目特征描述的重要意义详见二维码。

扩展资源 6.pdf

清单项目特征主要涉及项目的自身特征(材质、型号、规格、品牌)、项目的工艺特征以及对项目施工方法可能产生影响的特征。这些特征对投标人的报价影响很大。特征描述不清，将导致投标人对招标人的需求理解不全面，达不到正确报价的目的。对清单项目特征不同的项目应分别列项，如基础工程，仅混凝土强度等级不同，足以影响投标人的报价，故应分开列项。

4) 计量单位的选择

分部分项工程量清单的计量单位应按《工程量计算规范》的计量单位确定。当计量单位有两个或两个以上时，应根据所编工程量清单项目的特征要求，选择最适宜表述该项目特征并方便计量的单位。除各专业另有特殊规定外，均按以下基本单位计量。

(1) 以重量计算的项目——吨(t)或千克(kg)；

(2) 以体积计算的项目——立方米(m^3)；

(3) 以面积计算的项目——平方米(m^2)；

(4) 以长度计算的项目——米(m)；

(5) 以自然计量单位计算的项目——个、套、块、组、台……

(6) 没有具体数量的项目——宗、项……

以"吨"为计量单位的应保留小数点后三位数字，第四位小数四舍五入；以"立方米""平方米""米""千克"为计量单位的应保留小数点后二位数字，第三位小数四舍五入；以"项""个"等为计量单位的应取整数。

5) 工程量的计算

分部分项工程量清单中所列工程量应按《工程量计算规范》的工程量计算规则计算。工程量计算规则是对清单项目工程量计算的规定。除另有说明外，所有清单项目的工程量均应以实体工程量为准，并以完成后的净值来计算。因此，在计算综合单价时应考虑施工中的各种损耗和需要增加的工程量，或在措施费清单中列入相应的措施费用。采用工程量清单计算规则，工程实体的工程量是唯一的。统一的清单工程量为各投标人提供了一个公平竞争的平台，也方便招标人对各投标人的报价进行对比。

6) 补充项目

编制工程量清单时如果出现《工程量计算规范》附录中未包括的项目，编制人应做补充，并报省级或行业工程造价管理机构备案。补充项目的编码由对应计量规范的代码 X(即01~09)与 B 和三位阿拉伯数字组成，并应从 XB001 起顺序编制，同一招标工程的项目不得重码。工程量清单中需附有补充项目的名称、项目特征、计量单位、工程量计算规则、工作内容。

2. 措施项目清单的编制

措施项目清单是指为完成工程项目施工，发生于该工程施工准备和施工过程中的技术、生活、安全、环境保护等方面的项目清单。鉴于已将《建设工程工程量清单计价规范》(GB 50500—2008)中"通用措施项目一览表"中的内容列入相关工程国家计量规范，因此《建设工程工程量清单计价规范》(GB 50500—2013)规定：措施项目清单必须根据相关工程现行国家计量规范的规定编制。规范中将措施项目分为能计量和不能计量两类。对能计量的措施项目(即单价措施项目)，同分部分项工程量一样，编制措施项目清单时应列出项目编码、项目名称、项目特征、计量单位，并按现行计量规范规定，采用对应的工程量计算规则计算其工程量。对不能计量的措施项目(即总价措施项目)，措施项目清单中仅列出了项目编码、项目名称，但未列出项目特征、计量单位项目，编制措施项目清单时，应按现行计量规范附录(措施项目)的规定执行。由于工程建设施工特点和承包人组织施工生产的施工装备水平、施工方案及其管理水平的差异，同一工程、不同承包人组织施工采用的施工措施有时并不完全一致，因此，《建设工程工程量清单计价规范》(GB 50500—2013)规定：措施项目清单应根据拟建工程的实际情况列项。

措施项目清单的编制应考虑多种因素，除了工程本身的因素外，还要考虑水文、气象、环境、安全和施工企业的实际情况。措施项目清单的设置详见二维码。

3. 其他项目清单的编制

其他项目清单是指除分部分项工程量清单、措施项目清单所包含的内容以外，因招标人的特殊要求而发生的与拟建工程有关的其他费用项目和相应数量的清单。工程建设标准的高低、工程的复杂程度、工程的工期长短、工程的组成内容、发包人对工程管理的要求等都直接影响其他项目清单的具体内容。因此，其他项目清单应根据拟建工程的具体情

扩展资源 7.pdf

况，参照《建设工程工程量清单计价规范》(GB 50500—2013)提供的暂列金额、暂估价(包括材料暂估单价、工程设备暂估价、专业工程暂估价)、计日工、总承包服务费来列项。

出现《建设工程工程量清单计价规范》(GB 50500—2013)未列的项目，可根据工程实际情况补充。

1) 暂列金额

暂列金额是招标人暂定并包括在合同中的一笔款项。用于施工合同签订时尚未确定或不可预见的所需材料、设备、服务的采购，施工中可能发生的工程变更、合同约定调整因素出现时的工程价款调整以及发生的索赔、现场签证确认等的费用。

2) 暂估价

暂估价是指招标人在工程量清单中提供的用于支付必然发生但暂时不能确定价格的材料价款、工程设备价款以及专业工程金额。暂估价是在招标阶段预见肯定要发生，但是由于标准尚不明确或需要由专业承包人来完成，暂时无法确定具体价格时所采用的一种价格形式。

3) 计日工

计日工是为了解决现场发生的零星工作的计价而设立的。计日工以完成零星工作所消耗的人工工时、材料数量、机械台班进行计量，并按照计日工表中填报的适用项目的单价进行计价支付。计日工适用的所谓零星工作一般是指合同约定之外的或者因变更而产生的、工程量清单中没有相应项目的额外工作，尤其是那些时间上不允许事先商定价格的额外工作。

编制工程量清单时，计日工表中的人工应按工种，材料和机械应按规格、型号详细列项。其中人工、材料、机械数量，应由招标人根据工程的复杂程度，工程设计质量的优劣及设计深度等因素，按照经验估算出一个比较贴近实际的数量，并作为暂定量填写到计日工表中，纳入有效投标竞争，以期获得合理的计日工单价。

4)　总承包服务费

总承包服务费是为了解决招标人在法律、法规允许的条件下进行专业工程发包以及自行采购供应材料、设备时，要求总承包人对发包的专业工程提供协调和配合服务(如分包人使用总包人的脚手架、水电接驳等)；对供应的材料、设备提供收、发和保管服务以及对施工现场进行统一管理；对竣工资料进行统一汇总整理等发生并向总承包人支付的费用。招标人应当预计该项费用并按投标人的投标报价向投标人支付该项费用。

4. 规费项目清单的编制

规费是指按国家法律、法规规定，由省级政府和省级有关权力部门规定必须缴纳或计取的费用，应计入建筑安装工程造价的费用。规费项目清单应按照下列内容列项。

(1)　社会保险费：包括养老保险费、失业保险费、医疗保险费、工伤保险费、生育保险费；

(2)　住房公积金；

(3)　工程排污费。

出现《建设工程工程量清单计价规范》(GB 50500—2013)未列的项目，应根据省级政府或省级有关部门的规定列项。

5. 税金项目清单的编制

建筑安装工程费用的税金是指国家税法规定应计入建筑安装工程造价内的增值税销项税额。增值税是以商品(含应税劳务)在流转过程中产生的增值额作为计税依据而征收的一种流转税。从计税原理上说，增值税是对商品生产、流通、劳务服务中多个环节的新增价值或商品的附加值征收的一种流转税。根据财政部、国家税务总局《关于全面推开营业税改征增值税试点的通知》(财税[2016]36 号)要求，建筑业自 2016 年 5 月 1 日起纳入营业税改征增值税试点范围(简称营改增)。建筑业营改增后，工程造价按"价税分离"计价规则计算，具体要素价格适用增值税税率执行财税部门的相关规定。税前工程造价为人工费、材料费、施工机具使用费、企业管理费、利润和规费之和。

3.2.3　工程量清单的作用

工程量清单的
作用.mp4

1. 为投标人提供了一个平等和共同的基础

在招投标阶段，招标工程量清单为投标人的投标竞争提供了一个平等和共同的基础。工程量清单将要求投标人完成的工程项目及其相应工程实体数量全部列出，为投标人提供拟建工程的基本内容、实体数量和质量要求等信息。这使所有投标人所掌握的信息相同，受到的待遇是客观、公正和公平的。

2. 工程量清单是建设工程计价的依据

在招投标过程中，招标人根据工程量清单编制招标工程的招标控制价；投标人按照工程量清单所表述的内容，依据企业定额计算投标价格，自主填报工程量清单所列项目的单价与合价。

3. 工程量清单是工程付款和结算的依据

发包人根据承包人是否完成工程量清单规定的内容以投标时在工程量清单中所报的单价作为支付工程进度款和进行结算的依据。

4. 工程量清单是调整工程量，进行工程索赔的依据

在发生工程变更、索赔、增加新的工程项目等情况时，可选用或者参照工程量清单的分部分项工程或几家项目与合同单价来确定变更项目或索赔项目的单价和相关费用。

3.2.4 工程量清单下的合同类型

工程量清单下的
合同类型.mp4

建设工程施工合同根据合同计价方式的不同，一般可以分为总价合同、单价合同和成本加酬金合同三种类型。根据价款是否可以调整，总价合同又可以分为固定总价合同和可调总价合同两种不同形式；单价合同也可以分为固定单价合同和可调单价合同。

具体工程项目选择何种合同计价形式，主要依据设计图纸深度、工期长短、工程规模和复杂程度来确定。《建设工程工程量清单计价规范》(GB 50500—2013)中规定：实行工程量清单计价的工程，应采用单价合同；建设规模较小，技术难度较低，工期较短，且施工图设计已审查批准的建设工程可以采用总价合同；紧急抢险、救灾以及施工技术特别复杂的建设工程可以采用成本加酬金合同。

总价合同是指总价包干或总价不变的合同，适用于规模不大、技术难度低、工期短、施工图纸已审查批准的工程项目。按照财政部、建设部印发的《建设工程价款结算暂行办法》(财建[2004]369 号)第八条规定："合同工期较短且合同总价较低的工程，可以采用固定总价合同方式。"实践中，对此如何具体界定还须作出规定。所谓成本加酬金合同是承包人不承担任何价格变化风险的合同。因此，适用于时间特别紧迫，来不及进行详细的计划和商谈，例如抢险、救灾工程，以及工程施工技术特别复杂的建设工程。

工程量清单计价的适用性不受合同形式的影响。实践中常见的单价合同和总价合同两种主要合同形式，均可采用工程量清单计价，区别仅在于工程量清单中所填写的工程量的合同约束力。采用单价合同形式时，工程量清单是合同文件必不可少的组成内容，其中的工程量一般不具备合同约束力(量可调)，工程款结算时按照合同中约定应予计量并实际完成的工程量进行计算调整。而对总价合同形式，工程量清单中的工程量具备合同约束力(量不可调)，工程量以合同图纸的标示内容为准，工程量以外的其他内容一般均赋予合同约束力，以方便合同变更的计量和计价。

总体上来说，采用单价合同符合工程量清单计价模式的基本要求，且单价合同在合同管理中具有便于处理工程变更及索赔的特点，在工程量清单计价模式下，应采用单价合同。而且在实践中最常用的是固定单价合同，即合同约定的工程价款中所包含的工程量清单项目综合单价在约定条件内是固定的，不予调整，工程量允许调整；工程量清单项目综合单价在约定的条件外，允许调整，但调整的方式、方法应在合同中约定。

3.3　工程量清单计价

3.3.1　工程量清单计价概述

工程量清单计价
概述.mp4

工程量清单计价是一种主要由市场定价的计价模式。为适应我国工程投资体制改革和建设管理体制改革的需要，加快我国建设工程计价模式与国际接轨的步伐，自 2003 年起开始，工程量清单计价方法逐步在全国范围内推广。使用国有资金投资的建设工程发承包，必须采用工程量清单计价；非国有资金投资的建设工程，宜采用工程量清单计价；不采用工程量清单计价的建设工程，应执行本规范除工程量清单等专门性规定外的其他规定。

以《建设工程工程量清单计价规范》(GB 50500—2008)为基础，推出了新版《建设工程工程量清单计价规范》(GB 50500—2013)。主要基于以下目的：深入推行工程量清单计价改革工作，规范建设工程工程量清单计价行为，统一建设工程工程量清单的编制和计价方法；与当前国家相关法律、法规和政策性变化的规定相适应，使其能够正确地贯彻执行；适应新技术、新工艺、新材料日益发展的需要，促使规范的内容不断更新完善。《建设工程工程量清单计价规范》(GB 50500—2013)包括规范条文和附录两部分。规范条文共 16 章：总则、术语、一般规定、工程量清单编制、招标控制价、投标报价、合同价款约定、工程计量、合同价款调整、合同价款期中支付、竣工结算与支付、合同解除的价款结算与支付、合同价款争议的解决、工程造价鉴定、工程计价资料与档案、工程计价表格，具体内容涵盖了从工程招投标开始到工程竣工结算办理完毕的全过程。附录共有十一个，附录 A 规定了物价变化合同价款调整办法，附录 B～K 是在计价表格基础上编写形成的，分别为：工程计价文件封面、工程计价文件扉页、工程计价总说明、工程计价汇总表、分部分项工程和单价措施项目清单与计价表、其他项目计价表、规费和税金项目计价表、工程量申请(核准)表、合同价款支付申请(核准)表、主要材料和工程设备一览表。

3.3.2　工程量清单计价的一般规定

1. 工程量清单计价的内容

工程量清单计价包括：工程量清单、招标控制价、投标报价的编制，工程合同价款的约定，竣工结算的办理以及施工过程中的工程计量、工程价款支付、索赔与现场签证、工程价款调整和工程计价争议处理等活动。

2. 工程量清单计价的适用范围

全部使用国有资金投资(国有投资的资金包括国家融资资金)或国有资金投资为主的工程建设项目，必须采用工程量清单计价。非国有资金投资的可采用工程量清单计价。

(1) 国有资金投资的工程建设项目。

① 使用各级财政预算资金的项目；

② 使用纳入财政管理的各种政府性专项建设资金的项目；

③ 使用国有企事业单位自有资金，并且国有资产投资者实际拥有控制权的项目。

(2) 国家融资资金投资的工程建设项目。

① 使用国家发行债券所筹资金的项目；

② 使用国家对外借款或者担保所筹资金的项目；

③ 使用国家政策性贷款的项目；

④ 国家授权投资主体融资的项目；

⑤ 国家特许的融资项目。

(3) 国有资金为主的工程建设项目是指国有资金占投资总额 50%以上，或虽不足 50%但国有投资者实质上拥有控股权的工程建设项目。

(4) 非国有资金投资的工程建设项目，可以采用工程量清单计价，采用工程量清单计价的，应执行《建设工程工程量清单计价规范》。对于不采用工程量清单计价方式的工程建设项目，除工程量清单等专门性规定外，《建设工程工程量清单计价规范》的其他条文仍应执行。

3. 建设工程工程量清单计价活动的原则

建设工程工程量清单计价活动应遵循客观、公正、公平的原则。建设工程计价活动的基本要求，建设工程计价活动的结果既是工程建设投资的价值表现，同时又是工程建设交易活动的价值表现。因此，建设工程造价计价活动不仅要客观反映工程建设的投资，还应体现工程建设交易活动的公正、公平性。

关于《建设工程工程量清单计价规范》的特点详见二维码。

扩展资源 8

3.3.3 工程量清单计价方法

1. 工程造价的计算

采用工程量清单计价，建筑安装工程造价由分项工程费、措施项目费、其他项目费、规费和税金组成。在工程量清单计价中，如按分部分项工程单价组成来分，工程量清单计价主要有三种形式：①工料单价法；②综合单价法；③全费用综合单价法。

工程造价的计算.mp4

$$工料单价法=人工费+材料费+施工机具使用费 \tag{3-4}$$
$$综合单价=人工费+材料费+施工机具使用费+管理费+利润 \tag{3-5}$$
$$全费用综合单价=人工费+材料费+施工机具使用费+管理费+利润+规费+税金 \tag{3-6}$$

分部分项工程量清单采用综合单价法。为了贯彻工程造价的全费用造价，强调最高投标限价，投标报价的单价应采用全费用综合单价。本书主要依据《建设工程工程量清单计价规范》编写，即采用综合单价法计价，利用综合单价法计价需分项计算清单项目，再汇总得到工程总造价。

2. 综合单价的编制

《建设工程工程量清单计价规范》中的工程量清单综合单价是指完成一个规定清单项

目所需的人工费、材料费和工程设备费、施工机具使用费和企业管理费、利润以及一定范围内的风险费用。该定义并不是真正意义上的全费用综合单价,而是一种狭义上的综合单价,规费和税金等不可竞争的费用并不包括在项目单价中。

综合单价的计算通常采用定额组价的方法,即以计价定额为基础进行组合计算。由于"计价规范"与"定额"中的工程量计算规则、计量单位、工程内容不尽相同,综合单价的计算不是简单地将其所含的各项费用进行汇总,而是要通过具体计算后综合而成。综合单价的计算可以概括为以下步骤。

1) 确定组合定额子目

清单项目一般以一个"综合实体"考虑,包括了较多的工程内容,计价时,可能出现一个清单项目对应多个定额子目的情况。因此计算综合单价的第一步就是将清单项目的工程内容与定额项目的工程内容进行比较,结合清单项目的特征描述,确定拟组价清单项目应该由哪几个定额子目来组合。

2) 计算定额子目工程量

由于一个清单项目可能对应几个定额子目,而清单工程量计算的是主项工程量,与各定额子目的工程量可能并不一致;即便一个清单项目对应一个定额子目,也可能由于清单工程量计算规则与所采用的定额工程量计算规则之间的差异,而导致二者的计价单位和计算出来的工程量不一致。因此,清单工程量不能直接用于计价,在计价时必须考虑施工方案等各种影响因素,根据所采用的计价定额及相应的工程量计算规则重新计算各定额子目的施工工程量。定额子目工程量的具体计算方法,应严格按照与所采用的定额相对应的工程量计算规则计算。

3) 测算人、料、机消耗量

人、料、机的消耗量一般参照定额进行确定。在编制招标控制价时一般参照政府颁发的消耗量定额;编制投标报价时一般采用反映企业水平的企业定额,投标企业没有企业定额时可参照消耗量定额进行调整。

4) 确定人、料、机单价

人工单价、材料价格和施工机械台班单价,应根据工程项目的具体情况及市场资源的供求状况进行确定,采用市场价格作为参考,并考虑一定的调价系数。

5) 计算清单项目的人、料、机总费用

按确定的分项工程人工、材料和机械的消耗量及询价获得的人工单价、材料单价、施工机械台班单价,与相应的计价工程量相乘得到各定额子目的人、料、机总费用,将各定额子目的人、料、机总费用汇总后算出清单项目的人、料、机总费用。

$$人、料、机总费用 = \sum 计价工程量 \times (\sum 人工消耗量 \times 人工单价$$
$$+ \sum 材料消耗量 \times 材料单价 + \sum 台班消耗量 \times 台班单价) \qquad (3\text{-}7)$$

6) 计算清单项目的管理费和利润

企业管理费及利润通常根据各地区规定的费率乘以规定的计价基础得出。通常情况下,计算公式如下:

$$管理费 = 人、料、机总费用 \times 管理费费率 \qquad (3\text{-}8)$$

$$利润 = (人、料、机总费用 + 管理费) \times 利润率 \qquad (3\text{-}9)$$

7)　计算清单项目的综合单价

将清单项目的人、料、机总费用，管理费及利润汇总得到该清单项目合价，将该清单项目合价除以清单项目的工程量即可得到该清单项目的综合单价。

$$综合单价=(人、料、机总费用+管理费+利润)/清单工程量 \qquad (3\text{-}10)$$

3. 措施项目费计算

措施项目费是指为完成工程项目施工，而用于发生在该工程施工准备和施工过程中的技术、生活、安全、环境保护等方面的非工程实体项目所支出的费用。措施项目清单计价应根据建设工程的施工组织设计进行确定。可以计算工程量的措施项目，应按分部分项工程量清单的方式采用综合单价计价；其余的不能算出工程量的措施项目，则用总价项目的方式，以"项"为单位的方式计价，应包括除规费、税金外的全部费用。措施项目清单中的安全文明施工费应按照国家或省级、行业建设主管部门的规定计价，不得作为竞争性费用。

措施项目费的计算方法一般有以下几种。

1)　综合单价法

这种方法与分部分项工程综合单价的计算方法一样，就是根据需要消耗的实物工程量与实物单价计算措施费，适用于可以计算工程量的措施项目，主要是指一些与工程实体有紧密联系的项目，如混凝土模板、脚手架、垂直运输等。与分部分项工程不同，并不要求每个措施项目的综合单价必须包含人工费、材料费、机具费、管理费和利润中的每一项。

$$措施项目费=\sum(单价措施项目工程量×单价措施项目综合单价) \qquad (3\text{-}11)$$

2)　参数法计价

参数法计价是指按一定的基数乘系数的方法或自定义公式进行计算。这种方法简单明了，但最大的难点是公式的科学性、准确性难以把握。这种方法主要适用于施工过程中必须发生，但在投标时很难具体分项预测，又无法单独列出项目内容的措施项目。如夜间施工费、二次搬运费、冬雨期施工的计价均可以采用该方法，计算公式如下。

(1)　安全文明施工费：

$$安全文明施工费=计算基数×安全文明施工费费率(\%) \qquad (3\text{-}12)$$

计算基数应为定额基价(定额分部分项工程费+定额中可以计量的措施项目费)、定额人工费或(定额人工费+定额机械费)，其费率由工程造价管理机构根据各专业工程的特点综合确定。

(2)　夜间施工增加费：

$$夜间施工增加费=计算基数×夜间施工增加费费率(\%) \qquad (3\text{-}13)$$

(3)　二次搬运费：

$$二次搬运费=计算基数×二次搬运费费率(\%) \qquad (3\text{-}14)$$

(4)　冬雨期施工增加费：

$$冬雨期施工增加费=计算基数×冬雨期施工增加费费率(\%) \qquad (3\text{-}15)$$

(5)　已完工程及设备保护费：

$$已完工程及设备保护费=计算基数×已完工程及设备保护费费率(\%) \qquad (3\text{-}16)$$

上述(2)～(5)项措施项目的计费基数应为定额人工费或(定额人工费+定额机械费)，其费率由工程造价管理机构根据各专业工程特点和调查资料综合分析后确定。

3) 分包法计价

分包法计价是在分包价格的基础上增加投标人的管理费及风险费进行计价的方法，这种方法适合可以分包的独立项目，如室内空气污染测试等。

有时招标人要求对措施项目费进行明细分析，这时采用参数法组价和分包法组价都是先计算该措施项目的总费用，这就需人为用系数或比例的办法分摊人工费、材料费、机械费、管理费及利润。

4. 其他项目费计算

其他项目费由暂列金额、暂估价、计日工、总承包服务费等内容构成。

暂列金额和暂估价由招标人按估算金额确定。招标人在工程量清单中提供的暂估价的材料、工程设备和专业工程，若属于依法必须招标的，由承包人和招标人共同通过招标确定材料、工程设备单价与专业工程分包价；若材料、工程设备不属于依法必须招标的，经发承包双方协商确认单价后计价；若专业工程不属于依法必须招标的，由发包人、总承包人与分包人按有关计价依据进行计价。

计日工和总承包服务费由承包人根据招标人提出的要求，按估算的费用确定。

5. 规费与税金的计算

规费是指政府和有关权力部门规定必须缴纳的费用。建筑安装工程税金是指国家税法规定的应计入建筑安装工程造价内的增值税、销项税额。如国家税法发生变化或地方政府及税务部门依据职权对税种进行了调整，应对税金项目清单进行相应调整。

规费和税金应按国家或省级、行业建设主管部门的规定计算，不得作为竞争性费用。每一项规费和税金的规定文件中，对其计算方法都有明确的说明，故可以按各项法规和规定的计算方式计取。具体计算时，一般按国家及有关部门规定的计算公式和费率标准进行计算。

6. 风险费用的确定

风险是一种客观存在的、可能会带来损失的、不确定的状态，工程风险是指一项工程在设计、施工、设备调试以及移交运行等项目全寿命周期全过程可能发生的风险。这里的风险具体指工程建设施工阶段承发包双方在招投标活动和合同履约及施工中所面临的涉及工程计价方面的风险。建设工程发承包，必须在招标文件、合同中明确计价中的风险内容及其范围，不得采用无限风险、所有风险或类似语句规定计价中的风险内容及范围。

3.3.4　招标控制价

1. 招标控制价的概念

招标控制价是招标人根据国家以及当地有关规定的计价依据和计价办法、招标文件、市场行情，并按工程项目设计施工图纸等具体条件调整编制的，对招标工程项目限定的最高工程造价，也可称其为拦标价、预算控制价或最高

招标控制价的
概念.mp4

报价等。

对于招标控制价及其规定，应注意从以下方面理解。

(1) 国有资金投资的建设工程招标，招标人必须编制招标控制价。根据《中华人民共和国招标投标法》的规定，国有资金投资的工程项目进行招标，招标人可以设标底。当招标人不设标底时，为有利于客观、合理地评审投标报价和避免哄抬标价，造成国有资产流失，招标人必须编制招标控制价，作为投标人的最高投标限价，以及招标人能够接受的最高交易价格。

(2) 招标控制价超过批准的概算时，招标人应将其报原概算审批部门审核。因为我国对国有资金投资项目实行的是投资概算审批制度，国有资金投资的工程项目原则上不能超过批准的投资概算。

(3) 投标人的投标报价高于招标控制价的，其投标应予以拒绝。国有资金投资的工程项目，招标人编制并公布的招标控制价相当于招标人的采购预算，同时要求其不能超过批准的概算。因此，招标控制价是招标人在工程招标时能接受投标人报价的最高限价，投标人的投标报价不能高于招标控制价，否则，其投标将被拒绝。

(4) 招标控制价应由具有编制能力的招标人或受其委托具有相应资质的工程造价咨询人编制和复核。工程造价咨询人不得同时接受招标人和投标人对同一工程的招标控制价和投标报价的编制。

(5) 招标控制价应在招标文件中公布，不应上调或下浮，招标人应将招标控制价及有关资料报送工程所在地工程造价管理机构备查。招标控制价的作用决定了招标控制价不同于标底，无须保密。为体现招标的公平、公正，防止招标人有意抬高或压低工程造价，招标人应在招标文件中如实公布招标控制价各组成部分的详细内容，不得对所编制的招标控制价进行上调或下浮。

2. 招标控制价的计价依据

招标控制价的计价依据有：

(1) 《建设工程工程量清单计价规范》(GB 50500—2013)；

(2) 国家或省级、行业建设主管部门颁发的计价定额和计价办法；

(3) 建设工程设计文件及相关资料；

(4) 拟定的招标文件及招标工程量清单；

(5) 与建设项目相关的标准、规范、技术资料；

(6) 施工现场情况、工程特点及常规施工方案；

(7) 工程造价管理机构发布的工程造价信息，当工程造价信息没有发布时，参照市场价；

(8) 其他的相关资料。

3. 招标控制价的编制内容

采用工程量清单计价时，招标控制价的编制内容包括：分部分项工程费、措施项目费、其他项目费、规费和税金。

1) 分部分项工程费的编制

分部分项工程费采用综合单价的方法编制。采用的分部分项工程量应是招标文件中工程量清单提供的工程量，综合单价应根据招标文件中的分部分项工程量清单的特征描述及有关要求、行业建设主管部门颁发的计价定额和计价办法等编制依据进行编制。

为使招标控制价与投标报价所包含的内容一致，综合单价中应包括招标文件中招标人要求投标人承担的风险内容及其范围(幅度)产生的风险费用，可以以风险费率的形式进行计算。招标文件提供了暂估单价的材料，应按暂估单价计入综合单价。计算综合单价的具体方法见"工程量清单计价的方法"。

2)　措施项目费的编制

措施项目费应依据招标文件中提供的措施项目清单和拟建工程项目的施工组织设计进行确定。可以计算工程量的措施项目，应按分部分项工程量清单的方式采用综合单价计价；其余的措施项目可以以"项"为单位的方式计价，应包括除规费、税金外的全部费用。措施项目费中的安全文明施工费应当按照国家或地方行业建设主管部门的规定标准计价。

3)　其他项目费

(1)　暂列金额。

应按招标工程量清单中列出的金额填写。

(2)　暂估价。

暂估价中的材料、工程设备单价、控制价应按招标工程量清单列出的单价计入综合单价；暂估价专业工程金额应按招标工程量清单中列出的金额填写。

(3)　计日工。

编制招标控制价时，对计日工中的人工单价和施工机械台班单价应按省级、行业建设主管部门或其授权的工程造价管理机构公布的单价计算；材料应按工程造价管理机构发布的工程造价信息中的材料单价计算，工程造价信息未发布材料单价的材料，其价格应按市场调查确定的单价计算。

(4)　总承包服务费。

编制招标控制价时，总承包服务费应按照省级或行业建设主管部门的规定，并根据招标文件列出的内容和要求估算。在计算时可参考以下标准。

①　招标人仅要求总包人对其发包的专业工程进行施工现场协调和统一管理、对竣工材料进行统一汇总整理等服务时，总承包服务费按发包的专业工程估算造价的 1.5%左右计算；

②　招标人要求总包人对其发包的专业工程既进行总承包管理和协调，又要求提供相应配合服务时，总承包服务费应根据招标文件列出的配合服务内容，按发包的专业工程估算造价的 3%~5%计算；

③　招标人自行供应材料、设备的，按招标人供应材料、设备价值的1%计算。

4)　规费和税金

规费和税金必须按国家或省级、行业建设主管部门规定的标准计算，不得作为竞争性费用。

关于招标控制价的编制程序部分内容详见二维码。

扩展资源 9.pdf

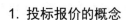

3.3.5 投标报价

投标报价的概念.mp4

1. 投标报价的概念

《建设工程工程量清单计价规范》(GB 50500—2013)规定，投标价是投标人参与工程项目投标时报出的工程造价。投标价是指在工程招标发包过程中，由投标人或受其委托具有相应资质的工程造价咨询人按照招标文件的要求以及有关计价规定，依据发包人提供的工程量清单、施工设计图纸，结合工程项目特点、施工现场情况及企业自身的施工技术、装备和管理水平等，自主确定的工程造价。

投标价是投标人希望达成工程承包交易的期望价格，但不能高于招标人设定的招标控制价。投标报价的编制是指投标人对拟承建工程项目所要发生的各种费用的计算过程。作为投标计算的必要条件，应预先确定施工方案和施工进度，此外，投标计算还必须与采用的合同形式相一致。

2. 投标价的编制原则

报价是投标的关键性工作，报价是否合理直接关系到投标工作的成败。工程量清单计价下编制投标报价的原则如下。

(1) 投标报价由投标人自主确定，但必须执行《建设工程工程量清单计价规范》(GB 50500—2013)的强制性规定。投标价应由投标人或受其委托具有相应资质的工程造价咨询人编制。

(2) 投标人的投标报价不得低于工程成本。《中华人民共和国招标投标法》中规定："中标人的投标应当符合下列条件……(二)能够满足招标文件的实质性要求，并且经评审的投标价格最低；但是投标价格低于成本的除外。"《评标委员会和评标方法暂行规定》中规定："在评标过程中，评标委员会发现投标人的报价明显低于其他投标报价或者在设有标底时明显低于标底的，使得其投标报价可能低于其个别成本的，应当要求该投标人做出书面说明并提供相关证明材料。投标人不能合理说明或者不能提供相关证明材料的，由评标委员会认定该投标人以低于成本报价竞标，其投标应作为废标处理。"上述法律法规的规定，特别要求投标人的投标报价不得低于工程成本。

(3) 投标人必须按招标工程量清单填报价格。实行工程量清单招标，招标人在招标文件中提供工程量清单，其目的是使各投标人在投标报价中具有共同的竞争平台。因此，为避免出现差错，要求投标人必须按招标人提供的招标工程量清单填报投标价格，填写的项目编码、项目名称、项目特征、计量单位、工程量必须与招标工程量清单一致。

(4) 投标报价要以招标文件中设定的承发包双方责任划分，作为设定投标报价费用项目和费用计算的基础。承发包双方的责任划分不同，会导致合同风险分摊不同，从而导致投标人报价不同；不同的工程承发包模式会直接影响工程项目投标报价的费用内容和计算深度。

(5) 应该以施工方案、技术措施等作为投标报价计算的基本条件。企业定额反映企业技术和管理水平，是计算人工、材料和机械台班消耗量的基本依据；更要充分利用现场考察、调研成果、市场价格信息和行情资料等编制基础标价。

(6) 报价计算方法要科学严谨，简明适用。

3. 投标价的编制依据

投标报价编制的依据有：

(1) 《建设工程工程量清单计价规范》(GB 50500—2013)；

(2) 国家或省级、行业建设主管部门颁发的计价办法；

(3) 企业定额，国家或省级、行业建设主管部门颁发的计价定额和计价办法；

(4) 招标文件、招标工程量清单及其补充通知、答疑纪要；

(5) 建设工程设计文件及相关资料；

(6) 施工现场情况、工程特点及投标时拟定的施工组织设计或施工方案；

(7) 与建设项目相关的标准、规范等技术资料；

(8) 市场价格信息或工程造价管理机构发布的工程造价信息；

(9) 其他的相关资料。

4. 投标价的编制与审核

在编制投标报价之前，需要先对清单工程量进行复核。因为工程量清单中的各分部分项工程量并不十分准确，若设计深度不够则可能出现较大的误差，而工程量的多少是选择施工方法、安排人力和机械、准备材料必须考虑的因素，自然也影响分项工程的单价，因此一定要对工程量进行复核。

投标报价的编制过程，应首先根据招标人提供的工程量清单编制分部分项工程量清单计价表、措施项目清单计价表、其他项目清单计价表、规费和税金项目清单计价表，计算完毕后汇总而得到单位工程投标报价汇总表，再层层汇总，分别得出单项工程投标报价汇总表和工程项目投标总价汇总表。

1) 综合单价

综合单价中应包括招标文件中划分的应由投标人承担的风险范围及其费用，招标文件中没有明确的，应提请招标人明确。

2) 单价项目

分部分项工程和措施项目中的单价项目中最主要的是确定综合单价，应根据拟定的招标文件和招投标工程清单项目中的特征描述及有关要求确定综合单价计算，包括：

(1) 工程量清单项目特征描述。

确定分部分项工程和措施项目中的单价项目综合单价的最重要依据之一是该清单项目的特征描述，投标人投标报价时应依据招标工程量清单项目的特征描述确定清单项目的综合单价。在招投标过程中，若出现工程量清单特征描述与设计图纸不符，投标人应以招标工程量清单的项目特征描述为准，确定投标报价的综合单价；若施工中施工图纸或设计变更与招标工程量清单项目特征描述不一致，发承包双方应按实际施工的项目特征依据合同约定重新确定综合单价。

(2) 企业定额。

企业定额是施工企业根据本企业具有的管理水平、拥有的施工技术和施工机械装备水平而编制的，完成一个规定计量单位的工程项目所需的人工、材料、施工机械台班的消耗标准，是施工企业内部进行施工管理的标准，也是施工企业投标报价确定综合单价的依据之一。投标企业没有企业定额时可根据企业自身情况参照消耗量定额进行调整。

(3) 资源可获取价格。

综合单价中的人工费、材料费、机械费是以企业定额的人、料、机消耗量乘以人、料、机的实际价格得出的，因此投标人拟投入的人、料、机等资源的可获取价格直接影响综合单价的高低。

(4) 企业管理费费率、利润率。

企业管理费费率可由投标人根据本企业近年的企业管理费核算数据自行测定，当然也可以参照当地造价管理部门发布的平均参考值。

利润率可由投标人根据本企业当前盈利情况、施工水平、拟投标工程的竞争情况以及企业当前经营策略自主确定。

(5) 风险费用。

招标文件中要求投标人承担的风险费用，投标人应在综合单价中给予考虑，通常以风险费率的形式进行计算。风险费率的测算应根据招标人要求结合投标企业当前风险控制水平进行定量测算。在施工过程中，当出现的风险内容及其范围(幅度)在招标文件规定的范围(幅度)内时，综合单价不得变动，合同价款不作调整。

(6) 材料、工程设备暂估价。

招标工程量清单中提供了暂估单价的材料、工程设备，按暂估的单价计入综合单价。

3) 总价项目

由于各投标人拥有的施工设备、技术水平和采用的施工方法有所差异，因此投标人应根据自身编制的投标施工组织设计或施工方案确定措施项目，投标人根据投标施工组织设计或施工方案调整和确定的措施项目应通过评标委员会的评审。

(1) 措施项目中的总价项目应采用综合单价方式报价，包括除规费、税金外的全部费用。

(2) 措施项目中的安全文明施工费应按照国家或省级、行业主管部门的规定计算确定。

4) 其他项目费

(1) 暂列金额应按照招标工程量清单中列出的金额填写，不得变动。

(2) 暂估价不得变动和更改。暂估价中的材料、工程设备必须按照暂估单价计入综合单价；专业工程暂估价必须按照招标工程量清单中列出的金额填写。

(3) 计日工应按照招标工程量清单列出的项目和估算的数量，自主确定各项综合单价并计算费用。

(4) 总承包服务费应根据招标工程量列出的专业工程暂估价内容和供应材料、设备情况，按照招标人提出协调、配合与服务要求和施工现场管理需要自主确定。

5) 规费和税金

规费和税金必须按国家或省级、行业建设主管部门规定的标准计算，不得作为竞争性费用。

6) 投标总价

投标人的投标总价应当与组成招标工程量清单的分部分项工程费、措施项目费、其他项目费和规费、税金的合计金额相一致，即投标人在进行工程项目工程量清单招标的投标报价时，不能进行投标总价优惠(或降价、让利)，投标人对投标报价的任何优惠(或降价、让利)均应反映在相应清单项目的综合单价中。

3.3.6　合同价款的约定

合同价款的约定.mp4

合同价款的约定是建设工程合同的主要内容。实行招标的工程合同价款应在中标通知书发出之日起 30 天内，由发承包双方依据招标文件和中标人的投标文件在书面合同中约定。合同约定不得违背招、投标文件中关于工期、造价、质量等方面的实质性内容。招标文件与中标人投标文件不一致的地方应以投标文件为准。不实行招标的工程合同价款，应在发承包双方认可的工程价款基础上，由发承包双方在合同中约定。发承包双方认可的工程价款的形式可以是承包方或设计人编制的施工图预算，也可以是承发包双方认可的其他形式。此外，《建设工程价款结算暂行办法》(财建[2004]369 号)还规定：合同价款在合同中约定后，任何一方不得擅自改变。

承发包双方应在合同条款中，对下列事项进行约定。

1. 预付工程款的数额、支付时间及抵扣方式

预付工程款是发包人为解决承包人在施工准备阶段资金周转问题提供的协助。如使用的水泥、钢材等大宗材料，可根据工程具体情况设置工程材料预付款。双方应在合同中约定预付款数额：可以是绝对数，如 50 万元、100 万元，也可以是额度，如合同金额的 10%、15%等；约定支付时间：如合同签订后一个月支付、开工日前 7 天支付等；约定抵扣方式：如在工程进度款中按比例抵扣；约定违约责任：如不按合同约定支付预付款的利息计算。

2. 安全文明施工费

约定支付计划、使用要求等。

3. 工程计量与支付工程进度款的方式、数额及时间

双方应在合同中约定计量时间和方式：可按月计量，如每月 28 日；可按工程形象部位(目标)划分分段计量，如±0.000 以下基础及地下室、主体结构 1~3 层、4~6 层等。进度款支付周期与计量周期保持一致，约定支付时间：如计量后 7 天以内、10 天以内支付；约定支付数额：如已完工作量的 70%、80%等；约定违约责任：如不按合同约定支付进度款的利率，违约责任等。

4. 工程价款的调整因素、方法、程序、支付及时间

约定调整因素：如工程变更后综合单价调整，钢材价格上涨超过投标报价时的 3%，工程造价管理机构发布的人工费调整等；约定调整方法：如结算时一次调整，材料采购时报发包人调整等；约定调整程序：承包人提交调整报告交发包人，由发包人现场代表审核签字等；约定支付时间：如与工程进度款支付同时进行等。

5. 施工索赔与现场签证的程序、金额确定与支付时间

约定索赔与现场签证的程序：如由承包人提出、发包人现场代表或授权的监理工程师核对等；约定索赔提出时间：如知道索赔事件发生后的 28 天内等；约定核对时间：收到索赔报告后 7 天以内、10 天以内等；约定支付时间：原则上与工程进度款同期支付等。

6. 承担计价风险的内容、范围以及超出约定内容、范围的调整办法

约定风险的内容范围：如全部材料、主要材料等；约定物价变化调整幅度：如钢材、水泥价格涨幅超过投标报价的 3%，其他材料超过投标报价的 5%等。

7. 工程竣工价款结算编制与核对、支付及时间

约定承包人在什么时间提交竣工结算书，发包人或其委托的工程造价咨询企业在什么时间内核对完毕，核对完毕后，什么时间内支付等。

8. 工程质量保证金的数额、预留方式及时间

在合同中约定数额：如合同价款的 3%等；约定支付方式：竣工结算一次扣清等；约定归还时间：如质量缺陷期退还等。

9. 违约责任以及发生合同价款争议的解决方法及时间

约定解决价款争议的办法是协商、调解、仲裁还是诉讼，约定解决方式的优先顺序、处理程序等。如采用调解，应约定好调解人员；如采用仲裁，应约定双方都认可的仲裁机构；如采用诉讼方式，应约定有管辖权的法院。

10. 与履行合同、支付价款有关的其他事项等

合同中涉及工程价款的事项较多，能够详细约定的事项应尽可能具体约定，约定的用词应尽可能唯一，如有几种解释，最好对用词进行定义，尽量避免因理解上的歧义造成合同纠纷。

3.3.7 合同价款调整

合同价款调整的
情况.mp4

1. 合同价款应当调整的事项及调整程序

1) 合同价款应当调整的事项

以下事项发生，发承包双方应当按照合同约定调整合同价款：

(1) 法律法规变化；

(2) 工程变更；

(3) 项目特征不符；

(4) 工程量清单缺项；

(5) 工程量偏差；

(6) 计日工；

(7) 物价变化；

(8) 暂估价;

(9) 不可抗力;

(10) 提前竣工(赶工补偿);

(11) 误期赔偿;

(12) 索赔;

(13) 现场签证;

(14) 暂列金额;

(15) 发承包双方约定的其他调整事项。

2) 合同价款调整的程序

合同价款调整应按照以下程序进行。

(1) 出现合同价款调增事项(不含工程量偏差、计日工、现场签证、索赔)后的 14 天内,承包人应向发包人提交合同价款调增报告并附上相关资料;承包人在 14 天内未提交合同价款调增报告的,应视为承包人对该事项不存在调整价款请求。

(2) 出现合同价款调减事项(不含工程量偏差、施工索赔)后的 14 天内,发包人应向承包人提交合同价款调减报告并附相关资料;发包人在 14 天内未提交合同价款调减报告的,应视为发包人对该事项不存在调整价款请求。

(3) 发(承)包人应在收到承(发)包人合同价款调增(减)报告及相关资料之日起 14 天内对其核实,予以确认的应书面通知承(发)包人。当有疑问时,应向承(发)包人提出协商意见。发(承)包人在收到合同价款调增(减)报告之日起 14 天内未确认也未提出协商意见的,应视为承(发)包人提交的合同价款调增(减)报告已被发(承)包人认可。发(承)包人提出协商意见的,承(发)包人应在收到协商意见后的 14 天内对其核实,予以确认的,应书面通知发(承)包人。承(发)包人在收到发(承)包人的协商意见后 14 天内既不确认也未提出不同意见的,应视为发(承)包人提出的意见已被承(发)包人认可。

如果发包人与承包人对合同价款调整的不同意见不能达成一致,只要对承发包双方履约不产生实质影响,双方应继续履行合同义务,直到其按照合同约定的争议解决方式得到处理。关于合同价款调整后的支付原则,《建设工程工程量清单计价规范》(GB 50500—2013)规定:经发承包双方确认调整的合同价款,作为追加(减)合同价款,与工程进度款或结算款同期支付。

2. 法律法规变化

施工合同履行过程中经常出现法律法规变化引起的合同价款调整问题。

招标工程以投标截止日前 28 天,非招标工程以合同签订前 28 天为基准日,其后因国家的法律、法规、规章和政策发生变化引起工程造价增减变化的,发承包双方应当按照省级或行业建设主管部门或其授权的工程造价管理机构据此发布的规定来调整合同价款。

但因承包人问题导致工期延误的,按上述规定的调整时间,在合同工程原定竣工时间之后,合同价款调增的不予调整,合同价款调减的予以调整。

3. 项目特征不符

《建设工程工程量清单计价规范》(GB 50500—2013)中规定:

(1) 发包人在招标工程量清单中对项目特征的描述，应被认为是准确的和全面的，并且与实际施工要求相符合。承包人应按照发包人提供的招标工程量清单，根据其项目特征描述的内容及有关要求实施合同工程，直到项目被改变为止。

(2) 承包人应按照发包人提供的设计图纸实施工程合同，若在合同履行期间出现设计图纸(含设计变更)与招标工程量清单任一项目的特征描述不符，且该变化引起该项目工程造价增减变化的，应按照实际施工的项目特征，按规范中工程变更相关条款的规定重新确定相应工程量清单项目的综合单价，并调整合同价款。

其中第一条规定了项目特征描述的要求。项目特征是构成清单项目价值的本质特征，单价的高低与其具有必然联系。因此，发包人在招标工程量清单中对项目特征的描述应被认为是准确的和全面的，并且与实际施工要求相符合，否则，承包人无法报价。

而当项目特征变化后，发承包双方应按实际施工的项目特征重新确定综合单价。例如：招标时，某现浇混凝土构件项目特征描述中描述混凝土强度等级为 C25，但施工图纸本来就表明(或在施工过程中发包人变更)混凝土强度等级为 C30，很显然，这时应该重新确定综合单价，因为 C25 与 C30 的混凝土，其价格是不一样的。

4. 工程量清单缺项

施工过程中，工程量清单项目的增减变化必然带来合同价款的增减变化。而导致工程量清单缺项的原因，一是设计变更，二是施工条件改变，三是工程量清单编制错误。

《建设工程工程量清单计价规范》(GB 50500—2013)对这部分的规定如下。

(1) 合同履行期间，由于招标工程量清单中缺项，新增分部分项工程量清单项目的，应按照规范中工程变更相关条款确定单价，并调整合同价款。

(2) 新增分部分项工程量清单项目后，引起措施项目发生变化的，应按照规范中工程变更相关规定，在承包人提交的实施方案被发包人批准后调整合同价款。

(3) 由于招标工程量清单中措施项目缺项，承包人应将新增措施项目实施方案提交发包人批准后，按照规范相关规定调整合同价款。

5. 工程量偏差

施工过程中，由于施工条件、地质水文、工程变更等变化以及招标工程量清单编制人专业水平的差异，往往在合同履行期间，应予计量的工程量与招标工程量清单出现偏差，工程量偏差过大，给综合成本的分摊带来影响，如突然增加过多，仍然按原综合单价计价，对发包人不公平；而突然减少过多，仍然按原综合单价计价，对承包人不公平。并且，有经验的承包人可能乘机进行不平衡报价。因此，为维护合同的公平，应当对工程量偏差带来的合同价款调整做出规定。

《建设工程工程量清单计价规范》(GB 50500—2013)对这部分的规定如下。

(1) 合同履行期间，当予以计算的实际工程量与招标工程量清单出现偏差，且符合下述两条规定的，发承包双方应调整合同价款。

(2) 对于任一招标工程量清单项目，如果因工程量偏差和工程变更等导致工程量偏差超过 15%时，可进行调整。当工程量增加 15%以上时，增加部分的工程量的综合单价应予调低；当工程量减少 15%以上时，减少后剩余部分的工程量的综合单价应予调高。

(3)　如果工程量出现超过 15%的变化，且该变化引起相关措施项目相应发生变化时，按系数或单一总价方式计价的，工程量增加的措施项目费调增，工程量减少的措施项目费调减。

6. 计日工

计日工是指在施工过程中，承包人完成发包人提出的工程合同范围以外的零星项目或工作，按合同中约定的综合单价计价。发包人通知承包人以计日工方式实施的零星工作，承包人应予执行。

采用计日工计价的任何一项变更工作，在该项变更的实施过程中，承包人应按合同约定提交下列报表和有关凭证送发包人复核：

(1)　工作名称、内容和数量；
(2)　投入该工作所有人员的姓名、工种、级别和耗用工时；
(3)　投入该工作的材料名称、类别和数量；
(4)　投入该工作的施工设备型号、台数和耗用台时；
(5)　发包人要求提交的其他资料和凭证。

此外，《建设工程工程量清单计价规范》(GB 50500—2013)对计日工生效计价的原则做了以下规定：任一计日工项目持续进行时，承包人应在该项工作实施结束后的 24 小时内向发包人提交有计日工记录汇总的现场签证报告一式三份。发包人在收到承包人提交现场签证报告后的 2 天内予以确认并将其中一份返还给承包人，作为计日工计价和支付的依据。发包人逾期未确认也未提出修改意见的，应视为承包人提交的现场签证报告已被发包人认可。

任一计日工项目实施结束后，承包人应按照确认的计日工现场签证报告核实该类项目的工程数量，并应根据核实的工程数量和承包人已标价工程量清单中的计日工单价计算，提出应付价款；已标价工程量清单中没有该类计日工单价的，由发承包双方按工程变更的相关规定商定计日工单价计算。

每个支付期末，承包人应按照规范中进度款的相关条款规定向发包人提交本期间所有计日工记录的签证汇总表，以说明本期间自己认为有权得到的计日工金额，调整合同价款，列入进度款支付。

7. 物价变化

施工合同履行时间往往较长，合同履行过程中经常出现人工、材料、工程设备和机械台班等市场价格起伏引起价格波动的现象，该种变化一般会造成承包人施工成本的增加或减少，进而影响到合同价格调整，最终影响到合同当事人的权益。

因此，为解决由于市场价格波动引起合同履行的风险问题，《建设工程施工合同(示范文本)》(GF-2017-0201)(以下简称《建设工程施工合同(示范文本)》)中引入了适度风险适度调价的制度，亦称之为合理调价制度，其法律基础是合同风险的公平合理分担原则。

合同履行期间，因人工、材料、工程设备、机械台班价格波动影响合同价款时，应根据合同约定的方法(如价格指数调整法或造价信息差额调整法)计算调整合同价款。承包人采购材料和工程设备的，应在合同中约定主要材料、工程设备价格变化的范围或幅度；当没有约定，且材料、工程设备单价变化超过 5%时，超过部分的价格应按照价格指数调整法或造价信息差额调整法计算调整材料、工程设备费。

如前所述，物价变化合同价款调整方法有价格指数调整法和造价信息差额调整法，对此，《建设工程工程量清单计价规范》(GB 50500—2013)中有以下规定。

1)　采用价格指数进行价格调整

(1)　价格调整公式。

因人工、材料和工程设备、机械台班等价格波动影响合同价格时，根据投标函附录中的价格指数和权重表约定的数据，按以下公式计算差额并调整合同价款：

$$\Delta P = P_0\left[A+\left(B_1\times\frac{F_{t1}}{F_{01}}+B_2\times\frac{F_{t2}}{F_{02}}+B_3\times\frac{F_{t3}}{F_{03}}+\cdots+B_n\times\frac{F_{tn}}{F_{0n}}\right)-1\right] \tag{3-17}$$

式中：ΔP——需调整的价格差额；

　　P_0——约定的付款证书中承包人应得到的已完成工程量的金额；此项金额应不包括价格调整、不计质量保证金的扣留和支付、预付款的支付和扣回；约定的变更及其他金额已按现行价格计价的，也不计在内；

　　A——定值权重(即不调部分的权重)；

　　B_1、B_2、B_3、$\cdots$、B_n——各可调因子的变值权重(即可调部分的权重)，为各可调因子在投标函投标总报价中所占的比例；

　　F_{t1}、F_{t2}、F_{t3}、$\cdots$、F_{tn}——各可调因子的现行价格指数，指约定的付款证书相关周期最后一天的前 42 天的各可调因子的价格指数；

　　F_{01}、F_{02}、F_{03}、$\cdots$、F_{0n}——各可调因子的基本价格指数，指基准日期的各可调因子的价格指数。

以上价格调整公式中的各可调因子、定值和变权重，以及基本价格指数及其来源在投标函附录价格指数和权重表中约定。价格指数应首先采用工程造价管理机构提供的价格指数，缺乏上述价格指数时，可采用工程造价管理机构提供的价格代替。

(2)　暂时确定调整差额。

在计算调整差额时得不到现行价格指数的，可暂用上一次价格指数计算，并在以后的付款中再按实际价格指数进行调整。

(3)　权重的调整。

约定的变更导致原定合同中的权重不合理时，由承包人和发包人协商后进行调整。

(4)　由承包人原因导致工期延误后的价格调整。

由承包人原因导致未在约定的工期内竣工的，则对原约定竣工日期后继续施工的工程，在使用价格调整公式时，应采用原约定竣工日期与实际竣工日期的两个价格指数中较低的一个作为现行价格指数。

2)　采用造价信息进行价格调整

合同履行期间，因人工、材料、工程设备和机械台班价格波动影响合同价格时，人工、机械使用费按照国家或省、自治区、直辖市建设行政管理部门、行业建设管理部门或其授权的工程造价管理机构发布的人工成本信息、机械台班单价或机械使用费系数进行调整；需要进行价格调整的材料，其单价和采购数应由发包人复核，发包人确认需调整的材料单价及数量作为调整合同价款差额的依据。

(1) 人工单价发生变化且符合计价规范中计价风险相关规定时，发承包双方应按省级或行业建设主管部门或其授权的工程造价管理机构发布的人工成本文件调整合同价款。

(2) 材料、工程设备价格变化的价款调整按照发包人提供的主要材料和工程设备一览表，由发承包双方约定的风险范围按以下规定调整合同价款。

① 承包人投标报价中材料单价低于基准单价：施工期间材料单价涨幅以基准单价为基础超过合同约定的风险幅度值，或材料单价跌幅以投标报价为基础超过合同约定的风险幅度值时，其超过部分按实调整。

② 承包人投标报价中材料单价高于基准单价：施工期间材料单价跌幅以基准单价为基础超过合同约定的风险幅度值，或材料单价涨幅以投标报价为基础超过合同约定的风险幅度值时，其超过部分按实调整。

③ 承包人投标报价中材料单价等于基准单价：施工期间材料单价涨、跌幅以基准单价为基础超过合同约定的风险幅度值时，其超过部分按实调整。

④ 承包人应在采购材料前将采购数量和新的材料单价报发包人核对，确认用于本合同工程一时，发包人应确认采购材料的数量和单价。发包人在收到承包人报送的确认资料后 3 个工作日不予答复的，视为已经认可，作为调整合同价款的依据。如果承包人未报经发包人核对即自行采购材料，再报发包人确认调整合同价款的，如发包人不同意，则不做调整。

前述基准价格是指由发包人在招标文件或专用合同条款中给定的材料、工程设备的价格，该价格原则上应当按照省级或行业建设主管部门或其授权的工程造价管理机构发布的信息价编制。

(3) 施工机械台班单价或施工机械使用费发生变化超过省级或行业建设主管部门或其授权的工程造价管理机构规定的范围时，按其规定调整合同价款。

8. 暂估价

暂估价是指招标人在工程量清单中提供的用于支付必然发生但暂时不能确定价格的材料、工程设备的单价以及专业工程的金额。

发包人在招标工程量清单中给定暂估价的材料、工程设备属于依法必须招标的，由发承包双方以招标的方式选择供应商，确定价格，并应以此为依据取代暂估价，调整合同价款。实践中，恰当的做法是仍由总承包中标人作为招标人，采购合同应由总承包人签订。

发包人在招标工程量清单中给定暂估价的材料、工程设备不属于依法必须招标的，应由承包人按照合同约定采购，经发包人确认单价后取代暂估价，调整合同价款。

发包人在工程量清单中给定暂估价的专业工程不属于依法必须招标的，应按照工程变更价款的确定方法确定专业工程价款。并以此为依据取代专业工程暂估价，调整合同价款。

发包人在招标工程量清单中给定暂估价的专业工程，依法必须招标的，应当由发承包双方依法组织招标选择专业分包人，并接受有管辖权的建设工程招标投标管理机构的监督，还应符合下列要求。

(1) 除合同另有约定外，承包人不参加投标的专业工程发包招标，应由承包人作为招标人，但拟定的招标文件、评标工作、评标结果应报送发包人批准。与组织招标工作有关的费用应当被认为已经包括在承包人的签约合同价(投标总报价)中。

(2) 承包人参加投标的专业工程发包招标，应由发包人作为招标人，与组织招标工作有关的费用由发包人承担。同等条件下，应优先选择承包人中标。

(3) 应以专业工程发包中标价为依据取代专业工程暂估价，调整合同价款。

例如：某工程招标，将现浇混凝土构件钢筋作为暂估价，为 4000 元/t，工程实施后，根据市场价格变动，将各规格现浇钢筋加权平均认定为 4295 元/t，此时，应在综合单价中以 4295 元取代 4000 元。

暂估材料或工程设备的单价确定后，在综合单价中只应取代原暂估单价，不应再在综合单价中涉及企业管理费或利润等其他费的变动。

9. 不可抗力

根据《中华人民共和国合同法》第一百一十七条第二款的规定："本法所称不可抗力，是指不能预见，不可避免并不能克服的客观情况。"

因不可抗力事件导致的人员伤亡、财产损失及其费用增加，发承包双方应按以下原则分别承担并调整合同价款和工期。

(1) 合同工程本身的损害、因工程损害导致第三方人员伤亡和财产损失以及运至施工场地用于施工的材料和待安装的设备的损害，由发包人承担；

(2) 发包人、承包人人员伤亡由其所在单位负责，并应承担相应费用；

(3) 承包人的施工机械设备损坏及停工损失，应由承包人承担；

(4) 停工期间，承包人应发包人要求留在施工场地的必要的管理人员及保卫人员的费用，应由发包人承担；

(5) 工程所需清理、修复费用，应由发包人承担。

不可抗力解除后复工的，若不能按期竣工，应合理延长工期。发包人要求赶工的，赶工费用应由发包人承担。

10. 提前竣工(赶工补偿)

为了保证工程质量，承包人除了根据标准规范、施工图纸进行施工外，还应当按照科学合理的施工组织设计，按部就班地进行施工作业。因为有些施工流程必须有一定的时间间隔，例如，现浇混凝土必须有一定时间的养护才能进行下一个工序，刷油漆必须等上道工序所刮腻子干燥后方可进行等。所以，《建设工程质量管理条例》第十条规定："建设工程发包单位不得迫使承包方以低于成本的价格竞标，不得任意压缩合理工期"，据此，《建设工程工程量清单计价规范》(GB 50500—2013)做了以下规定。

(1) 工程发包时，招标人应当依据相关工程的工期定额合理计算工期，压缩的工期天数不得超过定额工期的 20%，将其量化。超过者，应在招标文件中明示增加赶工费用。

(2) 工程实施过程中，发包人要求合同工程提前竣工的，应征得承包人同意后与承包人商定采取加快工程进度的措施，并应修订合同工程进度计划。发包人应承担承包人由此增加的提前竣工(赶工补偿)费用。

(3) 发承包双方应在合同中约定提前竣工每日历天应补偿额度，此项费用应作为增加合同价款列入竣工结算文件中，应与结算款一并支付。

赶工费用主要包括：①人工费的增加，例如新增加投入人工的报酬，不经济使用人工的补贴等；②材料费的增加，例如可能造成不经济使用材料而损耗过大，材料提前交货可能增加的费用以及材料运输费的增加等；③机械费的增加，例如可能增加机械设备投入，不经济的使用机械等。

11. 暂列金额

暂列金额是指招标人在工程量清单中暂定并包括在合同价款中的一笔款项。用于工程合同签订时尚未确定或者不可预见的所需材料、工程设备、服务的采购，施工中可能发生的工程变更、合同约定调整因素出现时的合同价款调整以及发生的索赔、现场签证等确认的费用。

已签约合同价中的暂列金额由发包人掌握使用。发包人按照合同的规定做出支付后，如有剩余，则暂列金额余额归发包人所有。

例如：根据上述定义，暂列金额在实际履行过程中可能发生，也可能不发生。某工程招标工程量清单中给出的暂列金额及拟用项目见表 3-1，投标人只需要直接将招标工程量清单中所列的暂列金额纳入投标总价，并且不需要在所列的暂列金额以外再考虑任何其他费用。

表 3-1　暂列金额明细表

工程名称：××中学教学楼工程　　　　　标段：　　　　　　　　第 1 页　共 1 页

序号	项目名称	计量单位	暂定金额(元)	备　注
1	自行车车棚工程	项	100000	正在设计图纸
2	工程量偏差和设计变更	项	100000	
3	政策性调整和材料价格波动	项	100000	
4	其他项	项	50000	
5				
6				
合计			350000	

注：此表由招标人填写，如不能详列，也可只列暂列金额总额，投标人应将上述暂列金额计入投标总价中。

3.3.8　工程计价表格

(1) 工程计价表宜采用统一格式。各省、自治区、直辖市建设行政主管部门和行业建设主管部门可根据本地区、本行业的实际情况，在本规范附录 B 至附录 L 计价表格的基础上补充完善。

(2) 工程计价表格的设置应满足工程计价的需要，使用方便。

(3) 工程量清单的编制应符合的规定。

① 工程量清单编制使用表格包括：封-1、扉-1、表-01、表-08、表-11、表-12(不含表-12-6～表-12-8)、表-13、表-20、表-21 或表-22。

② 扉页应按规定的内容填写、签字、盖章，由造价员编制的工程量清单应有负责审

核的造价工程师签字、盖章。受委托编制的工程量清单，应有造价工程师签字、盖章以及工程造价咨询人盖章。

③　总说明应按下列内容填写。

a. 工程概况：建设规模、工程特征、计划工期、施工现场实际情况、自然地理条件、环境保护要求等；

b. 工程招标和专业工程发包范围；

c. 工程量清单编制依据；

d. 工程质量、材料、施工等的特殊要求；

e. 其他需要说明的问题。

(4)　招标控制价、投标报价、竣工结算的编制应符合的规定。

①　使用表格。

a. 招标控制价使用表格包括：封-2、扉-2、表-01、表-02、表-03、表-04、表-08、表-09、表-11、表-12(不含表-12-6~表-12-8)、表-13、表-20、表-21或表-22。

b. 投标报价使用的表格包括：封-3、扉-3、表-01、表-02、表-03、表-04、表-08、表-09、表-11、表-12(不含表-12-6~表-12-8)、表-13、表-16、招标文件提供的表-20、表-21或表-22。

c. 竣工结算使用的表格包括：封-4、扉-4、表-01、表-05、表-06、表-07、表-08、表-09、表-10、表-11、表-12、表-13、表-14、表-15、表-16、表-17、表-18、表-19、表-20、表-21或表-22。

②　扉页应按规定的内容填写、签字、盖章，除承包人自行编制的投标报价和竣工结算外，受委托编制的招标控制价、投标报价、竣工结算以及由造价员编制的均应有负责审核的造价工程师签字、盖章以及工程造价咨询人盖章。

③　总说明应按下列内容填写。

a. 工程概况：建设规模、工程特征、计划工期、合同工期、实际工期、施工现场及变化情况、施工组织设计的特点、自然地理条件、环境保护要求等。

b. 编制依据等。

(5)　工程造价鉴定应符合下列规定。

①　工程造价鉴定使用表格包括：封-5、扉-5、表-01、表-05~表-20、表-21或表-22。

②　扉页应按规定内容填写、签字、盖章，应有承担鉴定和负责审核的注册造价工程师签字、盖执业专用章。

③　说明应按本规范第14.3.5条第1款至第6款的规定填写。

(6)　投标人应按招标文件的要求，附工程量清单综合单价分析表。

注：本节所涉及表格均是指《建设工程工程量清单计价规范》(GB 50500—2013)里的表格，下面我们就其中重要的常用表格摘录如下。

招标工程量清单封面

_____工程

招 标 工 程 量 清 单

招　标　人：_____

(单位盖章)

造 价 咨 询 人：_____

(单位盖章)

年　　月　　日

封-1

招标工程量清单扉页

_____工程

招 标 工 程 量 清 单

招 标 人：_____   造价咨询人：_____

(单位盖章)   (单位资质专用章)

法定代表人   法定代表人

或其授权人：_____   或其授权人：_____

(签字或盖章)   (签字或盖章)

编 制 人：_____   复 核 人：_____

(造价人员签字盖专用章)   (造价工程师签字盖专用章)

编 制 时 间： 年 月 日   复 核 时 间： 年 月 日

扉-1

投标总价封面

_____工程

投　标　标　价

招　标　人：_____

(单位盖章)

年　　月　　日

封-3

竣工结算书封面

_____工程

竣 工 结 算 书

发 包 人：_____
(单位盖章)

承 包 人：_____
(单位盖章)

造 价 咨 询 人：_____
(单位盖章)

年　　月　　日

封-4

投标总价扉页

投　标　总　价

招　标　人：＿＿＿＿＿＿＿＿＿＿＿＿＿＿＿＿＿＿＿＿

工 程 名 称：＿＿＿＿＿＿＿＿＿＿＿＿＿＿＿＿＿＿＿＿

投标总价(小写)：＿＿＿＿＿＿＿＿＿＿＿＿＿＿＿＿＿

(大写)：＿＿＿＿＿＿＿＿＿＿＿＿＿＿＿＿＿

投　标　人：＿＿＿＿＿＿＿＿＿＿＿＿＿＿＿＿＿＿＿＿

(单位盖章)

法定代表人
或其授权人：＿＿＿＿＿＿＿＿＿＿＿＿＿＿＿＿＿＿＿

(签字或盖章)

编 制 人：＿＿＿＿＿＿＿＿＿＿＿＿＿＿＿＿＿＿＿＿

(造价人员签字盖专用章)

时　间：　年　月　日

扉-3

工程计价总说明表

总 说 明

工程名称：

表-01

单项工程招标控制价/投标报价汇总表

工程名称：　　　　　　　　　　　　　　　　　　　　　　　　第　页　共　页

序　号	单位工程名称	金额(元)	其中：(元)		
			暂估价	安全文明施工费	规　费
合计					

注：本表适用于单项工程招标控制价或投标报价的汇总。暂估价包括分部分项工程中的暂估价和专业工程暂估价。

表-03

单位工程招标控制价/投标报价汇总表

工程名称:　　　　　　　　标段:　　　　　　　　　　　　第　页　共　页

序　号	汇总内容	金额(元)	其中：暂估价(元)
1	分部分项工程		
1.1			
1.2			
1.3			
1.4			
1.5			
2	措施项目		—
2.1	其中：安全文明施工费		—
3	其他项目		—
3.1	其中：暂列金额		—
3.2	其中：专业工程暂估价		—
3.3	其中：计日工		—
3.4	其中：总承包服务费		—
4	规费		—
5	税金		—
招标控制价合计=1+2+3+4+5			

注：本表适用于单位工程招标控制价或投标报价的汇总，如无单位工程划分，单项工程也使用本表汇总。

表-04

分部分项工程和单价措施项目清单与计价表

工程名称：　　　　　　　　　　　　标段：　　　　　　　　　　　第 页 共 页

序号	项目编码	项目名称	项目特征描述	计量单位	工程量	金额(元)		
						综合单价	合价	其中暂估价
本页小计								
合　计								

注：为计取规费等的使用，可在表中增设其中："定额人工费"。

表-08

综合单价分析表

工程名称：　　　　　　　　　　　标段：　　　　　　　　　第 页 共 页

项目编码		项目名称		计量单位		工程量	

清单综合单价组成明细

定额编号	定额项目名称	定额单位	数量	单价				合价			
				人工费	材料费	机械费	管理费和利润	人工费	材料费	机械费	管理费和利润

人工单价		小　计									
元/工日		未计价材料费									

清单项目综合单价

材料费明细	主要材料名称、规格、型号	单位	数量	单价(元)	合价(元)	暂估单价(元)	暂估合价(元)
	其他材料费			—		—	
	材料费小计			—		—	

注：1. 如不使用省级或行业建设主管部门发布的计价依据，可不填定额编号、名称等。

　　2. 招标文件提供了暂估单价的材料，按暂估的单价填入表内"暂估单价"栏及"暂估合价"栏。

表-09

综合单价调整表

工程名称： 标段： 第 页 共 页

序号	项目编码	项目名称	已标价清单综合单价(元)					调整后综合单价(元)				
			综合单价	其中				综合单价	其中			
				人工费	材料费	机械费	管理费和利润		人工费	材料费	机械费	管理费和利润

造价工程师(签章)： 发包人代表(签章)： 造价人员(签章)： 承包人代表(签章)：

日期： 日期：

注：综合单价调整应附调整依据。

表-10

总价措施项目清单与计价表

工程名称:　　　　　　　　　　标段:　　　　　　　　第　页　共　页

序号	项目编码	项目名称	计算基础	费率(%)	金额(元)	调整费率(%)	调整后金额(元)	备注
		安全文明施工费						
		夜间施工增加费						
		二次搬运费						
		冬雨季施工增加费						
		已完工程及设备保护费						
	合　计							

编制人(造价人员):　　　　　　　　　　　复核人(造价工程师):

注: 1. "计算基础"中安全文明施工费可为"定额基价""定额人工费"或"定额人工费+定额机械费",
　　　其他项目可为"定额人工费"或"定额人工费+定额机械费"。
　　2. 按施工方案计算的措施费,若无"计算基础"和"费率"的数值,也可只填"金额"数值,但应
　　　在备注栏说明施工方案出处或计算方法。

表-11

其他项目清单与计价汇总表

工程名称：　　　　　　　　标段：　　　　　　　第　页　共　页

序　号	项目名程	金额(元)	结算金额(元)	备　注
1	暂列金额			
2	暂估价			
2.1	材料(工程设备)暂估价/结算价	—		明细详见
2.2	专业工程暂估价/结算价			表-12-1
3	计日工			
4	总承包服务费			
5	索赔与现场签证	—		
合　计				

注：材料(工程设备)暂估单价进入清单项目综合单价，此处不汇总。

表-12

暂列金额明细表

工程名称：　　　　　　　　标段：　　　　　　　第　页　共　页

序号	项目名称	计量单位	暂定金额(元)	备　注
1				
2				
3				
4				
5				
6				
7				
8				
9				
10				
11				
合　计				

注：此表由招标人填写，如不能详列，也可只列暂定金额总额，投标人应将上述暂列金额计入投标总价中。

表-12-1

计日工表

编号	项目名称	单 位	暂定数量	实际数量	综合单价(元)	合价(元)	
						暂定	实际
一	人工						
1							
2							
3							
4							
人工小计							
二	材料						
1							
2							
3							
4							
5							
6							
材料小计							
三	施工机械						
1							
2							
3							
4							
施工机械小计							
四、企业管理费和利润							
总 计							

注：此表项目名称、暂定数量由招标人填写，编制招标控制价时，单价由招标人按有关计价规定确定；投标时，单价由投标人自主报价，按暂定数量计算合价计入投标总价中。结算时，按发承包双方确认的实际数量计算合价。

表-12-4

规费、税金项目计价表

工程名称：　　　　　　　　　　标段：　　　　　　　　　第　页　共　页

序号	项目名称	计算基础	计算基数	计算费率(%)	金额(元)
1	规费	定额人工费			
1.1	社会保险费	定额人工费			
(1)	养老保险费	定额人工费			
(2)	失业保险费	定额人工费			
(3)	医疗保险费	定额人工费			
(4)	工伤保险费	定额人工费			
(5)	生育保险费	定额人工费			
1.2	住房公积金	定额人工费			
1.3	工程排污费	按工程所在地环境保护部门收取标准，按实计入			
2	税金	分部分项工程费+措施项目费+其他项目费+规费−按规定不计税的工程设备金额			
合　计					

编制人(造价人员)：　　　　　　　　　　复核人(造价工程师)：

表-13

3.4　案 例 分 析

3.4.1　案例 1——定额应用

【例 1】　某实验大楼为一栋七层框混结构房屋。第 1 层框架结构，层高 6m，外墙厚均为 240mm，外墙轴线尺寸为 15×50m；第 1 层至第 5 层外围面积均 765.66m²；第 6 层和第 7 层外墙的轴线尺寸为 6×50m；除第 1 层外，其他各层的层高均为 2.6m；2～5 层共有阳台 5 个，每个阳台的水平投影面积为 5m²。第 1 层设有带柱雨篷(雨篷外边线至外墙结构边线距离为 2.40m)，雨篷顶盖水平投影面积为 40m²。2～7 层顶板均为空心板，设计要求空心板内穿二芯塑料护套线，经测算穿护套线的有关资料如下。

1. 人工消耗：基本用工 1.64 工日/100m，其他用工占总用工的 8%；

2. 材料消耗：护套线预留长度平均为 10.4m/100m，损耗率为 1.8%；接线盒：13 个/100m；钢丝：0.12kg/100m；

3. 价格信息：人工工日单价：100 元/工日；接线盒：2.5 元/个；二芯塑料护套线：2.56

元/m; 钢丝: 2.80 元/kg; 其他材料费: 5.6 元/100m。

问题:

1. 计算该建筑物的建筑面积。

2. 简述内外墙工程量计算规则,并列出计算公式。

3. 编制空心板内安装二芯塑料护套线的工料单价。

解: 问题 1

该建筑物的建筑面积=$S_{雨篷}+S_{标准}+S_{阳台}+S_{6\sim7层}$

$$=40+765.66\times5+5\times5\times1/2+(6+0.24)\times(50+0.24)\times2=4507.80(m^2)$$

问题 2

计算规则: 内、外墙工程量,按图示墙体长乘墙体高,再乘以墙厚以体积(m^3)计算。应扣除门窗洞口、空圈和嵌入墙身的钢筋混凝土构件等所占体积;不扣除梁头、板头、加固钢筋、铁件、管道、门窗走头和 $0.3m^2$ 以内孔洞所占的体积。

墙体工程量计算公式如下:

墙体工程量=(墙长×墙高$-\sum$嵌入墙身门窗洞面积)×墙厚

$-\sum$嵌入墙身混凝土构件体积

式中: 墙长——外墙按外墙中心线计算; 内墙按内墙净长线计算;

墙高——外墙自室内地坪标高算至屋面板板底; 内墙自地面或楼面算至上一层板的顶面。

问题 3

安装二芯塑料护套线工料单价=安装人工费+安装材料费

安装人工费=人工消耗量×人工工日单价

令: 人工消耗量=基本用工+其他用工=x

则 $x=1.64+8\%x$, $(1-8\%)x=1.64$, $x=1.783(工日)$

安装人工费=$1.783\times100=178.30(元)$

安装材料费=$\sum$(材料消耗量×相应的材料信息价格)

其中: 二芯塑料护套线消耗量=$(100+10.4)\times(1+1.8\%)=112.39(m)$

安装材料费=$112.39\times2.56+13\times2.5+0.12\times2.8+5.6$

$$=287.72+32.5+0.34+5.6=326.16(元)$$

安装二芯塑料护套线工料单价=$178.30+326.16=504.46(元/100m)$

3.4.2 案例2——周转材料消耗

【例2】 根据选定的某工程搗制混凝土独立基础的施工图,计算出每立方米独立基础模板接触面积为 $2.1m^2$,根据计算每平方米模板接触面积需用板枋材 $0.083m^3$,模板周转 6 次,每次周转损耗率 16.6%。试计算混凝土独立基础的模板周转使用量、回收量、定额摊销量。

解: 一次使用量=每立方米混凝土构件的模板接触面积×每平方米接触面积需模量

周转使用量=总使用/周转次数=一次使用量×[(1+(周转次数-1)×周转损耗率)]/周转次数

(从第二次开始补损,所以减1)

摊销回收量=最终回收量/周转次数=一次使用量×(1-周转损耗率)/周转次数

摊销回收系数=回收折价率(常为 50%)/(1+间接费率)

摊销量=总消耗/周转次数=(总使用-总回收)/周转次数=周转使用量-摊销回收量×回收系数=一次使用量×{[(1+(周转次数-1)×周转损耗率)]-(1-周转损耗率)×回收系数}/周转次数

根据公式计算如下：

一次使用量=2.1×0.083=0.1743(m³)

周转使用量=0.1743×[1+(6-1)×16.6%]/6=0.053(m³)

摊销回收量=0.1743×(1-16.6%)/6=0.024(m³)

摊销量=0.053-0.024×50%÷(1+18.2%)=0.043(m³)(间接费率为 18.2%)。

3.4.3　案例 3——工程量计量与清单编制

【例 3】　某工程属于房屋建筑与装饰工程，其中某标段的工程量清单中含有三个单位工程，每一单位工程中都有项目特征相同的实心砖墙砌体，在工程量清单编制中，应如何反映三个不同单位工程的实心砖墙砌体工程量？

解：　根据同一招标工程项目编码不得有重码的规定，工程量清单应以单位工程为编制对象，可将第一个单位工程的实心砖墙的项目编码编成 010401003001，第二个单位工程的实心砖墙的项目编码编成 010401003002，第三个单位工程的实心砖墙的项目编码编成 010401003003，并分别列出各单位工程实心砖墙的工程量。

3.4.4　案例 4——工程量清单与计价

【例 4】　某多层砖混住宅土方工程，土壤类别为三类土；沟槽为大放脚带形砖基础；沟槽宽度为 920mm，挖土深度为 1.8m，沟槽为正方形，总长度为 1590.6m。根据施工方案，土方开挖的工作面两边各宽 0.25m，放坡系数 0.2。除沟边堆土 1000m³ 外，现场堆土 2170.5m³，运距 60m，采用人工运输。其余土方需装载机装，自卸汽车运，运距 4km。已知人工挖土单价为 8.4 元/m³，人工运土单价 7.38 元/m³，装载机装、自卸汽车运土需使用机械：装载机(280 元/台班，0.00398 台班/m³)、自卸汽车(340 元/台班，0.04925 台班/m³)、推土机(500 元/台班，0.00296 台班/m³)和洒水车(300 元/台班，0.0006 台班/m³)。另外，装载机装、自卸汽车运土需用工(25 元/工日，0.012 工日/m³)、用水(水 1.8 元/m³，每 1m³ 土方需耗水 0.012m³)。试根据建筑工程量清单计算规则计算土方工程的综合单价(不含措施费、规费和税金)，其中管理费取人、料、机总费用的 14%，利润取人、料、机总费用与管理费之和的 8%。试计算该工程挖沟槽土方的工程量清单综合单价，并进行综合单价分析。

解：　(1)　招标人根据清单规则计算的挖方量为

0.92×1.8×1590.6=2634.034(m³)

(2)　投标人根据地质资料和施工方案计算土方量和运土方量。

①　需挖土方量。

工作面两边各宽 0.25m，放坡系数 0.2，则基础挖土方总量为

(0.92+2×0.25+0.2×1.8)×1.8×1590.6=5096.282(m³)

② 运土方量。

沟边堆土 1000m³；现场堆土 2170.5m³，运距 60m，采用人工运输；装载机装、自卸汽车运，运距 4km，运土方量为

$$5096.282-1000-2170.5=1925.782(m^3)$$

(3) 人工挖土人、料、机费用。

人工费：$5096.282×8.4=42808.77(元)$

(4) 人工运土(60m 内)人、料、机费用。

人工费：$2170.5×7.38=16018.29(元)$

(5) 装载机装自卸汽车运土(4km)人、料、机费用。

① 人工费：

$25×0.012×1925.782=0.3×1925.782=577.73(元)$

② 材料费：

水：$1.8×0.012×1925.782=0.022×1925.782=41.60(元)$

③ 机械费：

装载机：$280×0.00398×1925.782=2146.09(元)$

自卸汽车：$340×0.04925×1925.782=32247.22(元)$

推土机：$500×0.00296×1925.782=2850.16(元)$

洒水车：$300×0.0006×1925.782=346.64(元)$

机械费小计：37590.11 元

机械费单价$=280×0.00398+340×0.04925+500×0.00296+300×0.0006=19.519(元/m^3)$

④ 机械运土人、料、机费用合计：38209.44 元。

(6) 综合单价计算。

① 人、料、机费用合计：

$42808.77+16018.29+38209.44=97036.50(元)$

② 管理费：

人、料、机总费用$×14\%=97036.50×14\%=13585.11(元)$

③ 利润：

(人、料、机总费用+管理费)$×8\%=(97036.50+13585.11)×8\%=8849.73(元)$

④ 总计：$97036.50+13585.11+8849.73=119471.34(元)$

⑤ 综合单价。

按招标人提供的土方挖方总量折算为工程量清单综合单价：

$119471.34÷2634.034=45.36(元/m^3)$

(7) 综合单价分析。

① 人工挖土方。

单位清单工程量$=5096.282÷2634.034=1.9348(m^3)$

管理费$=8.40×14\%=1.176(元/m^3)$

利润$=(8.40+1.176)×8\%=0.766(元/m^3)$

管理费及利润$=1.176+0.766=1.942(元/m^3)$

②　人工运土方。

单位清单工程量=2170.5÷2634.034=0.8240(m³)

管理费=7.38×14%=1.033(元/m³)

利润=(7.38+1.033)×8%=0.673(元/m³)

管理费及利润=1.033+0.673=1.706(元/m³)

③　装载机自卸汽车运土方。

单位清单工程量=1925.782÷2634.034=0.7311(m³)

人、料、机费用=0.3+0.022+19.519=19.841(元/m³)

管理费=19.841×14%=2.778(元/m³)

利润=(19.841+2.778)×8%=1.8095(元/m³)

管理费及利润=2.778+1.8095=4.588(元/m³)

3.4.5　案例 5——材料调价

【例5】　某独立土方工程，招标文件中估计工程量为 100 万 m³，合同中规定：土方工程单价为 5 元/m³，当实际工程量超过估计工程量15%时，调整单价，单价调为 4 元/m³。工程结束时实际完成土方工程量为 130 万 m³，则土方工程款为多少万元？

解： 合同约定范围内(15%以内)的工程款为：

100×(1+15%)×5=115×5=575(万元)

超过 15%之后部分工程量的工程款为：

(130−115)×4=60(万元)

则土方工程款合计=575+60=635(万元)

(1)　当合同中没有约定时，工程量偏差超过 15%时的调整方法，可参照以下公式。

①　当 $Q_1 > 1.15Q_0$ 时：

$$S=1.15Q_0 \times P_0 + (Q_1 - 1.15Q_0) \times P_1$$

②　当 $Q_1 < 0.85Q_0$ 时：

$$S=Q_1 \times P_1$$

式中：　S——调整后的某一分部分项工程费结算价；

Q_1——最终完成的工程量；

Q_0——招标工程量清单列出的工程量；

P_1——按照最终完成工程量重新调整后的综合单价；

P_0——承包人在工程量清单中填报的综合单价。

采用上述两式的关键是确定新的综合单价，即 P_1 的确定方法，一是发承包双方协商确定，二是与招标控制价相联系。

(2)　当工程量出现项目偏差，承包人在工程量清单中填报的综合单价与发包人招标控制价相应清单项目的综合单价偏差超过 15%时，工程量偏差项目综合单价的调整可参照以下公式。

①　当 $P_0 < P_2 \times (1-L) \times (1-15\%)$ 时，该类项目的综合单价：

P_1 按照 $P_2 \times (1-L) \times (1-15\%)$ 调整

② 当 $P_0 > P_2 \times (1+15\%)$ 时，该类项目的综合单价：

$$P_1 \text{按照} P_2 \times (1+15\%) \text{调整}$$

③ 当 $P_0 > P_2 \times (1-L) \times (1-15\%)$ 或 $P_0 < P_2 \times (1+15\%)$ 时，可不调整。

式中：P_0——承包人在工程量清单中填报的综合单价；

P_2——发包人在招标控制价相应项目的综合单价；

L——计价规范中定义的承包人报价浮动率。

3.4.6　案例6——招标控制价

【例6】 某国有资金建设项目，采用公开招标方式进行施工招标，业主委托具有相应招标代理和造价咨询的中介机构编制了招标文件和招标控制价。

该项目招标文件包括以下规定。

(1) 招标人不组织项目现场勘查活动。

(2) 投标人对招标文件有异议的，应当在投标截止时间10日前提出；否则招标人拒绝回复。

(3) 投标人报价时必须采用当地建设行政管理部门造价管理机构发布的计价定额中分部分项工程人工，材料、机械台班消耗量标准。

(4) 招标人将聘请第三方造价咨询机构在开标后、评标前开展清标活动。

(5) 投标人报价低于招标控制价幅度超过30%的，投标人在评标时须向评标委员会说明报价较低的理由，并提供证据；投标人不能说明理由或提供证据的，将认定为废标。

在项目的投标及评标过程中发生以下事件。

事件1：投标人A为外地企业，对项目所在区域不熟悉，向招标人申请希望招标人安排一名工作人员陪同勘查现场。招标人同意安排一位普通工作人员陪同投标。

事件2：清标发现，投标人A和投标人B的总价和所有分部分项工程综合单价相差相同的比例。

事件3：通过市场调查，工程清单中某材料暂估单价与市场调查价格有较大偏差，为规避风险，投标人C在投标报价计算相关分部分项工程项目综合单价时采用了该材料市场调查的实际价格。

事件4：评标委员会某成员认为投标人D与招标人曾经在多个项目上合作过，从有利于招标人的角度，建议优先选择投标人D为中标候选人。

问题：

1. 请逐一分析项目招标文件包括的(1)~(5)项规定是否妥当，并分别说明理由。

2. 事件1中，招标人的做法是否妥当？并说明理由。

3. 针对事件2，评标委员会应如何处理？并说明理由。

4. 事件3中，投标人C的做法是否妥当？并说明理由。

5. 事件4中，该评标委员会成员的做法是否妥当？并说明理由。

解：问题1

(1) 妥当。《招标投标法》第二十一条，招标人根据招标项目的具体情况，可以组织潜在投标人踏勘项目现场。《招标投标法实施条例》第二十八条规定招标人不得组织单人或部分潜在投标人踏勘项目现场，因此招标人可以不组织项目现场踏勘。

(2) 妥当。《招投标法实施条例》第二十二条潜在投标人或者其他利害关系人对资格预审文件有异议的，应当在提交资格预审申请文件截止时间 2 日前提出；对招标文件有异议的，应当在投标截止时间 10 日前提出。招标人应当自收到异议之日起 3 日内做出答复；做出答复前，应当暂停招标投标活动。

(3) 不妥当。投标报价由投标人自主确定，招标人不能要求投标人采用指定的人、材、机消耗量标准。

(4) 妥当。清标工作组应该由招标人选派或者邀请熟悉招标工程项目情况和招标投标程序、专业水平和职业素质较高的专业人员组成，招标人也可以委托工程招标代理单位、工程造价咨询单位或者监理单位组织具备相应条件的人员组成清标工作组。

(5) 不妥当。不是低于招标控制价而是适用于低于其他投标报价或者标底、成本的情况。《评标委员会和评标方法暂行规定》第二十一条规定：在评标过程中，评标委员会发现投标人的报价明显低于其他投标报价或者在设有标底时明显低于标底的，使得其投标报价可能低于其成本的，应当要求该投标人做出书面说明并提供相关证明材料。投标人不能合理说明或者不能提供相关证明材料的，由评标委员会认定该投标人以低于成本报价竞标，其投标应作为废标处理。

问题 2

事件 1 中，招标人的做法不妥当。《招投标法实施条例》第二十八条规定：招标人不得组织单人或部分潜在投标人踏勘项目现场，因此招标人不能安排一名工作人员陪同勘查现场。

问题 3

评标委员会应该把投标人 A 和 B 的投标文件作为废标处理。有下列情形之一的，视为投标人相互串通投标：①不同投标人的投标文件由同一单位或者个人编制；②不同投标人委托同一单位或者个人办理投标事宜；③不同投标人的投标文件载明的项目管理成员为同一人；④不同投标人的投标文件异常一致或者投标报价呈规律性差异；⑤不同投标人的投标文件相互混装；⑥不同投标人的投标保证金从同一单位或者个人的账户转出。

问题 4

不妥当，暂估价不能变动和更改。当招标人提供的其他项目清单中列示了材料暂估价时，应根据招标人提供的价格计算材料费，并在分部分项工程量清单与计价表中表现出来。

问题 5

不妥当，根据《招投标法实施条例》第四十九条的规定：评标委员会成员应当依照招标投标法和本条例的规定，按照招标文件规定的评标标准和方法，客观、公正地对投标文件提出评审意见。招标文件没有规定的评标标准和方法不得作为评标的依据。评标委员会成员不得私下接触投标人，不得收受投标人给予的财物或者其他好处，不得向招标人征询确定中标人的意向，不得接受任何单位或者个人明示或者暗示提出的倾向或者排斥特定投标人的要求，不得有其他不客观、不公正履行职务的行为。

本 章 小 结

通过本章的学习，学生主要了解建设工程定额的分类；了解工程量清单的概述及分类、工程量清单的编制及作用；了解工程量清单计价概述、计价的一般规定及工程量清单计价方法。掌握施工定额、预算定额、企业定额及单位估价表的基本知识；掌握招标控制价、投标报价；掌握合同价款的约定、合同价款调整以及竣工结算及支付；重点掌握工程计价表格的填写。为同学们以后的学习或者工作打下坚实的基础。

实 训 练 习

一、单选题

1. 砌筑工程量清单项目中填充墙长度的计算方式为(　　)。
    A. 外墙按净长线，内墙按中心线计算　　　B. 外墙按图示尺寸，内墙按净长线计算
    C. 外墙按中心线，内墙按设计尺寸计算　　D. 外墙按中心线，内墙按净长线计算
2. 工程量清单内容包括分部分项工程量清单、措施项目清单和(　　)。
    A. 其他项目清单　　　　　　　　　　　　B. 单位工程项目清单
    C. 综合单价清单　　　　　　　　　　　　D. 零星项目清单
3. 土(石)方工程量清单项目中挖基础土方的计算规则是(　　)。
    A. 按设计图示尺寸以体积计算
    B. 按设计图示尺寸以面积计算
    C. 按基础垫层底面积乘以挖土深度以体积计算
    D. 按基础垫层底面积加工作面乘以挖土深度以体积计算
4. 工程量清单计价采用(　　)。
    A. 基本单价法　　　　B. 完全单价法　　　C. 工料单价法　　　D. 综合单价法
5. 现浇钢筋混凝土雨篷工程量计算按(　　)。
    A. 墙外部分体积计算　　　　　　　　　　B. 墙外部分水平投影面积计算
    C. 墙外挑出部分长度计算　　　　　　　　D. 墙外挑出部分面积的一半计算
6. 工程程量清单项目编码的第1位和第2位表示(　　)。
    A. 附录中的各章　　　　　　　　　　　　B. 附录各专业工程
    C. 由编制人自己确定　　　　　　　　　　D. 附录中的各节
7. 桩间挖土方工程量(　　)。
    A. 要扣除桩所占体积　　　　　　　　　　B. 不扣除桩所占体积
    C. 灌注桩要扣除所占体积　　　　　　　　D. 灌注桩不扣除所占体积
8. 劳务市场技术工人的人工单价分别是：甲市场66元/工日，占40%；乙市场70元/工日，占25%；丙市场80元/工日，占35%，其取定的人工单价是(　　)。
    A. 70元/工日　　　　B. 71.9元/工日　　　C. 72元/工日　　　　D. 74元/工日

9. 预算定额由( )。

    A. 建设行政主管部门颁发　　　　B. 招标人颁发

    C. 投标人颁发　　　　　　　　　D. 造价咨询人颁发

10. 劳务市场技术工人的人工单价分别是:甲市场 50 元/工日,占 20%;乙市场 55 元/工日,占 30%;丙市场 54 元/工日,占 50%,其取定的人工单价是( )。

    A. 54 元/工日　　B. 53.5 元/工日　　C. 52.5 元/工日　　D. 53 元/工日

11. 天棚吊顶清单工程量按设计图示尺寸以水平投影面积计算,( )。

    A. 不扣除间壁墙所占面积　　　　B. 要扣除间壁墙所占面积

    C. 要扣除检查口所占面积　　　　D. 要扣除管道所占面积

12. 在计算台阶装饰时,下列说法正确的是( )。

    A. 按照设计图示尺寸以台阶水平投影面积计算,包括最上层踏步边沿加 300mm

    B. 按照设计图示尺寸以台阶水平投影面积计算,不包括最上层踏步边沿加 300mm

    C. 按照体积计算,不包括最上层踏步边沿加 300mm

    D. 按照体积计算,包括最上层踏步边沿加 300mm

13. 措施项目费中不属于竞争项目的是( )。

    A. 文明施工　　B. 模板　　　　C. 脚手架　　　　D. 临时设施

14. 暂列金额是( )。

    A. 其他项目的内容　　　　　　　B. 措施项目的内容

    C. 规费项目的内容　　　　　　　D. 管理费项目的内容

15. 综合单价不包括( )。

    A. 人工费　　B. 材料费　　　　C. 规费　　　　D. 管理费

16. 产量定额的表现形式是( )。

    A. m^3/工日　　B. 工日/m^3　　C. 工日/m^2　　D. 工日/t

17. 时间定额的表现形式是( )。

    A. m/工日　　B. t/工日　　　　C. 工日/m^3　　D. m^2/日

18. 一个工日一般指工作( )。

    A. 6 小时　　B. 7 小时　　　　C. 8 小时　　　　D. 9 小时

19. 在工程量清单计价中,分部分项工程综合单价的组成包括( )。

    A. 人工费、材料费、机械使用费

    B. 人工费、材料费、机械使用费、管理费

    C. 人工费、材料费、机械使用费、管理费和利润

    D. 人工费、材料费、机械使用费、管理费、利润、规费和税金

二、多选题

1. 下列项目中,( )属于施工包干费。

    A. 冬雨期施工费　　B. 夜间施工费　　C. 二次搬运费

    D. 特殊工程培训费　　E. 检查试验费

2. 建筑安装工程应缴纳的税金有( )。

    A. 增值税　　　　B. 营业税　　　　C. 城市建设维护税

   D. 教育费附加   E. 建筑税

3. 建筑安装工程"三算"是指( )。

   A. 总概算   B. 设计概算   C. 施工图预算

   D. 竣工结算   E. 竣工决算

4. 处理索赔的原则是( )。

   A. 以合同为依据   B. 积累充分的证据资料 C. 保护业主利益

   D. 及时、合理地处理   E. 由仲裁机构裁决

5. 预算定额中的人工工日消耗量包括( )。

   A. 基本用工   B. 辅助用工   C. 法定假日用工

   D. 人工幅度差   E. 机械台班消耗

三、简答题

1. 预算定额的主要作用是什么？

2. 简述施工定额和施工定额水平的概念。

3. 简述工程量清单的作用。

实训工作单一

班级		姓名		日期	
教学项目	建设工程计量与计价				
任务	掌握建设工程定额的知识		要求	1. 掌握建设工程定额的类型 2. 熟练运用建设工程定额计价	
相关知识		建设工程定额			
其他要求					
学习过程记录					
评语			指导教师		

实训工作单二

班级		姓名		日期	
教学项目	建设工程计量与计价				
任务	掌握工程量清单的编制		案例类型	1. 周转材料消耗 2. 工程量的计量和清单编制	
相关知识			工程量清单的编制		
其他要求					
案例解析过程记录					
评语				指导教师	

实训工作单三

班级		姓名		日期	
教学项目	建设工程计量与计价				
任务	掌握工程量清单计价		案例类型	1. 工程量清单计价 2. 材料调价 3. 招标控制价	
相关知识		工程量清单计价			
其他要求					

案例解析过程记录

评语				指导教师	

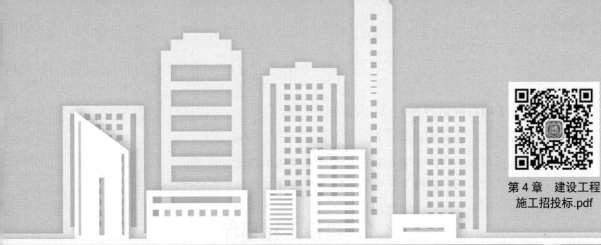

第4章　建设工程施工招投标　04

第 4 章　建设工程
施工招投标.pdf

 【学习目标】

- 了解建设工程招标概述、招标准备及招标程序。
- 了解建设工程投标概述、投标准备及投标程序。
- 掌握建设工程的开标、评标及定标。

第 4 章学习目标.mp4

 【教学要求】

本章要点	掌握层次	相关知识点
工程招标概述、招标准备及招标程序	1. 了解建设工程招标概述、招标准备 2. 掌握建设工程招标程序	工程招标
工程投标概述、投标准备及投标程序	1. 了解建设工程投标概述、投标准备 2. 掌握建设工程投标程序	工程投标
工程的开标、评标及定标	1. 掌握工程开标的时间、地点、程序及注意事项 2. 掌握评标委员会的组成、评标方法及原则 3. 掌握定标途径、模式及方法	工程的开标、评标及定标

 【项目案例导入】

　　某房地产公司计划在北京市昌平区开发 60000m² 的住宅项目，可行性研究报告已经通过国家计委批准，资金为自筹，目前尚未完全到位，且仅有初步设计图纸。因急于开工，某房地产公司决定采用邀请招标的方式进行招标，并向 7 家施工单位发出了投标邀请书。

【项目问题导入】

(1) 建设工程施工招标的必备条件有哪些？

(2) 本项目在上述条件下是否可以进行工程施工招标？

(3) 通常情况下，哪些工程项目适宜采用邀请招标的方式进行招标？

4.1 建设工程招标

4.1.1 建设工程招标概述

1. 建设工程必须招标的范围

(1) 《招标投标法》规定，在中华人民共和国境内进行下列工程建设项目包括项目的勘察、设计、施工、监理以及与工程建设有关的重要设备、材料等的采购，必须进行招标。

必须招标的
范围.mp4

① 大型基础设施、公用事业等关系社会公共利益、公众安全的项目；

② 全部或者部分使用国有资金投资或者国家融资的项目；

③ 使用国际组织或者外国政府贷款、援助资金的项目。

(2) 经国务院批准的《工程建设项目招标范围和规模标准规定》进一步规定，关系社会公共利益、公众安全的基础设施项目的范围包括：

① 煤炭、石油、天然气、电力、新能源等能源项目；

② 铁路、公路、管道、水运、航空以及其他交通运输业等交通运输项目；

③ 邮政、电信枢纽、通信、信息网络等邮电通信项目；

④ 防洪、灌溉、排涝、引(供)水、滩涂治理、水土保持、水利枢纽等水利项目；

⑤ 道路、桥梁、地铁和轻轨交通、污水排放及处理、垃圾处理、地下管道、公共停车场等城市设施项目；

⑥ 生态环境保护项目；

⑦ 其他基础设施项目。

(3) 关系社会公共利益、公众安全的公用事业项目的范围包括：

① 供水、供电、供气、供热等市政工程项目；

② 科技、教育、文化等项目；

③ 体育、旅游等项目；

④ 卫生、社会福利等项目；

⑤ 商品住宅，包括经济适用住房；

⑥ 其他公用事业项目。

(4) 使用国有资金投资项目的范围包括：

① 使用各级财政预算资金的项目；

② 使用纳入财政管理的各种政府性专项建设基金的项目；

③　使用国有企事业单位自有资金，并且国有资产投资者实际拥有控制权的项目。

(5)　国家融资项目的范围包括：

①　使用国家发行债券所筹资金的项目；

②　使用国家对外借款或者担保所筹资金的项目；

③　使用国家政策性贷款的项目；

④　国家授权投资主体融资的项目。

(6)　使用国际组织或者外国政府贷款、援助资金的项目包括：

①　使用世界银行、亚洲开发银行等国际组织贷款资金的项目；

②　使用外国政府及其机构贷款资金的项目；

③　使用国际组织或者外国政府援助资金的项目。

2. 建设工程必须招标的规模标准

按照《工程建设项目招标范围和规模标准规定》，招标范围内的各类工程建设项目，达到下列标准之一的，必须进行招标。

必须招标的规模
标准.mp4

(1)　施工单项合同估算价在人民币 400 万元以上的；

(2)　重要设备、材料等货物的采购，单项合同估算价在人民币 200 万元以上的；

(3)　勘察、设计、监理等服务的采购，单项合同估算价在人民币 100 万元以上的。

3. 可以不进行招标的建设工程项目

根据《工程建设项目招标范围和规模标准规定》建设项目的勘察、设计，采用特定专利或者专有技术的，或者其建筑艺术造型有特殊要求的，经项目主管部门批准，可以不进行招标。原国家计委、建设部等 7 部门颁布的《工程建设项目施工招标投标办法》中规定，有下列情形之一的，经该办法规定的审批部门批准，可以不进行施工招标。

可以不进行招标
的工程项目.mp4

(1)　涉及国家安全、国家秘密或者抢险救灾而不适宜招标的；

(2)　属于利用扶贫资金实行以工代赈需要使用农民工的；

(3)　施工主要技术采用特定的专利或者专有技术的；

(4)　施工企业自建自用的工程，且该施工企业资质等级符合工程要求的；

(5)　在建工程追加的附属小型工程或者主体加层工程，原中标人仍具备承包能力的；

(6)　法律、行政法规规定的其他情形。

4. 建设工程招标方式

1)　公开招标和邀请招标

(1)　公开招标。

公开招标，是指招标人以招标公告的方式邀请不特定的法人或者其他组织投标。招标人是依法提出招标项目、进行招标的法人或者其他组织。依法必须进行招标的项目的招标公告，应当通过国家指定的报刊、信息网络或者其他媒介发布。

建设工程招标的
方式.mp4

(2)　邀请招标。

邀请招标，是指招标人以投标邀请书的方式邀请特定的法人或者其他组织投标。为了保证邀请招标的竞争性，《招标投标法》规定，招标人采用邀请招标方式的，应当向三个以上具备承担招标项目能力、资信良好的特定法人或者其他组织发出投标邀请书。《工程建设项目施工招标投标办法》规定，对于应当公开招标的建设工程招标项目，有下列情形之一的，经批准可以进行邀请招标。

① 项目技术复杂或有特殊要求，只有少量几家潜在投标人可供选择的；

② 受自然地域环境限制的；

③ 涉及国家安全、国家秘密或者抢险救灾，适宜招标但不宜公开招标的；

④ 拟公开招标的费用与项目的价值相比，不值得的；

⑤ 法律、法规规定不宜公开招标的。

2) 总承包招标和两阶段招标

《招标投标法实施条例》规定，招标人可以依法对工程以及与工程建设有关的货物、服务全部或者部分实行总承包招标。以暂估价形式包括在总承包范围内的工程、货物、服务属于依法必须进行招标的项目范围且达到国家规定规模标准的，应当依法进行招标。以上所称暂估价，是指总承包招标时不能确定价格而由招标人在招标文件中暂时估定的工程、货物、服务的金额。

对技术复杂或者无法精确拟定技术规格的项目，招标人可以分两阶段进行招标。第一阶段，投标人按照招标公告或者投标邀请书的要求提交不带报价的技术建议，招标人根据投标人提交的技术建议确定技术标准和要求，编制招标文件。第二阶段，招标人向在第一阶段提交技术建议的投标人提供招标文件，投标人按照招标文件的要求提交包括最终技术方案和投标报价的投标文件。

建设工程招标投标交易场所相关知识详见二维码。

扩展资源 1.pdf

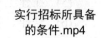

4.1.2　建设工程招标准备

建设工程招标前一般需要做好以下几项准备工作。

1. 实行招标的工程必须具备下列条件

实行招标所具备
的条件.mp4

(1) 建设项目已正式列入国家、部门或地方年度固定资产投资计划或经有关部门批准；

(2) 概算已经批准，资格已落实；

(3) 建设用地的征用工作已经完成，障碍物全部拆除清理，现场"三通一平"已完成或已经落实给施工单位施工；

(4) 有能够满足施工需要的施工图纸和技术资料；

(5) 主要建筑材料(包括特殊材料)和设备已经落实，能够保证连续施工；

(6) 已经项目所在地规划部门批准，并有当地建设主管部门的批准文件。

具备以上条件，即可申请招标。

2. 建设工程项目的报建

(1) 建设工程项目的立项批准文件或年度投资计划下达后，按照《工程建设项目报建管理办法》规定具备条件的，须向建设行政主管部门报建审查登记。

(2) 建设工程报建范围：各类房屋建筑(包括新建、改建、翻建、大修等)、土木工程、设备安装、管道线路敷设、装饰装修工程等建设工程。

(3) 建设工程项目报建内容主要包括：工程名称、建设地点、投资规模、资金来源、当年投资额、工程规模、发包方式、计划开竣工日期、工程筹建情况等。

(4) 办理工程报建时应交验的文件资料包括：

① 立项批准文件或年度投资计划；

② 固定资产投资许可证；

③ 建设工程规划许可证；

④ 资金证明。

(5) 工程报建程序：建设单位填写统一格式的《工程建设项目报建审查登记表》，有上级主管部门的，需经上级主管部门批准同意后，连同应交验的文件资料一并报建设行政主管部门。《工程建设项目报建审查登记表》一式三份，建设行政主管部门、招标管理机构、建设单位各一份。

3. 建设单位招标的资格审查

1) 建设单位自行招标

根据我国《招标投标法》及有关部门规章的规定，建设单位自行招标应具备以下条件。

(1) 是法人或依法成立的其他组织；

(2) 有与招标工作相适应的经济、技术管理人员；

(3) 具有编制招标文件的能力；

(4) 有审查投标单位资质的能力；

(5) 具有组织开标、评标的能力。

2) 委托招标

不具备以上条件的，须委托有资格的招标代理机构办理招标。招标代理机构是依法成立、从事招标代理业务并提供相关服务的社会中介组织。

4. 选择招标方式

工程项目的招标可以是一次性发包，也可以把工程内容分解成几个独立的阶段或独立的项目分别招标，如单位工程招标、土建工程招标和安装工程招标、设备安装招标和材料供应招标，以及特殊专业工程招标等。

4.1.3　建设工程招标程序

《招标投标法》规定，招标投标活动应当遵循公开、公平、公正和诚实信用的原则。建设工程招标的基本程序主要包括：落实招标条件、委托

招投标 1.avi

招标代理机构、编制招标文件、发布招标公告或投标邀请书、资格审查、开标、评标、中标和签订合同等。

建设工程招标
程序.mp4

1. 落实招标条件

《工程建设项目施工招标投标办法》进一步规定，依法必须招标的工程建设项目，应当具备下列条件才能进行施工招标。

(1) 招标人已经依法成立；

(2) 初步设计及概算应当履行审批手续的，已经批准；

(3) 招标范围、招标方式和招标组织形式等应当履行核准手续的，已经核准；

(4) 有相应资金或资金来源已经落实；

(5) 有招标所需的设计图纸及技术资料。

2. 委托招标代理机构

《招标投标法》规定，招标人具有编制招标文件和组织评标能力的，可以自行办理招标事宜。任何单位和个人不得强制其委托招标代理机构办理招标事宜。依法必须进行招标的项目，招标人自行办理招标事宜的，应向有关行政监督部门备案。

1) 招标代理机构具备的条件

招标代理机构是依法设立、从事招标代理业务并提供相关服务的社会中介组织。按照《招标投标法》规定，招标代理机构应当具备下列条件。

(1) 有从事招标代理业务的营业场所和相应资金；

(2) 有能够编制招标文件和组织评标的相应专业力量；

(3) 有符合该法定条件、可以作为评标委员会成员人选的技术、经济等方面的专家库。

《招标投标法》还规定，从事工程建设项目招标代理业务的招标代理机构，其资格由国务院或者省、自治区、直辖市人民政府的建设行政主管部门认定。

2) 招标代理机构承担的招标事宜

招标代理机构应当在招标人委托的范围内承担招标事宜。招标代理机构可以在其资格等级范围内承担下列招标事宜。

(1) 拟订招标方案，编制和出售招标文件、资格预审文件；

(2) 审查投标人资格；

(3) 编制标底；

(4) 组织投标人踏勘现场；

(5) 组织开标、评标，协助招标人定标；

(6) 草拟合同；

(7) 招标人委托的其他事项。

招标代理机构与行政机关和其他国家机关不得存在隶属关系或者其他利益关系，也不得无权代理、越权代理，不得明知委托事项违法而进行代理。招标代理机构不得接受同一招标项目的投标代理和投标咨询业务；未经招标人同意，不得转让招标代理业务。

招标文件的
内容.mp4

3. 编制招标文件

《工程建设项目施工招标投标办法》进一步规定，招标文件一般包括下列内容。

(1) 投标邀请书；

(2) 投标人须知；

(3) 合同主要条款；

(4) 投标文件格式；

(5) 采用工程量清单招标的，应当提供工程量清单；

(6) 技术条款；

(7) 设计图纸；

(8) 评标标准和方法；

(9) 投标辅助材料。

招标人应当在招标文件中规定实质性要求和条件，并用醒目的方式标明。

《招标投标法》还规定，招标文件不得要求或者标明特定的生产供应者以及含有倾向或者排斥潜在投标人的其他内容。招标人对已发出的招标文件进行必要的澄清或者修改的，应当在招标文件要求提交投标文件截止时间至少 15 日前，以书面形式通知所有招标文件收受人。该澄清或者修改的内容为招标文件的组成部分。

招标人应当确定投标人编制投标文件所需要的合理时间。但是，依法必须进行招标的项目，自招标文件开始发出之日起至投标人提交投标文件截止之日止，最短不得少于 20 日。

4. 发布招标公告或投标邀请书

招标人采用邀请招标方式的，应当向三个以上具备承担招标项目能力、资信良好的特定的法人或者其他组织发出投标邀请书。投标邀请书应当载明招标人的名称和地址、招标项目的性质、数量、实施地点和时间以及获取招标文件的办法等事项。

招标人不得向他人透露已获取招标文件的潜在投标人的名称、数量以及可能影响公平竞争的有关招标投标的其他情况。招标人设有标底的，标底必须保密。招标人根据招标项目的具体情况，可以组织潜在投标人踏勘项目现场。

《工程建设项目施工招标投标办法》规定，招标人应当按招标公告或者投标邀请书规定的时间、地点出售招标文件。自招标文件出售之日起至停止出售之日止，最短不得少于 5 个工作日。对招标文件的收费应当合理，不得以营利为目的。招标人在发布招标公告、发出投标邀请书后或者售出招标文件或资格预审文件后不得擅自终止招标。

5. 资格审查

《工程建设项目施工招标投标办法》规定，资格审查分为资格预审和资格后审。资格预审，是指在投标前对潜在投标人进行的资格审查。资格后审，是指在开标后对投标人进行的资格审查。进行资格预审的，一般不再进行资格后审，但招标文件另有规定的除外。采取资格预审的，招标人可以发布资格预审公告，在资格预审文件中载明资格预审的条件、标准和方法；采取资格后审的，招标人应当在招标文件中载明对投标人资格要求的条件、标准和方法。招标人不得改变载明的资格条件或者以没有载明的资格条件对潜在投标人或投标人进行资格审查。

资格预审后，招标人应当向资格预审合格的潜在投标人发出资格预审合格通知书，告知获取招标文件的时间、地点和方法，并同时向资格预审不合格的潜在投标人告知资格预审结果。资格预审不合格的潜在投标人不得参加投标。经资格后审不合格的投标人的投标文件应作废标处理。

资格审查应主要审查潜在投标人或投标人是否符合下列条件。

(1) 具有独立订立合同的权利；

(2) 具有履行合同的能力，包括专业、技术资格和能力，资金、设备和其他物质设施状况，管理能力，经验、信誉和相应的从业人员；

(3) 没有处于被责令停业，投标资格被取消，财产被接管、冻结，破产状态；

(4) 在最近 3 年内没有骗取中标和严重违约及重大工程质量问题；

(5) 法律行政法规规定的其他资格条件。

资格审查时，招标人不得以不合理的条件限制、排斥潜在投标人或者投标人，不得对潜在投标人或者投标人实行歧视待遇。任何单位和个人不得以行政手段或者其他不合理方式限制投标人的数量。

6. 开标

《招标投标法》规定，开标应当在招标文件确定的提交投标文件截止时间的同一时间公开进行；开标具有法律效力。中标通知书发出后，招标人改变中标结果的，或者中标人放弃中标项目的，应当依法承担法律责任(缔约过失责任)。

7. 评标

《招标投标法》规定，评标由招标人依法组建的评标委员会负责。招标人应当采取必要的措施，保证评标在严格保密的情况下进行。任何单位和个人不得非法干预、影响评标的过程和结果。

依法必须进行招标的项目，其评标委员会由招标人的代表和有关技术、经济等方面的专家组成，成员人数为 5 人以上单数，其中技术、经济等方面的专家不得少于成员总数的 2/3。与投标人有利害关系的人不得进入相关项目的评标委员会；已经进入的应当更换。评标委员会成员的名单在中标结果确定前应当保密。

《工程建设项目施工招标投标办法》规定，投标文件有下列情形之一的，由评标委员会初审后按废标处理。

(1) 无单位盖章且无法定代表人或法定代表人授权的代理人签字或盖章的；

(2) 未按规定的格式填写，内容不全或关键字字迹模糊、无法辨认的；

(3) 投标人递交两份或多份内容不同的投标文件，或在一份投标文件中对同一招标项目有两个或多个报价，且未声明哪一个有效的(按招标文件规定提交备选投标方案的除外)；

(4) 投标人名称或组织机构与资格预审时不一致的；

(5) 未按招标文件要求提交投标保证金的；

(6) 联合体投标未附联合体各方共同投标协议的。

8. 中标

《招标投标法》规定，招标人根据评标委员会提出的书面评标报告和推荐的中标候选人确定中标人。招标人也可以授权评标委员会直接确定中标人。

中标人确定后，招标人应当向中标人发出中标通知书，并同时将中标结果通知所有未中标的投标人。中标通知书对招标人和中标人具有法律效力。中标通知书发出后，招标人改变中标结果的，或者中标人放弃中标项目的，应当依法承担法律责任(缔约过失责任)。

9. 签订合同

《招标投标法》规定，招标人和中标人应当自中标通知书发出之日起 30 日内，按照招标文件和中标人的投标文件订立书面合同。招标人和中标人不得另行订立背离合同实质性内容的其他协议。当事人就同一建设工程另行订立的建设工程施工合同与经过备案的中标合同实质性内容不一致的，应当以备案的中标合同作为结算工程价款的依据。招标人与中标人另行签订合同的行为属违法行为，所签订的合同是无效合同。

10. 终止招标

《招标投标法实施条例》规定，招标人终止招标的，应当及时发布公告，或者以书面形式通知被邀请的或者已经获取资格预审文件、招标文件的潜在投标人。已经发售资格预审文件、招标文件或者已经收取投标保证金的，招标人应当及时退还所收取的资格预审文件、招标文件的费用，以及所收取的投标保证金及银行同期存款利息。

4.2　建设工程投标

4.2.1　建设工程投标概述

1. 投标人

《招标投标法》规定，投标人是响应招标、参加投标竞争的法人或者其他组织。投标人应当具备承担招标项目的能力；国家有关规定对投标人资格条件或者招标文件对投标人资格条件有规定的，投标人应当具备规定的资格条件。《招标投标法实施条例》进一步规定，投标人参加依法必须进行招标的项目的投标，不受地区或者部门的限制，任何单位和个人不得非法干涉。

与招标人存在利害关系可能影响招标公正性的法人、其他组织或者个人，不得参加投标。单位负责人为同一人或者存在控股、管理关系的不同单位，不得参加同一标段投标或者未划分标段的同一招标项目投标。违反以上规定的，相关投标均无效。投标人发生合并、分立、破产等重大变化的，应当及时书面告知招标人。投标人不再具备资格预审文件、招标文件规定的资格条件或者其投标影响招标公正性的，其投标无效。

2. 联合体投标

联合体投标是一种特殊的投标人组织形式，一般适用于大型的或结构复杂的建设项目。《招标投标法》规定，两个以上法人或者其他组织可以组成一个联合体，以一个投标人的身份共同投标。联合体各方均应具备承担招标项目的相应能力；国家有关规定或者招标文件对投标人资格条件有规定的，联合体各方均应具备规定的相应资格条件。由同一专业的单位组成的联合体，按照资质等级较低的单位确定资质等级。

联合体各方应当签订共同投标协议，明确约定各方拟承担的工作和责任，并将共同投标协议连同投标文件一并提交招标人。联合体中标的，联合体各方应当共同与招标人签订合同，就中标项目向招标人承担连带责任。招标人不得强制投标人组成联合体共同投标，不得限制投标人之间的竞争。

《招标投标法实施条例》进一步规定，招标人应当在资格预审公告、招标公告或者投标邀请书中载明是否接受联合体投标。招标人接受联合体投标并进行资格预审的，联合体应当在提交资格预审申请文件前组成。资格预审后联合体增减、更换成员的，其投标无效。联合体各方在同一招标项目中以自己名义单独投标或者参加其他联合体投标的，相关投标均无效。

3. 投标文件的内容要求

投标文件的
内容要求.mp4

《招标投标法》规定，投标人应当按照招标文件的要求编制投标文件。投标文件应当对招标文件提出的实质性要求和条件做出响应。招标项目属于建设施工项目的，投标文件的内容应当包括拟派出的项目负责人与主要技术人员的简历、业绩和拟用于完成招标项目的机械设备等。《工程建设项目施工招标投标办法》规定，投标文件一般包括下列内容。

(1) 投标函；

(2) 投标报价；

(3) 施工组织设计；

(4) 商务和技术偏差表。

投标人根据招标文件载明的项目实际情况，拟在中标后将中标项目的部分非主体、非关键性工作进行分包的，应当在投标文件中载明。

响应招标文件的实质性要求是投标的基本前提。凡是不能满足招标文件中的任何一项实质性要求和条件的投标文件，都将被拒绝。实质性要求和条件主要是指招标文件中有关招标项目的价格、期限，技术规范，合同的主要条款等内容。

4. 投标文件的修改与撤回

《招标投标法》规定，投标人在招标文件要求提交投标文件的截止时间前，可以补充、修改或者撤回已提交的投标文件，并书面通知招标人。补充、修改的内容为投标文件的组成部分。

《工程建设项目施工招标投标办法》进一步规定，在提交投标文件截止时间后到招标文件规定的投标有效期终止之前，投标人不得补充、修改、替代或者撤回其投标文件。投标人补充、修改、替代投标文件的，招标人不予接受；投标人撤回投标文件的，其投标保证金将被没收。

5. 投标文件的送达与签收

投标有效期.mp4

《招标投标法》规定："投标人应当在招标文件要求提交投标文件的截止时间前，将投标文件送达投标地点。招标人收到投标文件后，应当签收保存，不得开启。""在招标文件要求提交投标文件的截止时间后送达的投标文件，招标人应当拒收。"

1) 投标文件的送达

对于投标文件的送达，应注意以下几个问题。

(1) 投标文件的提交截止时间。

招标文件中通常会明确规定投标文件提交的时间，投标文件必须在招标文件规定的投标截止时间之前送达。

(2) 投标文件的送达方式。

投标人递送投标文件的方式可以是直接送达，即投标人派授权代表直接将投标文件按照规定的时间和地点送达，也可以通过邮寄方式送达。邮寄方式送达应以招标人实际收到时间为准，而不是以"邮戳为准"。

(3) 投标文件的送达地点。

投标人应严格按照招标文件规定的地址送达，特别是采用邮寄送达方式。投标人因为递交地点发生错误而逾期送达投标文件的，将被招标人拒绝接收。

2) 投标文件的签收

投标文件按照招标文件的规定时间送达后，招标人应签收保存。《工程建设项目施工招标投标办法》和《工程建设项目货物招标投标办法》均规定："招标人收到投标文件后，应当向投标人出具标明签收人和签收时间的凭证，在开标前任何单位和个人不得开启投标文件。"

《政府采购货物和服务招标投标管理办法》规定："招标采购单位收到投标文件后，应当签收保存，任何单位和个人不得在开标前开启投标文件。"

3) 投标文件的拒收

如果投标文件没有按照招标文件要求送达，招标人可以拒绝受理。

6. 投标有效期

招标文件应当规定一个适当的投标有效期，以保证招标人有足够的时间完成评标和与中标人签订合同。投标有效期从投标人提交投标文件截止之日起计算。

在原投标有效期结束前，出现特殊情况的，招标人可以书面形式要求所有投标人延长投标有效期。投标人同意延长的，不得要求或允许修改其投标文件的实质性内容，但应当相应延长其投标保证金的有效期；投标人拒绝延长的，其投标失效，但投标人有权收回其投标保证金。因延长投标有效期造成投标人损失的，招标人应当给予补偿，但因不可抗力需要延长投标有效期的除外。

7. 投标保证金

《工程建设项目施工招标投标办法》规定，招标人可以在招标文件中要求投标人提交投标保证金。投标人不按招标文件要求提交投标保证金的，该投标文件将被拒绝，作废标处理。

投标保证金.mp4

1) 投标保证金的形式与金额

投标保证金除现金外，还可以是银行出具的银行保函、保兑支票、银行汇票或现金支票。《工程建设项目施工招标投标办法》规定，投标保证金一般不得超过投标总价的 2%，但最高不得超过 80 万元人民币。投标保证金有效期应当超出投标有效期 30 天。投标人应当按照招标文件要求的方式和金额，将投标保证金随投标文件提交给招标人。

2)　投标保证金的退还

《工程建设项目施工招标投标办法》规定，招标人与中标人签订合同后 5 个工作日内，应当向未中标的投标人退还投标保证金。但有下情形之一的，投标保证金将被没收。

(1)　在提交投标文件截止时间后到招标文件规定的投标有效期终止之前，投标人撤回投标文件的；

(2)　中标通知书发出后，中标人放弃中标项目的，无正当理由不与招标人签订合同的，在签订合同时向招标人提出附加条件或者更改合同实质性内容的；

(3)　拒不提交招标人所要求的履约保证金的，招标人可取消其中标资格，并没收其投标保证金。

一旦招标人发出中标通知书，做出承诺，则合同成立，中标的投标人必须接受并受到约束。否则，投标人就要承担合同订立过程中的缔约过失责任，承担投标保证金被没收的法律后果。

8. 禁止投标人实施不正当竞争行为的规定

在建设工程招标投标活动中，投标人的不正当竞争行为主要是：投标人相互串通投标、投标人与招标人串通投标、投标人以行贿手段谋取中标、投标人以低于成本的报价竞标、投标人以他人名义投标或者以其他方式弄虚作假骗取中标。

1)　投标人相互串通投标

《工程建设项目施工招标投标办法》进一步规定，下列行为均属投标人串通投标报价：

(1)　投标人之间相互约定抬高或降低投标报价；

(2)　投标人之间相互约定，在招标项目中分别以高、中、低价位报价；

(3)　投标人之间先进行内部竞价，内定中标人，然后再参加投标；

(4)　投标人之间其他串通投标报价行为。

2)　投标人与招标人串通投标

《工程建设项目施工招标投标办法》进一步规定，下列行为均属招标人与投标人串通投标。

(1)　招标人在开标前开启投标文件，并将投标情况告知其他投标人，或者协助投标人撤换投标文件，更改报价；

(2)　招标人向投标人泄露标底；

(3)　招标人与投标人商定，投标时压低或抬高标价，中标后再给投标人或招标人额外补偿；

(4)　招标人预先内定中标人；

(5)　其他串通投标行为。

3)　投标人以行贿手段谋取中标

投标人暗中给予对方单位或个人回扣的，以行贿论处；对方单位或个人暗中收受回扣的，以受贿论处。

4)　投标人以低于成本的报价竞标

《反不正当竞争法》规定，经营者不得以排挤竞争对手为目的，以低于成本的价格销售商品。这是因为，低于成本的报价竞标不仅是不正当竞争行为，还容易导致中标后偷工减料行为的发生，影响工程质量。该成本是以投标人的企业定额计算的成本。

5)　投标人以他人名义投标或以其他方式弄虚作假骗取中标

投标人挂靠其他单位，通过转让或租借的方式获取资质，或者其他单位法定代表人在自己编制的文件上签字或加盖印章的。

4.2.2　建设工程投标准备

建设工程施工投标准备的主要内容如下。

1. 研究招标文件

取得招标文件以后，首要的工作是仔细认真地研究招标文件，充分了解其内容和要求，并提请招标单位澄清所发现的疑点。

2. 研究招标文件要做好以下几方面工作

(1)　研究工程综合说明，借以获得对工程全貌的轮廓性了解。

(2)　熟悉并详细研究设计图纸和技术说明书，目的在于弄清工程的技术细节和具体要求，使制定的施工方案和报价有确切的依据。

(3)　研究合同主要条款，明确中标后应承担的义务、责任及应享受的权利，重点是承包方式，开竣工时间及工期奖惩，材料供应及价款结算办法，预付款的支付和工程款结算办法，工程变更及停工、窝工损失处理办法等。

(4)　熟悉投标单位须知，明确了解在投标过程中，投标单位应在什么时间做什么事和不允许做什么事，目的在于提高效率，避免造成废标。

3. 调查投标环境

投标环境就是投标工作的自然、经济和社会条件。

(1)　施工现场条件，可通过踏勘现场和研究招标单位提供的地质勘探报告资料来了解。主要有：场地的地理位置，地上、地下有无障碍物，地基土质及其承载力，进出场通道，给排水、供电和通信设施，材料堆放场地的最大容量，是否需要一次搬运，临时设施场地等。

(2)　自然条件，主要是影响施工的风、雨、气温等因素。如风、雨季的起止期，常年最高、最低和平均气温以及地震烈度等。

(3)　建材供应条件，包括砂石等地方材料的采购和运输，钢材、水泥、木材等材料的供应来源和价格，当地供应构配件的能力和价格，租赁建筑机械的可能性和价格等。

(4)　专业分包的能力和分包条件。

(5)　生活必需品的供应情况。

4. 确定投标策略

建筑企业参加投标竞争，目的在于得到对自己最有利的施工合同，从而获得尽可能多的盈利。为此，必须研究投标策略，以指导其投标全过程的活动。

5. 制定施工方案

施工方案是投标报价的前提条件，也是招标单位评标要考虑的重要因素之一。施工方案主要应考虑施工方法、主要机械设备、施工进度、现场工人数目的平衡以及安全措施等，要求在技术和工期两方面对招标单位有吸引力，同时又有助于降低施工成本。

4.2.3　建设工程投标程序

建设工程投标
程序.mp4

从投标人的角度看，建设工程投标的一般程序，主要经历以下几个环节。

(1) 向招标人申报资格审查，提供有关文件资料；

(2) 购领招标文件和有关资料，缴纳投标保证金；

(3) 组织投标班子，委托投标代理人；

(4) 参加踏勘现场和投标预备会；

(5) 编制、递送投标书；

(6) 接受评标组织就投标文件中不清楚的问题进行的询问，举行澄清会谈；

(7) 接受中标通知书，签订合同，提供履约担保，分送合同副本。

1. 向招标人申报资格审查，提供有关文件资料

投标人在获悉招标公告或投标邀请后，应当按照招标公告或投标邀请书中所提出的资格审查要求，向招标人申报资格审查。资格审查是投标人投标过程的第一关。采用不同的招标方式，对潜在投标人资格审查的时间和要求不一样。如在国际工程无限竞争性招标中，通常在投标前进行资格审查，这叫作资格预审，只有资格预审合格的承包商才可能参加投标；也有些国际工程无限竞争性招标不在投标前而在开标后进行资格审查，这被称作资格后审。在国际工程有限竞争招标中，通常则是在开标后进行资格审查，并且这种资格审查往往作为评标的一个内容，与评标结合起来进行。

我国建设工程招标中，在允许投标人参加投标前一般要进行资格审查，但资格审查的具体内容和要求有所区别。公开招标一般要按照招标人编制的资格预审文件进行资格审查。

1) 公开招标资格审查的主要内容

(1) 投标单位组织机构和企业概况；

(2) 近 3 年完成工程的情况；

(3) 目前正在履行的合同情况；

(4) 过去 2 年经审计过的财务报表；

(5) 过去 2 年的资金平衡表和负债表；

(6) 下一年度财务预测报告；

(7) 施工机械设备情况；

(8) 各种奖励或处罚资料；

(9) 与本合同资格预审有关的其他资料。如是联合体投标应填报联合体每一成员的以上资料。

2)　邀请招标资格审查的主要内容

(1)　投标人组织与机构、营业执照、资质等级证书；

(2)　近 3 年完成工程的情况；

(3)　目前正在履行的合同情况；

(4)　资源方面的情况，包括财务、管理、技术、劳力、设备等情况；

(5)　受奖、罚的情况和其他有关资料。

3)　议标

资格审查的主要内容一般也是通过对投标人按照投标邀请书的要求提交或出示的有关文件和资料进行验证，确认自己的经验和所掌握的有关投标人的情况是否可靠、有无变化。议标资格审查的主要内容，一般是查验投标人是否有相应的资质等级。

投标人申报资格审查，应当按招标公告或投标邀请书的要求，向招标人提供有关资料。经招标人审查后，招标人应将符合条件的投标人的资格审查资料，报建设工程招标投标管理机构复查。复查合格的，就具有参加投标的资格。

2. 购领招标文件和有关资料，缴纳投标保证金

投标人经资格审查合格后，便可向招标人申购招标文件和有关资料，同时要缴纳投标保证金。投标保证金是为防止投标人对其投标活动不负责任而设定的一种担保形式，是招标文件中要求投标人向招标人缴纳的一定数额的金钱。

投标保证金缴纳办法：应在招标文件中说明，并按招标文件的要求进行。

投标保证金形式：一般来说，投标保证金可以采用现金，也可以采用支票、银行汇票，还可以是银行出具的银行保函。银行保函的格式应符合招标文件提出的格式要求。

投标保证金额度：根据工程投资大小由业主在招标文件中确定。在国际上，投标保证金的数额较高，一般设定为投资总额的 1%～5%。而我国的投标保证金数额则普遍较低。

投标保证金有效期：为直到签订合同或提供履约保函为止，通常为 3～6 个月，一般应超过投标有效期 28 天。

3. 组织投标班子，委托投标代理人

投标人在通过资格审查、购领了招标文件和有关资料后，就要按招标文件确定的投标准备时间着手开展各项投标准备工作。

投标准备时间：是指从开始发放招标文件之日起至投标截止时间止的期限，它由招标人根据工程项目的具体情况确定，一般在 28 天之内。

1)　投标班子

一般应包括下列三类人员。

(1)　经营管理类人员。这类人员一般是具有一定从事工程承包经营管理经验的资深人士，熟悉工程投标活动的筹划和安排，具有一定的决策水平。

(2)　专业技术类人员。这类人员是从事各类专业工程技术的人员，如建筑师、监理工程师、结构工程师、造价工程师等。

(3)　商务金融类人员。这类人员是从事有关金融、贸易、财税、保险、会计、采购、合同、索赔等工作的人员。

2)　投标代理人的一般职责

(1)　向投标人传递并帮助投标人分析招标信息，协助投标人办理、通过招标文件所要求的资格审查；

(2)　以投标人名义参加招标人组织的有关活动，传递投标人与招标人之间的信息；

(3)　提供当地物资、劳动力、市场行情及商业活动经验，提供当地有关政策法规咨询服务，协助投标人做好投标书的编制工作，帮助递交投标文件；

(4)　在投标人中标时，协助投标人办理各种证件申领手续，做好有关承包工程的准备工作；

(5)　按照协议的约定收取代理费用。通常，代理人协助投标人中标的，所收的代理费用会高些，一般为合同总价的 1%～3%。

4. 参加踏勘现场和投标预备会

投标人拿到招标文件后，应进行全面细致的调查研究。若有疑问或不清楚的问题需要招标人澄清或者解答的，应在收到招标文件后的 7 日内以书面形式向招标人提出。

投标人在去现场踏勘之前，应先仔细研究招标文件有关概念、含义和各项要求，特别是招标文件中的工作范围、专用条款以及设计图纸和说明等，然后有针对性地拟订出踏勘提纲，确定重点和需要澄清和解答的问题，做到心中有数。投标人参加现场踏勘的费用，由投标人自己承担。招标人一般在招标文件发出后，就着手考虑安排投标人进行现场踏勘等准备工作，并在现场踏勘中对投标人给予必要的协助。

投标人进行现场踏勘的内容，主要包括以下几个方面。

(1)　工程的范围、性质以及与其他工程之间的关系；

(2)　投标人参与投标的那一部分工程与其他承包商或分包商之间的关系；

(3)　现场地貌、地质、水文、气候、交通、电力、水源等情况，有无障等碍物等；

(4)　进出现场的方式，现场附近有无食宿条件，料场开采条件，其他加工条件、设备维修条件等；

(5)　现场附近治安情况。

投标预备会，又称答疑会、标前会议，一般在现场踏勘之后的 1～2 天内举行。答疑会的目的是解答投标人对招标文件和在现场中所提出的各种问题，并对图纸进行交底和解释。

5. 编制和递交投标文件

经过现场踏勘和投标预备会后，投标人可着手编制投标文件。

6. 出席开标会议，参加评标期间的澄清会谈

投标人在编制、递交了投标文件后，要积极准备出席开标会议。参加开标会议对投标人来说，既是权利也是义务。按照国际惯例，投标人不参加开标会议的，视为弃权，其投标文件将不予启封，不予唱标，不允许参加评标。投标人参加开标会议，要注意其投标文件是否被正确启封、宣读，对于被错误地认定为无效的投标文件或唱标出现的错误，应当场提出异议。在评标期间，评标组织要求澄清投标文件中不清楚问题的，投标人应积极予以说明、解释、澄清。澄清招标文件一般可以采用向投标人发出书面询问，由投标人书面做出说明或澄清的方式，也可以采用召开澄清会的方式。澄清会是评标组织为有助于对投

标文件的审查、评价和比较，而个别地要求投标人澄清其投标文件(包括单价分析表)而召开的会议。在澄清会上，评标组织有权对投标文件中不清楚的问题，向投标人提出询问。有关澄清的要求和答复，最后均应以书面形式进行，所说明、澄清和确认的问题，经招标人和投标人双方签字后，作为投标书的组成部分。在澄清会谈中，投标人不得更改标价、工期等实质性内容，开标后和定标前提出的任何修改声明或附加优惠条件，一律不得作为评标的依据。但评标组织按照投标须知规定，对确定为实质上响应招标文件要求的投标文件进行校核时发现的计算上或累计上的计算错误除外。

7. 接受中标通知书，签订合同，提供履约担保，分送合同副本

经评标，投标人被确定为中标人后，应接受招标人发出的中标通知书。未中标的投标人有权要求招标人退还其投标保证金。中标人收到中标通知书后，应在规定的时间和地点与招标人签订合同。在合同正式签订之前，应先将合同草案报招标投标管理机构审查。经审查后，中标人与招标人在规定的期限内签订合同。结构不太复杂的中小型工程一般应在 7 天以内，结构复杂的大型工程一般应在 14 天以内，按照约定的具体时间和地点，根据《合同法》等有关规定，依据招标文件、投标文件的要求和中标的条件签订合同。同时，按照招标文件的要求提交履约保证金或履约保函，招标人同时退还中标人的投标保证金。中标人如拒绝在规定的时间内提交履约担保和签订合同，招标人报请招标投标管理机构批准同意后取消其中标资格，并按规定不退还其投标保证金，并考虑在其余投标人中重新确定中标人，与之签订合同，或重新招标。中标人与招标人正式签订合同后，应按要求将合同副本分送有关主管部门备案。

4.3　建设工程开标，评标，定标

4.3.1　开标

第 4 章 开标、评标、定标.avi

1. 开标概述

开标是指在招标投标活动中，由招标人主持、邀请所有投标人和行政监督部门或公证机构人员参加，在预先约定的时间和地点对投标文件当众开启的法定流程。

应当按招标文件规定的时间、地点和程序，以公开方式进行。开标时间与投标截止时间应为同一时间。唱标内容应完整、明确。唱标及记录人员不得将投标内容遗漏不唱或不记。

开标概述.mp4

开标既然是公开进行的，就应当有一定的相关人员参加，这样才能做到公开性，让投标人的投标为各投标人及有关方面所共知。一般情况下，开标由招标人主持；在招标人委托招标代理机构代理招标时，开标也可由该代理机构主持。主持人按照规定的程序负责开标的全过程。其他开标工作人员办理开标作业及制作记录等事项。邀请所有的投标人或其代表出席开标，可以使投标人得以了解开标是否依法进行，有助于投标人相信招标人不会做出不妥当的决定；同时，也可以使投标人了解其他投标人的投标情况，做到知己知彼，

大体衡量一下自己中标的可能性，这对招标人的中标决定也将起到一定的监督作用。此外，为了保证开标的公正性，一般还邀请相关单位的代表参加，如招标项目主管部门的人员，监察部门代表等。有些招标项目，招标人还可以委托公证部门的公证人员对整个开标过程依法进行公证。

2. 开标时间

(1) 开标时间应当在提供给每一个投标人的招标文件中事先确定，以使每一投标人都能事先知道开标的准确时间，以便届时参加，确保开标过程的公开、透明。

(2) 开标时间应与提交投标文件的截止时间相一致。将开标时间规定为提交投标文件截止时间的同一时间，目的是防止招标人或者投标人利用提交投标文件的截止时间以后与开标时间之前的一段时间间隔做手脚，进行暗箱操作。关于开标的具体时间，实践中可能会有两种情况，如果开标地点与接受投标文件的地点相一致，则开标时间与提交投标文件的截止时间应一致；如果开标地点与提交投标文件的地点不一致，则开标时间与提交投标文件的截止时间应有一定合理的间隔。

(3) 开标应当公开进行。所谓公开进行，就是开标活动应当向所有提交投标文件的投标人公开。应当让所有提交投标文件的投标人到场参加开标。通过公开开标，投标人可以发现竞争对手的优势和劣势，可以判断自己中标的可能性大小，以决定下一步应采取什么行动。法律这样规定是为了保护投标人的合法权益。只有公开开标，才能体现和维护公开透明、公平公正的原则。

3. 开标地点

为了使所有投标人都能事先知道开标地点，并能够按时到达，开标地点应当在招标文件中事先确定，以便每一个投标人都能事先为参加开标活动做好充分的准备，如根据情况选择适当的交通工具，并提前做好机票、车票的预订工作，等等。招标人如果确有特殊原因，需要变动开标地点，应按相关规定对招标文件做出修改，作为招标文件的补充文件，书面通知每一个提交投标文件的投标人。

4. 开标程序

(1) 由投标人或者其推选的代表检查投标文件的密封情况，也可以由招标人委托的公证机构检查并公证。投标人数较少时，可由投标人自行检查；投标人数较多时，也可以由投标人推举代表进行检查。招标人也可以根据情况委托公证机构进行检查并公证。所谓公证，是指国家专门设立的公证机构，根据法律的规定和当事人的申请，按照法定的程序证明法律行为、有法律意义的事实和文书的真实性、合法性的非诉讼活动。公证机构是国家专门设立的，依法行使国家公证职权，代表国家办理公证事务，进行公证证明活动的司法证明机构。按照《公证暂行条例》的规定，公证处是国家公证机关。是否需要委托公证机关到场检查并公证，完全由招标人根据具体情况决定。招标人或者其推选的代表或者公证机构经检查发现密封被破坏的投标文件，应当拒收。

(2) 经确认无误的投标文件，由工作人员当众拆封。投标人或者投标人推选的代表或者公证机构对投标文件的密封情况进行检查以后，确认密封情况良好，没有问题，才可以由现场的工作人员在所有在场的人的监督之下进行当众拆封。

（3）宣读投标人名称、投标价格和投标文件的其他主要内容。即拆封以后，现场的工作人员应当高声唱读投标人的名称、每一个投标的投标价格以及投标文件中的其他主要内容。其他主要内容，主要是指投标报价有无折扣或者价格修改等。如果要求或允许报替代方案的话，还应包括替代方案投标的总金额。比如建设工程项目，其他主要内容还应包括：工期、质量、投标保证金等。这样做的目的在于，使全体投标人了解各家投标人的报价和自己在其中的顺序，了解其他投标的基本情况，以充分体现公开开标的透明度。

5. 开标注意事项

招标人在招标文件要求提交投标文件的截止时间前收到的所有投标文件，开标时都应当众予以拆封，不能遗漏，否则就构成对投标人的不公正对待。如果是招标文件所要求的提交投标文件的截止时间以后收到的投标文件，应当拒收。对于截止时间以后收到的投标文件进行开标的话，就有可能造成舞弊行为，出现不公正，这也是一种违法行为。

开标过程应当记录，并存档备查。这是保证开标过程透明和公正，维护投标人利益的必要措施。要求对开标过程进行记录，可以使权益受到侵害的投标人行使要求复查的权利，有利于确保招标人尽可能自我完善，加强管理，少出漏洞。此外，还有助于有关行政主管部门进行检查。开标过程进行记录，要求对开标过程中的重要事项进行记载，包括开标时间、开标地点、开标时具体参加单位、人员，唱标的内容，开标过程是否经过公证等都要记录在案。记录以后，应当作为档案保存起来，以方便查询。任何投标人要求查询，都应允许。对开标过程进行记录、存档备查，是国际上的通行做法。

4.3.2 评标

1. 评标概述

评标概述.mp4

评标应由招标人依法组建的评标委员会负责，即由招标人按照法律的规定，挑选符合条件的人员组成评标委员会，负责对各投标文件的评审工作。对于依法必须进行招标的项目即法定强制招标的项目，评标委员会的组成必须符合相关法律规定；对法定强制招标项目以外的自愿招标项目的评标委员会的组成，招标人可以自行决定。招标人组建的评标委员会应按照招标文件中规定的评标标准和方法进行评标工作，对招标人负责，从投标竞争者中评选出最符合招标文件各项要求的投标者，最大限度地实现招标人的利益。

2. 评标委员会

1）人员组成
评标委员会应由下列人员组成。
（1）招标人的代表。
招标人的代表参加评标委员会，是为了在评标过程中充分表达招标人的意见，与评标委员会的其他成员进行沟通，并对评标的全过程实施必要的监督。
（2）相关技术方面的专家。
由招标项目相关专业的技术专家参加评标委员会，对投标文件所提方案技术上的可行性、合理性、先进性和质量可靠性等技术指标进行评审比较，以确定在技术和质量方面确能满足招标文件要求的投标。

(3) 经济方面的专家。

由经济方面的专家对投标文件所报的投标价格、投标方案的运营成本、投标人的财务状况等投标文件的商务条款进行评审比较，以确定在经济上对招标人最有利的投标。

(4) 其他方面的专家。

根据招标项目的不同情况，招标人还可聘请除技术专家和经济专家以外的其他方面的专家参加评标委员会。比如，对一些大型的或国际性的招标采购项目，还可聘请法律方面的专家参加评标委员会，以对投标文件的合法性进行审查把关。

2) 成员人数

评标委员会成员人数须为 5 人以上单数。评标委员会成员人数过少，不利于集思广益，从经济、技术各方面对投标文件进行全面的分析比较，以保证评审结论的科学性、合理性。当然，评标委员会成员人数也不宜过多，否则会影响评审工作效率，增加评审费用。要求评审委员会成员人数须为单数，以便于在各成员评审意见不一致时，可按照多数通过的原则产生评标委员会的评审结论，推荐中标候选人或直接确定中标人。

3) 专家人数

评标委员会成员中，有关技术、经济等方面的专家人数不得少于成员总数的 2/3，以保证各方面专家的人数在评标委员会成员中占绝对多数，充分发挥专家在评标活动中的权威作用，保证评审结论的科学性、合理性。

4) 专家条件

参加评标委员会的专家应当同时具备以下条件。

(1) 从事相关领域工作满 8 年；

(2) 具有高级职称或者具有同等专业水平。

具有高级职称，即具有经国家规定的职称评定机构评定，取得高级职称证书的职称。包括高级工程师，高级经济师，高级会计师，正、副教授，正、副研究员等。对于某些专业水平已达到与本专业具有高级职称的人员相当的水平，有丰富的实践经验，但因某些原因尚未取得高级职称的专家，也可聘请作为评标委员会成员。

3. 评标保密规定

与投标人有利害关系的人不得进入相关项目的评标委员会。与投标人有利害关系的人，包括投标人的亲属、与投标人有隶属关系的人员或者中标结果的确定涉及其利益的其他人员，不能进入相关项目的评标委员会；与投标人有利害关系的人已经进入评标委员会的，经审查发现后，应当按照法律规定更换，评标委员会的成员自己也应当主动退出。

评标委员会成员的名单在中标结果确定前应当保密，以防止有些投标人对评标委员会成员采取行贿等手段，以谋取中标。

4. 评标原则

(1) 公平、公正。

(2) 依法评标。

(3) 严格按照招标文件评标：只要招标文件未违反现行的法律、法规和规章，没有前后矛盾的规定，就应严格按照招标文件及其附件、修改纪要、答疑纪要进行评审。

(4) 合理、科学、择优。

(5) 对未提供证明资料的评审原则：凡投标人未提供的证明材料(包括资质证书、业绩证明、职业资格证书等)，若属于招标文件强制性要求的，评委均不予确认，应否决其投标；若属于分值评审法或价分比法的评审因素，则不计分，投标人不得进行补正。

(6) 做有利于投标人的评审：若招标文件表述不够明确，应做出对投标人有利的评审，但这种评审结论不应导致对招标人具有明显因果关系的损害。

(7) 反不正当竞争：评审中应严防串标、挂靠围标等不正当竞争行为。若无法当场确认，那么事后可向监管部门报告。

(8) 记名表决：一旦评审出现分歧，则应采用少数服从多数的表决方式，表决时必须署名，但应保密，即不应让投标人知道谁投赞成票、谁投反对票。

(9) 保密原则：评委必须对投标文件的内容、评审的讨论细节进行保密。

5. 评标方法

按照定标所采用的排序依据，可以分为四类，即分值评审法(以分值排序，包括综合评分法、性价比法)、价格评审法(以价格排序，包括最低评标价法、最低投标价法、价分比法等)、综合评议法(以总体优劣排序)、分步评审法(先以技术分和商务分为衡量标准确定入围的投标人，再以他们的报价排序)。

1) 综合评分法

综合评分法是指在满足招标文件实质性要求的条件下，依据招标文件中规定的各项因素进行综合评审，以评审总得分最高的投标人作为中标(候选)人的评标方法。

2) 性价比法

性价比法是指在满足招标文件实质性要求的条件下，依据招标文件中规定的除价格以外的各项因素进行综合评审，以所得总分除以该投标人的投标报价，所得商数(评标总得分)最高的投标人为中标(候选)人的评标方法。

3) 价分比法

价分比法是指在满足招标文件实质性要求的条件下，依据招标文件中规定的除价格以外的各项因素进行综合评审，以该投标人的投标报价除以所得总分，所得商数(评标价)最低的投标人为中标(候选)人的评标方法。

4) 综合评议法

综合评议法是指在满足招标文件实质性要求的条件下，评委依据招标文件规定的评审因素进行定性评议，从而确定中标(候选)人的评审方法。

5) 最低投标价法

最低投标价法是指在满足招标文件实质性要求的条件下，以投标报价最低的投标人作为中标(候选)人的评审方法。

6) 经评审的最低投标价法

经评审的最低投标价法是指在满足招标文件实质性要求的条件下，评委对投标报价以外的价值因素进行量化并折算成相应的价格，再与报价合并计算得到折算投标价，从中确定折算投标价最低的投标人作为中标(候选)人的评审方法。

7)　最低评标价法

最低评标价法是指在满足招标文件实质性要求的条件下，评委对投标报价以外的商务因素、技术因素进行量化并折算成相应的价格，再与报价合并计算得到评标价，从中确定评标价最低的投标人作为中标(候选)人的评审方法。

8)　设备运行年限评标法

设备运行年限评标法是指在满足招标文件实质性要求的条件下，在最低评标价法的基础上考虑运行的年限及其运行与维护费用和贴现率。

9)　固定低价评标法

固定低价评标法是指投标人的报价必须等于招标人发布的合理低价，当投标文件满足招标文件的其他实质性要求时，就进入随机抽取中标人环节的评标方式。

10)　组合低价评标法

组合低价评标法是组合低价标底法(也称经抽取系数的低价投标价法)中特有的评标方法。该方法基于预先公布的成本预测价，通过开标后系数、权数的随机抽取，计算出组合低价，以组合低价至其向上浮动至某一点的区间作为合理低价区间，最后，对报价属于合理低价区间的投标人进行随机抽取，从而确定中标人。

4.3.3　定标

定标相关知识.mp4

1．定标途径

(1)　依据评分、评议结果或评审价格直接产生中标(候选)人；

(2)　经评审合格后以随机抽取的方式产生中标(候选)人，如固定低价评标法、组合低价评标法。

2．定标模式

(1)　经授权，由评标委员会直接确定中标人；

(2)　未经授权，评标委员会向招标人推荐中标候选人。

3．定标方法

评标委员会推荐的中标候选人为一至三人，须有排列顺序。对于法定采购项目，招标人应确定排名第一的中标候选人为中标人。若第一中标候选人放弃中标，或因不可抗力提出不能履行合同，或招标文件规定应提交履约保证金而未在规定期限内提交的，招标人可以确定第二中标候选人为中标人。第二中标候选人因前述同样原因不能签订合同的，招标人可以确定第三中标候选人为中标人。

无论采用何种定标途径、定标模式、评标方法，对于法定采购项目(依据《政府采购法》或《招标投标法》及其配套法规、规章规定必须招标采购的项目)，招标人都不得在评标委员会依法推荐的中标候选人之外确定中标人，也不得在所有投标被评标委员会否决后自行确定中标人，否则中标无效，招标人还会受到相应处理。对于非法定采购项目，若采用公开招标或邀请招标，那么招标人如果在评标委员会依法推荐的中标候选人之外确定中标人的，也将承担法律责任。

4.4　案　例　分　析

4.4.1　案例 1——招标程序

【例 1】　某建设单位投资建设一住宅楼项目，工程采用公开招标的方式确定承包商。业主委托具有相应招标代理和造价咨询资质的机构编制了招标文件，并向当地的建设行政主管部门提出了招标申请。得到批准后，建设单位依照有关招标投标程序进行公开招标。

由于该工程设计上比较复杂，招标文件中规定参加投标单位的要求是不低于二级资质，并且要求投标保证金的有效期应当超出投标有效期 20 天。参加此次投标的五家单位中 A、B、D 单位为二级资质，C 单位为三级资质，E 单位为一级资质，而 C 单位的法定代表人是建设单位某主要领导的亲戚，建设单位招标工作小组在资格预审时出现了分歧，正在犹豫不决时，C 单位准备组成联合体投标，经 C 单位法定代表人的私下活动，建设单位同意让 C 与 A 联合承包工程，并明确向 A 暗示，如果不接受这个投标方案，则该工程的中标将授予 B 单位。A 单位为了中标，同意了与 C 组成联合体承包该工程。于是 A 和 C 联合投标获得成功，与建设单位签订了合同，A 与 C 也签订了联合承包工程的协议。

问题：

1. 简述公开招标的基本程序。

2. 在上述招标过程中，该项目建设单位的行为是否合法？为什么？

3. A 和 C 组成联合体投标是否有效？为什么？

解：问题 1

公开招标的基本程序为：提出招标申请→由建设单位组成符合招标要求的招标班子→编制招标文件和标底→发布招标公告→投标单位报名申请投标→对投标单位进行资格预审→向合格的投标单位发招标文件及设计图纸→组织标前会议→踏勘现场，并对招标文件答疑→接受投标文件→召开开标会议→组织评标，决定中标单位→发出中标通知书→签订合同。

问题 2

该项目建设单位的行为不合法。首先一般项目的投标有效期为 60～90 天，大型项目的投标有效期为 120 天左右，投标保证金的有效期应当与投标有效期保持一致。另外作为建设单位，为了照顾某些个人关系，指使 A 和 C 强行联合，并最终排除了 BDE 可能中标的机会，构成了不正当竞争，违反了《招标投标法》中关于不得强制投标人组成联合体共同投标，不得限制投标人之间的竞争的强制性规定。

问题 3

A 和 C 组成的投标联合体无效。根据联合体各方应符合相应资格条件，按照资质等级较低的单位资质作为联合体资质等级的规定，A 和 C 组成的联合体的资质等级应为三级，不符合招标文件对投标人资质等级的要求，所以是无效的。

4.4.2 案例2——工程评标

【例2】 某大型工程，由于技术难度大，对施工单位的施工设备和同类工程施工经验要求高，而且对工期的要求也比较紧迫。业主在对有关单位和在建工程考察的基础上，仅邀请了3家国有一级施工企业参加投标，并预先与咨询单位和该3家施工单位共同研究确定了施工方案。业主要求投标单位将技术标和商务标分别装订报送。经招标领导小组研究确定的评标规定如下。

1. 技术标共30分，其中施工方案10分(因已确定施工方案，各投标单位均得10分)、施工总工期10分、工程质量10分。满足业主总工期要求(36个月)者得4分，每提前1个月加1分，不满足者不得分；业主希望该工程今后能被评为省优工程，自报工程质量合格者得4分，承诺将该工程建成省优工程者得6分(若该工程未被评为省优工程将扣罚合同价的2%，该款项在竣工结算时暂不支付给承包商)，近三年内获鲁班工程奖每项加2分，获省优工程奖每项加1分。

2. 商务标共70分。报价不超过标底(35500万元)的±5%者为有效标，超过者为废标。报价为标底的98%者得满分(70分)，在此基础上，报价比标底每下降1%，扣1分，每上升1%，扣2分(计分按四舍五入取整)。各投标单位的有关情况见表4-1。

表4-1 各投标单位相关情况表

投标单位	报价(万元)	总工期(月)	自报工程质量	鲁班工程奖	省优工程奖
A	35642	33	优良	1	1
B	34364	31	优良	0	2
C	33867	32	合格	0	1

问题：

1. 该工程采用邀请招标方式且仅邀请3家施工单位投标，是否违反有关规定？为什么？

2. 请按综合得分最高者中标的原则确定中标单位。

3. 若改变该工程评标的有关规定，将技术标增加到40分，其中施工方案20分(各投标单位均得20分)，商务标减少为60分，是否会影响评标结果？为什么？若影响，应由哪家施工单位中标？

解： 问题1

不违反(或符合)有关规定。因为根据有关规定，对于技术复杂的工程，允许采用邀请招标方式，邀请参加投标的单位不得少于3家。

问题2

(1) 计算各投标单位的技术标得分，见表4-2。

表4-2 各投标单位技术标得分表

投标单位	施工方案	总 工 期	工程质量	合 计
A	10	4+(36-33)×1=7	6+2+1=9	26
B	10	4+(36-31)×1=9	6+1×2=8	27
C	10	4+(36-32)×1=8	4+1=5	23

(2)　计算各投标单位的商务标得分，见表 4-3。

表 4-3　各投标单位商务标得分表

投标单位	报价(万元)	报价与标底的比例(%)	扣　分	得　分
A	35642	35642/35500=100.4	(100.4-98)×2≈5	70-5=65
B	34364	34364/35500=96.8	(98-96.8)×1≈1	70-1=69
C	33867	33867/35500=95.4	(98-95.4)×1≈3	70-3=67

(3)　计算各投标单位的综合得分，见表 4-4。

表 4-4　各投标单位的综合得分表

投标单位	技术标得分	商务标得分	综合扣分
A	26	65	91
B	27	69	96
C	23	67	90

因为 B 公司综合得分最高，故应选择 B 公司为中标单位。

问题 3

这样改变评标办法不会影响评标结果，因为各投标单位的技术标得分均增加 10 分(20～10)，而商务标得分均减少 10 分(70～60)，综合得分不变。

4.4.3　案例 3——不平衡报价

【例 3】　某大学教学楼在招标文件合同条款中规定：预付款数额为合同价的 30%，开工后 1 天内支付，当第二阶段上部结构工程完成一半时付清基础工程和上部结构两个阶段的工程款且一次性全额扣回预付款项，第三阶段工程款按季度支付。

某符合资质的总承包单位决定投标，经造价工程师估算总价为 9000 万元，总工期为 24 个月。其中：第一阶段基础工程造价为 1200 万元，工期为 6 个月；第二阶段上部结构工程估价为 4800 万元，工期为 12 个月；第三阶段装饰和安装工程估价为 3000 万元，工期为 6 个月。承包单位为了既不影响中标又能在中标后取得较好的收益，决定采用不平衡报价法对造价工程师的原估价做出适当调整，基础工程估价调整为 1300 万元，结构工程估价调整为 5000 万元，装饰和安装工程估价调整为 2700 万元。并向业主提出调整意见：建议业主方将支付条件改为预付款为合同价的 25%，工程款仍按季支付，其余条款不变。

当地政策为：年期的存款利率为 3%。1 年期的 1 元复利现值系数为 0.970；2 年期的 1 元复利现值系数为 0.942。

问题：

1. 简述不平衡报价法适用的情况。

2. 该承包商所运用的不平衡报价法是否恰当？为什么？

解：问题1

(1) 能够早日结算的项目(如前期措施费、基础工程、土石方工程等)可以适当提高报价，以利资金周转，提高资金时间价值。后期工程项目(如设备安装、装饰工程等)的报价可适当降低。

(2) 经过工程量核算，预计今后工程量会增加的项目，适当提高单价，这样在最终结算时会多盈利；而对于将来工程量可能会减少的项目，适当降低单价，这样在工程结算时不会有太大的损失。

(3) 设计图纸不明确，估计在修改后工程量会增加的项目，可以提高单价；而工程内容说明不清楚的，则可降低一些单价，在工程实施阶段通过索赔再寻求提高单价的机会。

(4) 对暂定项目要做具体分析。因这一类项目要在开工后由建设单位研究决定是否实施，以及由哪一家承包单位实施。如果工程不分标，不会由另一家承包单位施工，那么其中肯定要施工的单价可报高些，不一定要施工的可报低些。如果工程分标，该暂定项目也可能由其他承包单位施工时，则不宜报高价，以免抬高总报价。

(5) 单价与包干混合制合同中，招标人有些项目采用包干报价时，宜报高价。

(6) 有时招标文件要求投标人对工程量大的项目报"综合单价分析表"，投标时可将单价分析表中的人工费及机械设备费报高些，而材料费报低一些。

问题2

该工程运用不平衡报价法恰当。因为该承包商是将属于前期工程的基础工程和主体结构工程的报价调高，而将属于后期工程的装饰和安装工程的报价调低，这样可以在施工的早期收到较多的工程款，从而提高承包商所得工程款的现值达到30多万元；而且，这三类工程单价的调整幅度均在±10%以内，属于合理调整范围。

计算论证：

1. 计算调整额与调整幅度

(1) 调整额：

基础工程调增额=1300-1200=100(万元)

上部结构调增额=5000-4800=200(万元)

装饰工程调减额=2700-3000=-300(万元)

(2) 调整幅度：

基础工程调增幅度=100/1200×100%=8.33

上部结构调增幅度=200/4800×100%=4.17%

装饰工程调减幅度=-300/3000×100%=-10%

2. 原合同条件下的账款信息

(1) 预付款=9000×30%=2700(万元)

(2) 一年以后付款=(1200+4800)-2700=3300(万元)

(3) 最后的尾款=3000万元(按两季支付，每季末付1500万元)

(4) 原合同工程款的现值=2700+3300×0.970+1500×0.942/12×9+1500×0.970
＝2700+3201+1059.75+1413=8373.75(万元)

(5) 当上部结构完成一半时已收回静态资金的比重=(2700+3300)/9000×100%=67%

当上部结构完成一半时已收回动态资金的比重=(2700+3201)/9000×100%=66%

3. 修改合同后的账款信息

(1) 预付款=9000×25%=2250(万元)

(2) 一年后付款=1300+5000-2250=4050(万元)

(3) 尾款=2700万元(按两季支付，每季末付1500万元)

(4) 修改合同的工程款现值=2250+4050×0.970+1350×0.942/12×9+1350×0.942=2250+3928.5+953.775+1271.7=8403.975(万元)

(5) 当上部结构完成一半时已收回静态资金比重=(2250+4050)/9000×100%=70%

当上部结构完成一半时已收回动态资金比重=(2250+3928.5)/9000×100%=69%

4. 比较分析

(1) 调整后净增加的现值=8403.975-8373.75=30.225(万元)

(2) 收回工程款的比重。

① 从静态上看，调整后为70%，比未调整前的67%增加了3个百分点；

② 从动态上看，调整后为69%，比未调整前的66%也增加了3个百分点；

计算证明调整策略是正确的，因为能够增加货币增值率。

4.4.4　案例4——投标报价的策略及招标程序

招投标 2.avi

【例 4】 某工程项目，建设单位通过招标选择了一家具有相应资质的监理单位中标，并在中标通知书发出后与该监理单位签订了监理合同，后双方又签订了一份监理酬金比中标价降低 8%的协议。在施工公开招标中，有A、B、C、D、E、F、G、H等施工企业报名投标，经资格预审均符合资格预审文件的要求，但建设单位以A施工企业是外地企业为由，坚持不同意其参加投标。

问题:

1. 建设单位与监理单位签订的监理合同有何违法行为，应当如何处罚？

2. 外地施工企业是否有资格参加本工程项目的投标，建设单位的违法行为应如何处罚？

解: 问题1

《招标投标法》规定:"招标人和中标人应当按照招标文件和中标人的投标文件订立书面合同。招标人和中标人不得再行订立背离合同实质性内容的其他协议。" 《招标投标法实施条例》又做了进一步规定:"招标人和中标人应当依照招标投标法和本条例的规定签订书面合同，合同的标的、价款、质量、履行期限等主要条款应当与招标文件和中标人的投标文件的内容一致。招标人和中标人不得再行订立背离合同实质性内容的其他协议。"

本案中的建设单位与监理单位签订监理合同之后，又签订了一份监理酬金比中标价降低 8%的协议，属再行订立背离合同实质性内容其他协议的违法行为。对此，应当依据《招标投标法》关于"招标人与中标人不按照招标文件和中标人的投标文件订立合同的，或者招标人、中标人订立背离合同实质性内容协议的，责令改正；可以处中标项目金额 5%以上10%以下的罚款"的规定，予以相应的处罚。

问题 2

《招标投标法》规定:"依法必须进行招标的项目,其招标投标活动不受地区或者部门的限制。任何单位和个人不得违法限制或者排斥本地区、本系统以外的法人或者其他组织参加投标,不得以任何方式非法干涉招标投标活动。"本案中的建设单位以 A 施工企业是外地企业为由,不同意其参加投标,是一种限制或者排斥本地区以外法人参加投标的违法行为。A 施工企业经资格预审符合资格预审公告的要求,是有资格参加本工程项目投标的。对此,《招标投标法》规定:"招标人以不合理的条件限制或者排斥潜在投标人的,对潜在投标人实行歧视待遇的,强制要求投标人组成联合体共同投标的,或者限制投标人之间竞争的,责令改正,可以处 1 万元以上 5 万元以下的罚款。"

4.4.5 案例 5——标书的有效性

【例 5】 某大型工程,由于技术特别复杂,对施工单位的施工设备及同类工程的施工经验要求较高,经省有关部门批准后决定采取邀请招标方式。招标人于 2014 年 3 月 8 日向通过资格预审的 A、B、C、D、E 五家施工承包企业发出了投标邀请书,五家企业接受了邀请并于规定时间内购买了招标文件,招标文件规定:2014 年 4 月 20 日下午 4 时为投标截止时间,2014 年 5 月 10 日发出中标通知书。

在 2014 年 4 月 20 日上午 A、B、D、E 四家企业提交了投标文件,但 C 企业于 2014 年 4 月 20 日下午 5 时才送达。2014 年 4 月 23 日由当地招标监督办公室主持了公开开标。

评标委员会共有 7 人,其中当地招标监督办公室 1 人,公证处 1 人,招标人 1 人,技术、经济专家 4 人。评标时发现 B 企业投标文件有项目经理签字并盖了公章,但无法定代表人签字和授权委托书;D 企业投标报价的大写金额与小写金额不一致;E 企业对某分项工程报价有漏项。招标人于 2014 年 5 月 10 日向 A 企业发出了中标通知书,双方于 2014 年 6 月 12 日签订了书面合同。

问题:

1. 该项目采取的招标方式是否妥当?说明理由。

2. 分别指出对 B 企业、C 企业、D 企业和 E 企业的投标文件应如何处理?并说明理由。

3. 指出评标委员会人员组成的不妥之处。

4. 指出招标人与中标企业 6 月 12 日签订合同是否妥当,并说明理由。

解: 问题 1

妥当。因为该项目技术特别复杂,对施工单位的施工设备及同类工程的施工经验要求较高,不适合采用公开招标,且经省有关部门批准,可以采用邀请招标的形式。

问题 2

B 企业的投标文件,作废标处理,因为无法定代表人的签字和授权委托书,项目经理的签字没有法律效力。C 企业的投标文件,作废标处理,因为属于逾期送达的投标文件。D 企业的投标文件进行修正后作为有效标,以大写金额为准。E 企业的投标文件进行处理后作为有效标,分项工程报价漏项,应视为已报入其他的分项工程中。

问题 3

不妥之处：①当地招标监督办公室 1 人，公证处 1 人不妥，评标委员会中只应有招标人代表与技术、经济方面的专家。

②技术、经济方面的专家 4 人不妥，不够 2/3 的比例。

问题 4

6 月 12 日签订合同不妥，因为超过发出中标通知书之日 30 天。

4.4.6　案例 6——招标与评标

【例 6】　某市政工程项目由政府投资建设，建设单位委托某招标代理公司代理施工招标。招标代理公司确定该项目采用公开招标方式招标，招标公告仅在当地政府规定的招标信息网上发布，招标文件对省内的投标人与省外的投标人提出了不同的要求。招标文件中规定：投标担保可采用投标保证金或投标保函方式担保。评标方法采用经评审的最低投标价法，投标有效期为 60 天。

项目施工招标信息发布以后，共有 12 个潜在投标人报名参加投标。为减少评标工作量，建设单位要求招标代理公司对潜在投标人的资质条件、业绩进行资格审查，最后确定 6 家为投标人。

开标后发现：A 投标人的投标报价为 8000 万元，为最低投标价。B 投标人在开标后又提交了一份补充说明，可以降价 5%。C 投标人提交的银行投标保函有效期为 50 天。D 投标人投标文件的投标函中盖有企业及企业法定代表人的印章，没有项目负责人的印章。E 投标人与其他投标人组成了联合体投标，附有各方资质证书，没有联合体共同投标协议书。F 投标人的投标报价最高，故 F 投标人在开标后第二天撤回其投标文件。

经过标书评审：A 投标人被确定为第一中标候选人。发出中标通知书后，招标人和 A 投标人进行合同谈判，希望 A 投标人能再压缩工期、降低费用。经谈判后双方达成一致：不压缩工期，降价 3%。

问题：

1. 本工程项目招标公告和招标文件有无不妥之处？给出正确做法。

2. 建设单位要求招标代理公司对潜在投标人进行资格审查是否正确？为什么？

3. A、B、C、D、E、F 投标人投标文件是否有效？F 投标人撤回投标文件的行为应如何处理？

4. 项目施工合同如何签订？合同价格应为多少？

解：问题 1

"招标公告仅在当地政府规定的招标信息网上发布"不妥，公开招标项目的招标公告，必须在指定媒介发布，任何单位和个人不得非法限制招标公告的发布地点和发布范围。

"对省内的投标人与省外的投标人提出了不同的要求"不妥，公开招标应当平等地对待所有的投标人，不允许对不同的投标人提出不同的要求。

问题 2

"建设单位提出的仅对潜在投标人的资质条件、业绩进行资格审查"不全面。资质审查的内容还应包括：①信誉；②技术；③拟投入人员；④拟投入机械；⑤财务状况等。

问题3

①　A 投标人的投标文件有效。

②　B 投标人的投标文件(或原投标文件)有效，但补充说明无效，因开标后投标人不能变更(或更改)投标文件的实质性内容。

③　C 投标人投标文件无效，因投标保函有效期小于投标有效期。

④　D 投标人投标文件有效。

⑤　E 投标人投标文件无效。因为组成联合体投标的，投标文件应附联合体各方共同投标协议。

⑥　F 投标人的投标文件有效。

对 F 单位撤回投标文件的要求，应当没收其投标保证金。因为投标行为是一种要约，所以，在投标有效期内撤回其投标文件的，应当视为违约行为。

问题4

该项目应自中标通知书发出后 30 天内按招标文件和 A 投标人的投标文件签订书面合同，双方不得再签订背离合同实质性内容的其他协议。合同价格应为 8000 万元。

本 章 小 结

通过本章的学习，学生主要了解建设工程招标概述、招标准备及招标程序；了解建设工程投标概述、投标准备及投标程序；掌握工程开标的时间、地点、程序及注意事项；掌握评标委员会的组成、评标方法及原则；掌握定标途径、模式及方法。为以后的学习和工作打下坚实的基础。

实 训 练 习

一、单选题

1. 关于投标单位制作标书阶段的做法不妥的是(　　)。

　　A. 对招标文件进行认真透彻的分析研究

　　B. 对工程量清单内所列工程量进行详细审核

　　C. 对施工图进行仔细的理解

　　D. 认真对待招标单位答疑会

2. 建设工程招标是指招标人在发包建设项目之前，(　　)，根据招标人的意图和要求提出报价，择日当场开标，以便从中择优选定中标人的一种经济活动。

　　A. 公开招标　　　　　　　　　　　B. 邀请投标

　　C. 邀请议标　　　　　　　　　　　D. 公开招标和邀请投标

3. 关于施工招标的范围，下列说法正确的是(　　)。

　　A. 可以是单位工程的分部、分项工程招标

    B. 只能是单项工程招标

    C. 可以是全部工程、单位工程、特殊专业工程招标

    D. 只能是单位工程招标

4. 工程施工招标的标底可由(　　)编制。

    A. 招标单位　　　　B. 施工单位　　　C. 招标管理机构　　　D. 定额管理单位

5. 设备、材料采购可通过邀请招标方式选定设备、材料供应商，这种方式一般适用于(　　)。

    A. 采购额在 100 万美元以上

    B. 合同金额小，工程地点分散且施工时间拖得很长

    C. 不宜进行公开采购的事项

    D. 现货采购或价值较小的标准规格产品

6. 投标单位在投标报价中，对工程量清单中的每一单项均需计算填写单价和合价，在开标后，发现投标单位没有填写单价和合价项目的，应(　　)。

    A. 允许投标单位补充填写

    B. 视为废标

    C. 退回投标书

    D. 认为此项费用已包括在工程量清单的其他单价和合价中

7. 采用百分法对各投标单位的标书进行评分，(　　)的投标单位为中标单位。

    A. 总得分最低　　B. 总得分最高　　C. 投标价最低　　　D. 投标价最高

8. 建设项目总承包招投标是指(　　)的招投标。

    A. 从项目建议书开始，到竣工投产、交付使用

    B. 从可行性研究开始，到竣工投产

    C. 从破土动工开始，到竣工投产

    D. 从破土动工开始，到竣工验收

9. 不属于施工投标文件内容的是(　　)。

    A. 投标函　　　　　　　　　　　B. 投标报价

    C. 拟签订合同的主要条款　　　　　D. 施工方案

10. 评标活动应遵循(　　)原则。

    A. 竞争优先

    B. 公平、公正、科学择优

    C. 质量好、信誉高、价格合理、工期适当、施工方案先进可行

    D. 规范性与灵活性相结合

11. 中标通知书发出(　　)内，中标单位应与建设单位依据招标文件、投标书等签订工程施工合同。

    A. 15 天　　　　　　B. 20 天　　　　　　C. 25 天　　　　　　D. 30 天

12. 公开招标与邀请招标的招标程序上的主要差异表现为(　　)。

    A. 是否解答投标单位的答疑　　　　B. 是否组织现场考察

    C. 是否公开开标　　　　　　　　　D. 是否进行资格预审

13. 招标方式有(　　)。

　　A. 邀请招标　　　　　B. 议标招标　　　C. 秘密招标　　　　D. 半公开招标

二、多选题

1. 计划招标的项目在招标之前需向政府主管机构提交招标申请书。招标申请书的主要内容包括(　　)等。

　　A. 招标单位的资质　　　B. 招标工程具备的条件　　　C. 招标工程设计文件
　　D. 拟采用的招标方式　　　E. 对投标人的要求

2. 招标文件应当包括(　　)等所有实质性要求和条件以及拟签订合同的主要条款。

　　A. 招标工程的报批文　　　　　　B. 招标项目的技术要求
　　C. 对投标人资格审查的标准　　　D. 投标报价要求　　　E. 评标标准

3. 投标邀请书的内容应载明(　　)等事项。

　　A. 招标项目的性质、数量　　　　B. 招标人的名称和地址
　　C. 招标项目的实施地点和时间　　D. 取招标文件的办法　　E. 招标人的资质证明

4. 投标人在去现场踏勘之前,应先仔细研究招标文件有关概念的含义和各项要求,特别是招标文件中的(　　)。

　　A. 工作范围　　　　　B. 专用条款　　　　　　C. 工程地质报告
　　D. 设计图纸　　　　　E. 设计说明

5. 我国招标投标法规定,开标时由(　　)检查投标文件密封情况,确认无误后当众拆封。

　　A. 招标人　　　　　　　　　　B. 投标人或投标人推选的代表
　　C. 评标委员会　　　　　　　　D. 地方政府相关行政主管部门
　　E. 公证机构

6. 《房屋建筑和市政基础设施工程施工招标投标管理办法》中规定的无效投标文件包括(　　)。

　　A. 投标文件未按照招标文件的要求予以密封的
　　B. 投标文件的关键内容字迹潦草,但可以辨认的
　　C. 投标人未提供投标保函或者投标保证金的
　　D. 投标文件中的投标函中盖有投标人的企业印章,未盖企业法定代表人印章的
　　E. 投标文件中的投标函中盖有投标人的企业印章和企业法定代表人委托人印章的

7. 《工程建设项目施工招标投标管理办法》中规定的无效投标文件包括(　　)。

　　A. 未按规定的格式填写
　　B. 在一份投标文件中对同一招标项目报有多个报价的
　　C. 投标人名称与资格预审时不一致的
　　D. 无法定代表人盖章,只有单位盖章和法定代表人授权的代理人签字的
　　E. 无单位盖章的

8. 评标委员会负责人可以由(　　)。

　　A. 政府指定　　　B. 评标委员会成员推举产生　　　C. 投标人推举产生
　　D. 招标人确定　　　E. 中介机构推荐

9. 《评标委员会和评标方法暂行规定》中规定的废标包括(　　)。

    A. 以虚假方式谋取中标　　　　　B. 提供了不完整的技术信息

    C. 拒不对投标文件澄清和说明　　D. 拒不对投标文件改正

    E. 未能在实质上响应的投标

10. 投标文件包括的内容有(　　)。

    A. 投标函　　　　　B. 投标邀请书　　　　　C. 投标报价

    D. 施工组织设计　　E. 投标须知

11. 招标活动的基本原则有(　　)。

    A. 公开原则　　　　　B. 公平原则　　　　　C. 平等互利原则

    D. 公正原则　　　　　E. 诚实信用原则

12. 下列关于评标委员会的叙述，符合《招标投标法》有关规定的有(　　)。

    A. 评标由招标人依法组建的评标委员会负责

    B. 评标委员会由招标人的代表和有关技术、经济等方面的专家组成，成员人数为五人以上单数

    C. 评标委员会由招标人的代表和有关技术、经济等方面的专家组成，其中技术、经济等方面的专家不得少于成员总数的 1/2

    D. 与投标人有利害关系的人不得进入相关项目的评标委员会

    E. 评标委员会成员的名单在中标结果确定前应当保密

13. 开标会议上应宣布投标书为废标的情况包括(　　)。

    A. 未密封递送的标书

    B. 投标工期长于招标文件中要求工期的标书

    C. 关键内容字迹无法辨认的标书

    D. 没有委托代理人印章的标书

    E. 投标截止时间以后送达的标书

14. 采用邀请招标方式选择施工承包商时，业主在招标阶段的工作包括(　　)。

    A. 发布招标广告　　　　　B. 发出投标邀请函

    C. 进行资格预审　　　　　D. 组织现场考察

    E. 召开标前答疑会

三、简答题

    1. 简述建设工程招标的程序。

    2. 简述投标文件的组成。

    3. 简述定标的方法。

实训工作单一

班级		姓名		日期	
教学项目	建设工程施工招标投标				
任务	掌握建设工程招标流程		要求	1. 编制招标文件 2. 掌握招标程序	
相关知识			建设工程施工招标投标		
其他要求					
招标投标文件编制过程记录					
评语				指导教师	

实训工作单二

班级		姓名		日期	
教学项目	建设工程施工招标投标				
任务	掌握建设工程投标知识		案例类型	1. 投标报价的策略 2. 不平衡报价	
相关知识			建设工程施工招标投标		
其他要求					
案例分析过程记录					
评语				指导教师	

实训工作单三

班级		姓名		日期	
教学项目	建设工程施工招标投标				
任务	掌握建设工程评标		案例类型	1. 标书的有效性 2. 招标与评标	
相关知识			建设工程施工招标投标		
其他要求					

案例分析过程记录

评语			指导教师	

第5章　建设工程合同管理与索赔　05

【学习目标】

- 了解建设工程合同概述与分类。
- 了解合同价款的调整范围和工程价款的变更方法。
- 掌握工程量的计算、工程款支付。
- 掌握合同中不可抗力事件、合同争议处理方法及缺陷责任期。
- 了解工程索赔基本知识及索赔原因和程序。
- 掌握反索赔和施工索赔计算及施工中的其他项目费。

第5章 学习目标.mp4

【教学要求】

本章要点	掌握层次	相关知识点
建设工程合同	了解建设工程合同概述、分类	合同的定义、作用、内容
合同价款的调整范围和工程价款的变更方法	1. 了解合同价款的调整范围 2. 工程价款的变更方法	合同价款的调整范围、工程变更价款
工程量的计算、工程款支付计算	1. 掌握工程量的组成和计算方法 2. 掌握工程款支付计算	工程量的计算、工程款支付计算
合同中不可抗力事件、合同争议处理方法及缺陷责任期	1. 熟悉合同中不可抗力事件及事件发生后的索赔 2. 了解合同争议处理方法及缺陷责任期	合同中不可抗力事件、合同争议处理方法及缺陷责任期
索赔概述、原因及程序和索赔计算	1. 了解工程索赔概述、原因及程序 2. 掌握索赔计算方法	工程索赔
反索赔及其他项目费	了解反索赔及其他项目费	反索赔

第5章　建设工程管理与索赔.pdf

【项目案例导入】

某施工单位与建设单位签订了工程项目施工承包合同，合同工期246天。

在施工过程中出现了以下事件。

(1) 因地质勘探报告不详，出现图纸中未标明的地下障碍物，处理该障碍物导致工作A持续时间延长10天，增加人工费2万元、材料费4万元、机械费3万元。

(2) 基坑开挖时因边坡支撑失稳坍塌，造成工作B持续时间延长15天，增加人工费1万元、材料费1万元、机械费2万元。

(3) 结构施工阶段因建设单位提出工程变更，导致工作E持续时间延长30天，增加施工人工费4万元、材料费6万元、机械费5万元。

(4) 因不可抗力发生导致已施工完毕的工作D持续时间延长15天，增加人工费2万元、材料费4万元、机械费0.5万元；并同时导致施工单位的机械设备损坏和人员伤害，使工作C持续时间延长15天，增加机械修理费0.8万元、伤员医疗费1.5万元、人员窝工补偿费5万元、机械闲置补偿费1万元。

针对上述事件，施工单位按程序提出了工期索赔和费用索赔。

【项目问题导入】

(1) 对于施工过程中发生的事件，分别说明施工单位是否有理由提出工期和(或)费用补偿要求？

(2) 施工单位可以获得的工期补偿是多少天？

5.1　建设工程合同

5.1.1　建设工程合同概述

1. 建设工程合同的定义

建设工程合同是指发包方(建设单位)和承包方(施工单位)为了完成商定的施工工程，明确彼此的权利和义务的协议。依照施工合同，施工单位应完成建设单位交给的施工任务，建设单位应按照规定提供必要条件并支付工程价款。

第5章 建筑工程合同.avi

2. 建设工程施工合同的作用

建设工程施工合同是承包人进行工程建设施工，发包人支付价款的合同；是建设工程的主要合同；同时也是工程建设质量控制、进度控制、投资控制的主要依据。施工合同的当事人是发包方和承包方，双方是平等的民事主体。

建设工程合同的定义.mp4

3. 建设工程施工合同的内容

目前我国的《建设工程施工合同》借鉴了国际上广泛使用的FIDIC土木工程施工合同

条款，由国家建设部、国家工商行政管理局联合发布，主要由《协议书》《通用条款》《专用条款》三部分组成，并附有三个条件：《承包人承揽工程项目一览表》《发包人供应材料设备一览表》《工程质量保证书》。建设工程施工合同的主要内容包括以下几项。

(1) 工程范围。

(2) 建设工期。

(3) 中间交工工程的开工和竣工时间。

一项整体的建设工程，往往由许多的中间工程组成。中间工程的完工时间，影响着后续工程的开工，制约着整个工程的顺利完成。因此在施工合同中需对中间工程的开工和竣工时间做出明确规定。

(4) 工程质量。

(5) 工程造价。

工程造价因采用不同的定额计算方法，会产生巨大的价款差额。在以招标投标方式签订的合同中，应以中标时确定的金额为准；如按初步设计总概算投资包干时，应以经审批的概算投资中与承包内容相应部分的投资(不包括相应的不可预见费)为工程价款；如按施工图预算包干，则应以审查后的施工图总预算或综合预算为准。在建筑安装合同中，能准确确定工程价款的，需予以明确规定。如在合同签订当时尚不能准确计算出工程价款的，尤其是按施工图预算加现场签证和按时结算的工程，在合同中需明确规定工程价款的计算原则，具体约定执行定额、计算标准以及工程价款的审定方式等。

(6) 技术资料交付时间。

工程的技术资料、如勘察、设计资料等，是进行建筑施工的依据和基础，发包方必须将工程的有关技术资料全面、客观、及时地交付给施工方，才能保证工程的顺利进行。

(7) 材料和设备的供应责任。

(8) 拨款和结算。

施工合同中，工程价款的结算方式和付款方式因采用不同的合同形式而有所不同。在一项建筑安装合同中，采用何种方式进行结算，需双方根据具体情况进行协商，并在合同中明确约定。对于工程款的拨付，需根据付款内容由当事人双方确定，具体有以下四项。预付款、工程季度款、竣工结算款、保修和扣留金。

(9) 竣工验收。

对建设工程验收方法、程序和标准，国家制定了相应法律法规予以规范。

(10) 质量保修范围和质量保证期。

施工工程在办理移交手续后，在规定的期限内，因施工、材料等问题造成的工程质量缺陷，要由施工单位负责维修、更换。国家对建筑工程的质量保证期限一般有明确的要求。

(11) 相互协作条款。

施工合同与勘察、设计合同一样，不仅需要当事人各自积极履行义务，还需要当事人相互协作，协助对方履行义务，如在施工过程中及时提交相关技术资料、通报工程情况，在完工时，应及时检查验收等。

因施工单位的问题致使建设工程质量不符合约定的，施工单位应承担以下责任。

① 无偿修理或者返工、改建。承包人根据不合格工程的具体情况，予以修理或返工、

改建，使之达到合同约定的质量要求。承包人修理、返工、改建所支出的费用，均由其自行承担。

②　逾期违约责任。即因承包人的问题使工程质量不合格，虽经承包人修理、返工、改建后，达到合同约定的质量标准，但因修理、返工、改建导致工期逾期交付的，与一般的履行迟延相同，承包人应当承担延期履行的违约责任，赔偿发包人因此而遭受的损失。

5.1.2　建设工程合同分类

建设工程合同
分类.mp4

1. 按承揽方式分类

(1)　工程总承包合同：是指由发包人与承包人之间签订的包括工程建设全过程的合同。

(2)　工程分包合同：是指总承包人将中标工程项目的某部分工程或某单项工程分包给另一分包人完成所签订的合同，总承包人对外分包的工程项目必须是发包人在招标文件合同条款中规定允许分包的部分。

(3)　转包合同：是指承包人之间签订的转包合同，实际上是一种承包权的转让，即中标单位将与发包人签订的合同所规定的权利、义务和风险转由其他承包人来承担。

(4)　劳务分包合同：通常称为清工合同，即在工程施工过程中，劳务提供方保证提供完成工程项目所需的全部施工人员和管理人员，不承担劳务项目以外的其他任何风险。

(5)　劳务合同：是发包人、总承包人或分包与劳动提供方就雇佣劳务参与施工活动所签订的协议。

(6)　联合承包合同：即由两个或两个以上合作单位之间，以总承包人的名义，为共同承包某一工程项目的全部工作而签订的合同。

2. 按计价方式分类

(1)　总价合同是在合同中确定一个完成项目的总价，承包单位据此完成项目全部内容的合同。采用总价合同，建设单位易于确定报价最低的承包商，易于进行支付计算。总价合同适宜工程量不大且能精确计算、工期较短、技术不复杂、风险较小的工程。采用此合同，建设单位需要准备详细全面的施工图纸和各项说明，使承包商能准确计算工程量。

(2)　单价合同是承包商在投标时，按投标文件就分部分项工程所列出的工程量确定各分部分项工程费用的合同类型。采用此合同可使风险得到合理分摊，鼓励施工方降低成本。选择单价合同的关键在于双方对单价和工程量计算方法的确认，在合同履行过程中要注意双方对实际工程量的确认。

(3)　成本加酬金合同是业主向承包单位支付工程项目的实际成本，并按事先约定的某一种方式支付酬金的合同类型。业主要承担项目实际发生的全部费用，承担全部风险，承包方无风险，报酬较低。

总价合同又包括固定总价合同和可调总价合同；单价合同包括固定单价合同和可调单价合同；而成本加酬金合同包括成本加固定百分比酬金合同、成本加固定金额酬金合同、成本加奖罚合同、最高限额成本加固定最大酬金合同。

3. 与建设工程有关的其他合同

(1) 建设工程委托监理合同;
(2) 建设工程物资采购合同;
(3) 建设工程保险合同;
(4) 建设工程担保合同。

4. 按工程建设阶段划分

(1) 工程勘察合同;
(2) 工程设计合同;
(3) 工程施工合同。

建设工程施工合同类型的选择原则如下。

(1) 若项目规模小、工期短,总价合同、单价合同、成本加酬金合同都可选择。若规模大、工期长,则项目风险大,不可预见因素多,此类项目不宜采用总价合同。

(2) 项目竞争情况若承包者较多,业主主动权大,总价合同、单价合同、成本加酬金合同都可选择。若承包者较少,承包商主动权多。

(3) 项目若复杂程度技术要求高,风险大的,承包商主动权多,总价合同被选用的可能性较小。

(4) 单项工程的类别和工程量十分明确,总价合同、单价合同、成本加酬金合同都可选择。类别明确,但工程量与预计工程量可能出入较大时,优先选择单价合同。如类别和工程量都不明确,则不能采用单价合同。

(5) 总价合同准备时间和准备费最低;成本加酬金合同准备时间和准备费最高。

(6) 项目外部环境因素如项目外部条件恶劣,则成本高、风险大,承包商很难接受总价合同,而适合采用成本加酬金合同。一般来说业主占有主动权,但要考虑项目的各种因素,确定双方都能接受的合同类型。

5.1.3　合同价款的调整范围

对于以可调价格形式订立的合同,其合同价款调整的范围如下。
(1) 国家法律法规和政策变化影响合同价款;
(2) 工程造价管理部门公布的价格调整;
(3) 1 周内非承包人原因停水、停电、停气等造成累计停工超过 8 小时。

合同价款的调整
范围.mp4

5.1.4　工程变更价款确定方法

由于建设工程项目建设的周期长、涉及的关系复杂、受自然条件和客观因素的影响大,导致项目的实际施工情况与招标投标时的情况相比往往会有一些变化,出现工程变更。工程变更包括工程量变更、工程项目的变更(如发包人提出增加或删减原项目内容)、进度计划的变更、施工条件的变更等。如果按照变更的起因划分,变更的种类有很多,如:发包人的变更指令(包括发包人对工程有了新的要求、发包人修改项目计划、发包人削减预算、发包人对项目进度有了新的要求等);由于设计错误,必须对设计图纸做修改;工程环境变化;由于产生了新的技术和知识,有必要改变原设计、实施方案或实施计划;法律法规或者政府对建设工程项目有了新的要求等。

1. 《建设工程施工合同(示范文本)》条件下的工程变更

1) 发包人对原设计进行变更

施工中发包人如果需要对原工程设计进行变更,应提前 14 天以书面形式向承包人发出变更通知。承包人对于发包人的变更通知没有拒绝的权利,这是合同赋予发包人的一项权利。因为发包人是工程的出资人、所有人和管理者,对将来工程的运行承担主要的责任,只有赋予发包人这样的权利才能减少更大的损失。但是,变更超过原设计标准或批准的建设规模时,发包人应报规划管理部门和其他有关部门重新审查批准,并由原设计单位提供变更的相应图纸和说明。承包人按照监理工程师发出的变更通知及有关要求变更。

2) 承包人对原设计进行变更

施工中承包人不得为了施工方便而要求对原工程设计进行变更,承包人应当严格按照图纸施工,不得随意变更设计。施工中承包人提出的合理化建议涉及对设计图纸或者施工组织设计的更改及对原材料、设备的更换,须经监理工程师同意。监理工程师同意变更后,也须经原规划管理部门和其他有关部门审查批准,并由原设计单位提供变更的相应图纸和说明。

未经监理工程师同意,承包人擅自更改或换用,承包人应承担由此发生的费用,并赔偿发包人的有关损失,延误的工期不予顺延。监理工程师同意采用承包人的合理化建议,所发生费用和获得收益的分担或分享,由发包人和承包人另行约定。

3) 其他变更

从合同角度看,除设计变更外,其他能够导致合同内容变更的都属于其他变更。如双方对工程质量要求的变化(如:涉及强制性标准的变化)、双方对工期要求的变化、施工条件和环境的变化导致施工机械和材料的变化等。这些变更的程序,首先应当由一方提出,与对方协商一致后,方可进行变更。

2. 工程变更价款的确定方法

1) 已标价工程量清单项目或其工程数量发生变化的调整办法

《建设工程工程量清单计价规范》(GB 50500—2013)规定,因工程变更引起已标价工程量清单项目或其工程数量发生变化,应按照下列规定调整。

工程变更的情况
的价款调整.mp4

(1) 已标价工程量清单中有适用于变更工程项目的,应采用该项目的单价;但当工程变更导致该清单项目的工程数量发生变化,且工程量偏差超过 15%。此时,调整的原则为:当工程量增加 15%以上时,其增加部分的工程量的综合单价应予以调低;当工程量减少 15%以上时,减少后剩余部分工程量的综合单价应予以调高。

(2) 已标价工程量清单中没有适用但有类似于变更工程项目的,可在合理范围内参照类似项目的单价。

(3) 已标价工程量清单中没有适用也没有类似于变更工程项目的，应由承包人根据变更工程资料、计量规则和计价办法、工程造价管理机构发布的信息价格和承包人报价浮动率提出变更工程项目的单价，报发包人确认后调整。承包人报价浮动率可按下列公式计算：

① 招标工程

$$承包人报价浮动率 L=(1-中标价/招控制价)\times100\% \tag{5-1}$$

② 非招标工程

$$承包人报价浮动率 L=(1-报价值/施工图预算)\times100\% \tag{5-2}$$

(4) 已标价工程量清单中没有适用也没有类似于变更工程项目，且工程造价管理机构发布的信息价格缺价的，应由承包人根据变更工程资料、计量规则、计价办法和通过市场调查等取得有合法依据的市场价格提出变更工程项目的单价，并应报发包人确认后调整。

2) 措施项目费的调整

工程变更引起施工方案改变并使措施项目发生变化时，承包人提出调整措施项目费的，应事先将拟实施的方案提交发包人确认，并应详细说明与原方案措施项目相比的变化情况。拟实施的方案经发、承包双方确认后执行，并应按照下列规定调整措施项目费。

(1) 安全文明施工费应按照实际发生变化的措施项目调整，不得浮动。

(2) 采用单价计算的措施项目费，应按照实际发生变化的措施项目，按照前述已标价工程量清单项目的规定确定单价。

(3) 按总价(或系数)计算的措施项目费，按照实际发生变化的措施项目调整，但应考虑承包人报价浮动因素，即调整金额按照实际调整金额乘以上述公式得出的承包人报价浮动率计算。

如果承包人未事先将拟实施的方案提交给发包人确认，则视为工程变更不引起措施项目费的调整或承包人放弃调整措施项目费的权利。

3) 工程变更价款调整方法的应用

(1) 直接采用适用项目单价的前提是其采用的材料、施工工艺和方法相同，也不因此增加关键线路上工程的施工时间。

(2) 采用适用的项目单价的前提是其采用的材料、施工工艺和方法基本类似，不增加关键线路上工程的施工时间，可仅就其变更后的差异部分，参考类似的项目单价由承、发包双方协商新的项目单价。

(3) 无法找到适用和类似的项目单价时，应采用招投标时的基础资料和工程造价管理机构发布的信息价格，按成本加利润的原则由发、承包双方协商新的综合单价。

(4) 无法找到适用和类似的项目单价、工程造价管理机构也没有发布此类信息价格，由发、承包双方协商确定。

5.1.5　工程量的计量

工程量的正确计量是发包人向承包人支付合同价款的前提和依据。无论采用何种计价方式，其工程量必须按照相关工程现行国家计量规范规定的工程量计算规则计算。采用全国统一的工程量计算规则，对于规范工程建设各方的计量计价行为，有效减少计量争议具有重要意义。具体的工程计量周期应在合同中约定，可选择按月或按工程形象进度分段计量。同时，《建设工程工程量清单计价规范》(GB 50500—2013)还规定成本加酬金合同应按单价合同的规定计量。

1. 工程计量的原则

(1) 按合同文件中约定的方法进行计量；

(2) 按承包人在履行合同义务过程中实际完成的工程量计量；

(3) 对于不符合合同文件要求的工程,承包人超出施工图纸范围或因承包人问题造成返工的工程量，不予计量；

工程量计量的
原则.mp4

(4) 若发现工程量清单中出现漏项、工程量计算偏差，以及工程变更引起工程量的增减变化，应据实调整，正确计量。

2. 工程计量的依据

计量依据一般有质量合格证书、《建设工程工程量清单计价规范》、技术规范中的"计量支付"条款和设计图纸。也就是说，计量时必须以这些资料为依据。

1) 质量合格证书

对于承包人已完成的工程，并不是全部进行计量，只有质量达到合同标准的已完成工程才予以计量。所以工程计量必须与质量监理紧密配合，经过专业监理工程师检验，工程质量达到合同规定的标准后，由专业监理工程师签署报验申请表(质量合格证书)，只有质量合格的工程才予以计量。所以说质量监理是计量的基础，计量又是质量监理的保障，通过计量支付，强化承包人的质量意识。

2) 《建设工程工程量清单计价规范》和技术规范

《建设工程工程量清单计价规范》和技术规范是确定计量方法的依据。因为《建设工程工程量清单计价规范》和技术规范的"计量支付"条款规定了清单中每一项工程的计量方法，同时还规定了按规定的计量方法确定的单价所包括的工作内容和范围。

3) 设计图纸

单价合同以实际完成的工程量进行结算，但被监理工程师计量的工程数量，并不一定是承包人实际施工的数量。计量的几何尺寸要以设计图纸为依据，监理工程师对承包人超出设计图纸要求增加的工程量和自身原因造成返工的工程量，不予计量。

3. 单价合同的计量

工程量必须以承包人完成合同工程应予以计量的工程量确定。施工中进行工程量计量时，当发现招标工程量清单中出现缺项、工程量偏差，或因工程变更引起工程量增减时，应按承包人在履行合同义务中完成的工程量计量。

1) 计量程序

按照《建设工程工程量清单计价规范》(GB 50500—2013)的规定，单价合同工程计量的一般程序如下。

(1) 承包人应当按照合同约定的计量周期和时间向发包人提交当期已完成工程量报告。发包人应在收到报告后 7 天内核实，并将核实计量结果通知承包人。发包人未在约定时间内进行核实的，则承包人提交的计量报告中所列的工程量应视为承包人实际完成的工程量。

(2)　发包人认为需要进行现场计量核实时，应在计量前 24 小时通知承包人，承包人应为计量提供便利条件并派人参加。当双方均同意核实结果时，双方应在上述记录上签字确认。承包人收到通知后不派人参加计量，视为认可发包人的计量核实结果。发包人不按照约定时间通知承包人，致使承包人未能派人参加计量，计量核实结果无效。

(3)　当承包人认为发包人核实后的计量结果有误时，应在收到计量结果通知后的 7 天内向发包人提出书面意见，并附上其认为正确的计量结果和详细的计算资料。发包人收到书面意见后，应在 7 天内对承包人的计量结果进行复核后通知承包人。承包人对复核计量结果仍有异议的，按照合同约定的争议解决办法处理。

(4)　承包人完成已标价工程量清单中每个项目的工程量并经发包人核实无误后，发、承包人应对每个项目的历次计量报表进行汇总，以核实最终结算工程量，并应在汇总表上签字确认。

2)　工程计量的方法

监理工程师一般只对以下三个方面的工程项目进行计量。

(1)　工程量清单中的全部项目；

(2)　合同文件中规定的项目；

(3)　工程变更项目。

一般可按照以下方法进行计量。

(1)　均摊法。

均摊法就是对清单中某些项目的合同价款，按合同工期平均计量。如：为监理工程师提供宿舍，保养测量设备，保养气象记录设备，维护工地清洁和整洁等。这些项目都有一个共同的特点，即每月均会发生。所以可以采用均摊法进行计量支付。

(2)　凭据法。

凭据法就是按照承包人提供的凭据进行计量支付。如建筑工程险保险费、第三方责任险保险费、履约保证金等项目，一般按凭据法进行计量支付。

(3)　估价法。

估价法就是按合同文件的规定，根据监理工程师估算的已完成的工程价值支付。如为监理工程师提供办公设施和生活设施，为监理工程师提供用车，为监理工程师提供测量设备、天气记录设备、通信设备等项目。这类清单项目往往要购买几种仪器设备，当承包人对于某一项清单项目中规定购买的仪器设备不能一次购进时，则需采用估价法进行计量支付。其计量过程如下。

①　按照市场的物价情况，对清单中规定购置的仪器设备分别进行估价；

②　按下式计量支付金额：

$$F = A \cdot \frac{B}{D} \tag{5-3}$$

式中：F——计算的支付金额；

A——清单所列该项的合同金额；

B——该项实际完成的金额(按估算价格计算)；

D——该项全部仪器设备的总估算价格。

从上式可知：

① 该项实际完成金额 B 必须按各种设备的估算价格计算，它与承包人购进的价格无关。

② 估算的总价与合同工程量清单的款额无关。

当然，估价的款额与最终支付的款额无关，最终支付的款额总是合同清单中的款额。

(4) 断面法。

断面法主要用于取土坑或填筑路堤土方的计量。对于填筑土方工程，一般规定计量的体积为原地面线与设计断面所构成的体积。采用这种方法计量时，在开工前承包人需测绘出原地形的断面，并需经监理工程师检查，作为计量的依据。

(5) 图纸法。

在工程量清单中，许多项目都采取按照设计图纸所示的尺寸进行计量。如混凝土构筑物的体积，钻孔桩的桩长等。

(6) 分解计量法。

分解计量法就是将一个项目，根据工序或部位分解为若干子项。对完成的各子项进行计量支付。这种计量方法主要是为了解决一些包干项目或较大的工程项目的支付时间过长，影响承包人的资金流动等问题。

4. 总价合同的计量

总价合同的计量活动非常重要。采用工程量清单方式招标形成的总价合同，其工程量的计算应按照单价合同的计量规定计算。采用经审定批准的施工图纸及其预算方式发包形成的总价合同，除按照工程变更规定的工程量增减外，总价合同各项目的工程量应为承包人用于结算的最终工程量。此外，总价合同约定的项目计量应以合同工程经审定批准的施工图纸为依据，发、承包双方应在合同中约定工程计量的形象进度或事件节点进行计量。承包人应在合同约定的每个计量周期内对已完成的工程进行计量，并向发包人提交达到工程形象进度完成的工程量和有关计量资料的报告。发包人应在收到报告后 7 天内对承包人提交的上述资料进行复核，以确定实际完成的工程量和工程形象进度。发包人对承包人提交的工程量有异议的，应通知承包人进行共同复核。

5.1.6 工程款(进度款)的支付和计算

1. 工程款(进度款)支付的程序和责任

发包人应在双方计量确认后 14 日内，向承包人支付工程款(进度款)。同期用于工程上的发包人供应材料设备的价款，以及按约定时间发包人应按比例扣回的预付款，与工程款(进度款)同期结算。合同价款调整、设计变更调整的合同价款及追加的合同价款，应与工程款(进度款)同期调整支付。

工程价款支付
程序.mp4

发包人超过约定的支付时间不支付工程款(进度款)，承包人可向发包人发出要求付款的通知。发包人在收到承包人通知后仍不能按要求支付，可与承包人协商签订延期付款协议，经承包人同意后可以延期支付。协议须明确延期支付时间和从发包人计量签字后第 15 日起计算应付的贷款利息。发包人不按合同约定支付工程款(进度款)，双方又未达成延期付款协议，导致施工无法进行，承包人可停止施工，由发包人承担违约责任。

2. 工程进度款的计算

每期应支付给承包人的工程进度款的款项包括以下内容。

(1) 经过确认核实的完成工程量对应工程量清单或报价单的相应价格计算应支付的工程款；

(2) 设计变更应调整的合同价款；

(3) 本期应扣回的工程预付款；

(4) 根据合同允许调整合同价款原因应补偿承包人的款项和应扣减的款项；

(5) 经过工程师批准的承包人的索赔款等。

工程价款支付的
内容.mp4

5.1.7 合同中的不可抗力事件

1. 不可抗力的范围

不可抗力是指合同订立时不能预见、不能避免并不能克服的客观情况。

合同中的不可
抗力事件.mp4

1) 不可预见的偶然性

不可抗力所指的事件必须是当事人在订立合同时不可预见的事件，它在合同订立后的发生纯属偶然。当然，这种预料之外的偶然事件，并不是当事人完全不能想象的事件，有些偶然事件并非当事人完全不能预见。但是由于它出现的概率极小，而被当事人忽略不计，把它排除在正常情况之外，但结果这种偶然事件真的出现了，这类事件仍然属于不可预见的事件。在正常情况下，判断其能否预见到某一事件的发生有两个不同的标准：一是客观标准，即在某种具体情况下，一般理智正常的人能够预见到的，该合同当事人就应当预见到。如果对该种事件的预见需要一定的专业知识，那么只要具有这种专业知识的一般正常水平的人所能预见到的事件，则该合同当事人就应当预见。二是主观标准，就是在某种具体情况下，根据行为人的主观条件，如当事人的年龄、发育状况、知识水平、职业状况、受教育程度以及综合能力等因素来判断合同当事人是否应该预见到该事件。

2) 不可避免(控制)的客观性

不可抗力事件必须是该事件的发生是因为债务人不可控制的客观原因所导致的，债务人对事件的发生在主观上既无故意，也无过失，主观上也不能阻止它发生。债务人对于非自己的原因而产生的事件，如果能够通过主观努力克服它，就必须努力去做，否则就不足以免除其债务。

3) 不可克服

指当事人对该事件的后果无法加以克服，即毫无办法加以阻止，这是不可抗力的延伸。

根据我国实践、国际贸易惯例和多数国家有关法律的解释，不可抗力事件的范围主要由两部分构成：一是由自然原因引起的自然现象，如：火灾、旱灾、地震、风灾、大雪、山崩等；二是由社会原因引起的社会现象，如：战争、动乱、政府干预、罢工、禁运、市场行情等。一般来说，把自然现象及战争、严重的动乱看成不可抗力事件各国是一致的，而对上述事件以外的人为障碍，如政府干预、不颁发许可证、罢工、市场行情的剧烈波动，以及政府禁令、禁运及政府行为等归入不可抗力事件常引起争议。因此,当事人在签订合同时应具体约定不可抗力的范围。

事实上,各国都允许当事人在签订合同时自行约定不可抗力的范围。自行约定不可抗力的范围实际上等于自订免责条款。当事人订立这类条款的方法一般有三种:第一种是概括式。即在合同中只概括地规定不可抗力事件的含义,不具体罗列可能发生的事件。如果合同签订后,客观情况发生了变化,双方对其含义发生争执,则由受理案件的仲裁机关或法院根据合同的含义解释发生的客观情况是否构成不可抗力。第二种是列举式。即在合同中把属于不可抗力的事件一一罗列出来,凡是发生了所罗列的事件即构成不可抗力,凡是发生了合同中未列举的事件,即不构成不可抗力事件。第三种是综合式,即在合同中既概括不可抗力的具体含义,又列举属于不可抗力范围的事件。

2. 不可抗力事件发生后双方的工作

不可抗力事件发生后,承包人应在力所能及的条件下迅速采取措施,尽量减少损失,并在不可抗力事件结束后 48 小时内向工程师通报受害情况和损失情况,以及预计清理和修复的费用。发包人应协助承包人采取措施。如果不可抗力事件继续发生,承包人应每隔 7 日向工程师报告一次受害情况,并于不可抗力事件结束后 14 日内,向工程师提交清理和修复费用的正式报告及有关资料。

3. 不可抗力的承担

由于不可抗力导致的人员伤亡、费用损失及工期延误,发承包双方应按相关规定进行承担。

5.1.8 合同争议的处理方法

合同争议的处理方式主要有:协商、和解与调解、仲裁、诉讼 4 种。

合同争议处理的
方法.mp4

1. 协商

协商是指合同纠纷发生后,由合同当事人就合同争议的问题进行磋商,双方都做出一定的让步,在彼此都认为可以接受的基础上达成和解协议的方式。

2. 和解与调解

和解是指当事人自行协商解决因合同发生的争议。调解是指在第三人的主持下协调双方当事人的利益,使双方当事人在自愿的原则下解决争议的方式。和解、调解可以在诉讼外进行,也可以在诉讼中某个阶段进行。当事人不愿和解、调解或者和解、调解不成功的,可以根据达成的仲裁协议申请仲裁。但和解与调解并非当事人申请仲裁或提起诉讼的必经程序。

3. 仲裁

仲裁是指合同当事人根据仲裁协议将合同争议提交给仲裁机构并由仲裁机构做出裁决的方式。仲裁机构是依照法律规定成立的专门裁决合同争议的机构。仲裁机构做出的裁决具有法律约束力。仲裁机构不是司法机关,其裁决程序简便,处理争议较快。当事人发生合同纠纷，可以根据事先或者事后达成的仲裁协议向仲裁机构申请仲裁。涉外合同的当事人不仅可以约定向中国仲裁机构申请仲裁，也可以约定向国外的仲裁机构申请仲裁。

4. 诉讼

诉讼是指国家审判机关即人民法院，依照法律规定，在当事人和其他诉讼参与人的参加下，依法解决讼争的活动。

发生争议后，在一般情况下，双方都应继续履行合同，保持施工连续，保护好已完工程。只有在出现下列情况时，当事人方可停止履行施工合同。

(1) 单方违约导致合同确已无法履行，双方协议停止施工。

(2) 调解要求停止施工，且为双方所接受。

(3) 仲裁机关要求停止施工。

(4) 法院要求停止施工。

5.1.9　缺陷责任期

缺陷责任期是指承包人按照合同约定承担缺陷修复义务，且发包人预留质量保证金的期限。缺陷责任期自工程实际竣工日期起计算，一般有 6 个月、12 个月或者 24 个月，具体由发承包双方在合同管理中约定。

由于承包人的问题导致工程无法按规定期限进行竣(交)工验收的，缺陷责任期从实际通过竣(交)工验收之日起计。由于发包人的问题导致工程无法按规定期限进行竣(交)工验收的，在承包人提交竣(交)验收报告 90 天后，工程自动进入缺陷责任期。

缺陷责任期内，由承包人原因造成的缺陷，承包人应负责维修，并承担鉴定及维修费用。如承包人不维修也不承担费用，发包人可按合同约定扣除保留金，并由承包人承担违约责任。承包人维修并承担相应费用后，不免除对工程的一般损失赔偿责任。

缺陷责任期的起算日期必须以工程的实际竣工日期为准，与之相对应的工程照管义务期的计算时间是以业主签发的工程接收证书起。对于有一个以上交工日期的工程，缺陷责任期应分别从各自不同的交工日期起算。

5.2　工 程 索 赔

5.2.1　工程索赔概述

索赔是指在合同履行过程中，对于非己方的过错而应由对方承担责任的情况造成的损失，向对方提出补偿的要求。建设工程施工中的索赔是发承包双方行使正当权利的行为，承包人可向发包人索赔，发包人也可向承包人索赔。

工程索赔的
概念.mp4

1. 索赔的分类

1) 按索赔有关当事人分类

(1) 承包人与发包人之间的索赔；

(2) 承包人与分包人之间的索赔；

(3) 承包人或发包人与供货人之间的索赔；

(4) 承包人或发包人与保险人之间的索赔。

2) 按索赔目的和要求分类

(1) 工期索赔。一般是指承包人向业主或者分包人向承包人要求延长工期；

(2) 费用索赔。即要求补偿经济损失，调整合同价格。

3) 按照索赔事件的性质分类

(1) 工程延期索赔。因为发包人未按合同要求提供施工条件，或者发包人指令工程暂停或不可抗力事件等原因造成工期拖延的，承包人向发包人提出索赔；如果由于承包人原因导致工期拖延，发包人可以向承包人提出索赔；由于非分包人的原因导致工期拖延，分包人可以向承包人提出索赔。

(2) 工程加速索赔。通常是由于发包人或工程师指令承包人加快施工进度，缩短工期，从而引起承包人的人力、物力、财力的额外开支，承包人提出索赔；承包人指令分包人加快进度，分包人也可以向承包人提出索赔。

(3) 工程变更索赔。由于发包人或工程师指令增加或减少工程量或增加附加工程、修改设计、变更施工顺序等，造成工期延长和费用增加，承包人对此向发包人提出索赔，分包人也可以对此向承包人提出索赔。

(4) 工程终止索赔。由于发包人违约或发生了不可抗力事件等造成工程非正常终止，承包人和分包人因蒙受经济损失而提出索赔；如果由于承包人或者分包人的原因导致工程非正常终止，或者合同无法继续履行，发包人可以对此提出索赔。

(5) 不可预见的外部障碍或条件索赔。即施工期间在现场遇到一个有经验的承包商通常不能预见的外界障碍或条件，例如地质条件与预计的(业主提供的资料)不同，出现未预见的岩石、淤泥或地下水等，导致承包人损失，这类风险通常应该由发包人承担，即承包人可以据此提出索赔。

(6) 不可抗力事件引起的索赔。不可抗力是指合同签订后，发生了合同当事人无法预见、无法避免、无法控制、无法克服的意外事件(如战争、车祸等)或自然灾害(如地震、火灾、水灾等)，以致合同当事人不能依约履行职责或不能如期履行职责，发生意外事件或遭受自然灾害的一方可以免除履行职责的责任或推迟履行职责。

根据工程量清单计价规范，对不可抗力造成的损失，根据责任不同，由发包方和承包方分别承担，具体如下。

因不可抗力事件导致的费用，发、承包双方应按以下原则分别承担并调整工程价款。

① 工程本身的损害、因工程损害导致第三方人员伤亡和财产损失以及运送至施工现场用于施工的材料和待安装设备的损害，由发包人承担；

② 发包人、承包人人员伤亡由其所在单位负责，并承担相应费用；

③ 承包人施工机械设备的损失及停工损失，由承包人承担；

④　在停工期间，承包人应发包人要求留在施工现场的必要管理人员及保卫人员的费用，由发包人承担；

⑤　工程所需清理、修复费用，由发包人承担。

(7)　其他索赔。如货币贬值、汇率变化、物价变化、政策法令变化等原因引起的索赔。

2. 索赔的成立条件

当合同一方向另一方提出索赔时，应有正当的索赔理由和有效证据，并应符合合同的相关约定。

索赔成立的条件.mp4

索赔的成立，要同时具备以下三个前提条件。

(1)　承包人根据合同规定的程序和时间提交索赔意向通知和索赔报告；

(2)　与合同对照，事件已造成了承包人工程项目成本的额外支出，或直接工期损失；

(3)　造成费用增加或工期损失的原因，根据合同约定不属于承包人的行为责任或风险责任。

以上三个条件必须同时具备，缺一不可。

3. 索赔依据

总体而言，索赔的依据主要有三个方面。

(1)　合同文件；

(2)　法律、法规；

(3)　工程建设惯例。

针对具体的索赔要求(工期或费用)，索赔的具体依据也不相同，例如，有关工期的索赔就要依据有关的进度计划、变更指令等。

1)　合同文件

合同文件是索赔的最主要依据，包括：

(1)　合同协议书；

(2)　中标通知书；

(3)　投标书及其附件；

(4)　合同专用条款；

(5)　合同通用条款；

(6)　标准、规范及有关技术文件；

(7)　图纸；

(8)　工程量清单；

(9)　工程报价单或预算书。

合同履行中，发包人与承包人有关工程的洽商、变更等书面协议或文件应视为合同文件的组成部分。

在《建设工程施工合同(示范文本)》(GF-2017-0201)列举了发包人可以向承包人提出索赔的依据条款，也列举了承包人在哪些条件下可以向发包人提出索赔；《建设工程施工专业分包合同(示范文本)》(GF-2016-0213)中列举了承包人与分包人之间索赔的诸多依据条款。

2) 订立合同所依据的法律法规

(1) 适用法律和法规。

建设工程合同文件适用国家的法律和行政法规。需要明示的法律、行政法规，由双方在专用条款中约定。

(2) 适用标准、规范。

双方在专用条款内约定适用国家标准、规范的名称。

4. 索赔证据

1) 索赔证据的含义

索赔证据是指当事人用来支持其索赔成立或与索赔有关的证明文件和资料。索赔证据作为索赔文件的组成部分，在很大程度上关系到索赔的成功与否。证据不全、不足或没有证据，索赔是很难获得成功的。

在工程项目实施过程中，会产生大量的工程信息和资料，这些信息和资料是开展索赔的重要证据，因此，在施工过程中应该自始至终做好资料积累工作，建立完善的资料记录和科学管理制度，认真系统地积累和管理合同、质量、进度以及财务收支等方面的资料。

2) 可以作为证据使用的材料

可以作为证据使用的材料有以下七种。

(1) 书证。是指以其文字或数字记载的内容起证明作用的书面文书和其他载体。如合同文本、财务账册、欠据、收据、往来信函以及确定有关权利的判决书、法律文件等。

(2) 物证。是指以其存在、存放的地点外部特征及物质特性来证明案件事实真相的证据，如购销过程中封存的样品，被损坏的机械、设备，有质量问题的产品等。

(3) 证人证言。是指知道、了解事实真相的人所提供的证词，或向司法机关所做的陈述。

(4) 视听材料。是指能够证明案件真实情况的音像资料，如录音带、录像带等。

(5) 被告人供述和有关当事人陈述。它包括：犯罪嫌疑人、被告人向司法机关所做的承认犯罪并交代犯罪事实的陈述或否认犯罪或具有从轻、减轻、免除处罚的辩解、申诉。被害人、当事人就案件事实向司法机关所做的陈述。

(6) 鉴定结论。是指专业人员就案件有关情况向司法机关提供的专门性的书面鉴定意见，如损伤鉴定、痕迹鉴定、质量责任鉴定等。

(7) 勘验、检验笔录。是指司法人员或行政执法人员对与案件有关的现场物品、人身等进行勘察、试验、实验或检查的文字记载。这项证据也具有专门性。

3) 常见的工程索赔证据

常见的工程索赔证据有以下多种类型。

(1) 各种合同文件，包括施工合同协议书及其附件、中标通知书、投标书、标准和技术规范、图纸、工程量清单、工程报价单或者预算书、有关技术资料和要求、施工过程中的补充协议等；

(2) 工程各种往来函件、通知、答复等；

(3) 各种会谈纪要；

(4) 经过发包人或者工程师批准的承包人的施工进度计划、施工方案、施工组织设计和现场实施情况记录；

(5) 工程各项会议纪要；

(6) 气象报告和资料，如有关温度、风力、雨雪的资料；

(7) 施工现场记录，包括有关设计交底、设计变更、施工变更指令，工程材料和机械设备的采购、验收与使用等方面的凭证及材料供应清单、合格证书，工程现场水、电、道路等开通、封闭的记录，停水、停电等各种干扰事件的时间和影响记录等；

(8) 工程有关照片和录像等；

(9) 施工日记、备忘录等；

(10) 发包人或者工程师签认的签证；

(11) 发包人或者工程师发布的各种书面指令和确认书，以及承包人的要求、请求、通知书等；

(12) 工程中的各种检查验收报告和各种技术鉴定报告；

(13) 工地的交接记录(注明交接日期，场地平整情况，水、电、路情况等)，图纸和各种资料交接记录；

(14) 建筑材料和设备的采购、订货、运输、进场、使用方面的记录、凭证和报表等；

(15) 市场行情资料，包括市场价格、官方的物价指数、工资指数、中央银行的外汇比率等公布材料；

(16) 投标前发包人提供的参考资料和现场资料；

(17) 工程结算资料、财务报告、财务凭证等；

(18) 各种会计核算资料；

(19) 国家法律、法令、政策文件。

4) 索赔证据的基本要求

索赔证据应该具有：

(1) 真实性；

(2) 及时性；

(3) 全面性；

(4) 关联性；

(5) 有效性。

5.2.2 反索赔

反索赔的概念.mp4

反索赔就是反驳、反击或者防止对方提出的索赔，不让对方索赔成功或者全部成功。一般认为，索赔是双向的，业主和承包商都可以向对方提出索赔要求，任何一方也都可以对对方提出的索赔要求进行反驳和反击，这种反击和反驳就是反索赔。反索赔有工期延误反索赔、施工缺陷索赔等六种类型，针对一方的索赔要求，反索赔的一方应以事实为依据，以合同为准绳，反驳和拒绝对方的不合理要求或索赔要求中的不合理部分。

1. 反索赔的基本内容

索赔的工作内容可以包括两个方面：一是防止对方提出索赔，二是反击或反驳对方的索赔要求。

要成功地防止对方提出索赔，应采取积极防御的策略。首先是自己严格履行合同规定的各项义务，防止自己违约，并通过加强合同管理，使对方找不到索赔的理由和根据，使自己处于不能被索赔的地位。其次，如果在工程实施过程中发生了干扰事件，则应立即着手研究和分析合同依据，搜集证据，为提出索赔和反索赔做好两手准备。

如果对方提出了索赔要求或索赔报告，则自己一方应采取各种措施来反击或反驳对方的索赔要求，常用的措施有：

(1) 抓对方的失误，直接向对方提出索赔，以对抗或平衡对方的索赔要求，以求在最终解决索赔时互相让步或者互不支付；

(2) 针对对方的索赔报告，进行仔细、认真研究和分析，找出理由和证据，证明对方索赔要求或索赔报告不符合实际情况和合同规定，没有合同依据或事实证据，索赔值计算不合理或不准确等问题，反击对方的不合理索赔要求，推卸或减轻自己的责任，使自己不受或少受损失。

2. 对索赔报告的反击或反驳要点

对对方索赔报告的反击或反驳，一般可以从以下几个方面进行。

1) 索赔要求或报告的时限性

审查对方是否在干扰事件发生后的索赔时限内及时提出索赔要求或报告。

2) 索赔事件的真实性

确定索赔事件是否是真实发生在施工过程中，仔细审查对方提供的索赔证据的真实性。

3) 干扰事件的原因、责任分析

如果干扰事件确实存在，则要通过对事件的调查分析，确定原因和责任。如果事件责任属于索赔者自己，则索赔不能成立；如果合同双方都有责任，则应按各自的责任大小分担损失。

4) 索赔理由分析

分析对方的索赔要求是否与合同条款或有关法规一致，所受损失是否属于非对方负责的原因造成。

5) 索赔证据分析

分析对方所提供的证据是否真实、有效、合法，是否能证明索赔要求成立。证据不足、不全、不当、没有法律证明效力或没有证据，索赔不能成立。

6) 索赔值审核

如果经过上述的各种分析、评价，仍不能从根本上否定对方的索赔要求，则必须对索赔报告中的索赔值进行认真细致的审核，审核的重点是索赔值的计算方法是否合情合理，各种取费是否合理适度，有无重复计算，计算结果是否准确等。

5.2.3　索赔的原因

索赔可能是由以下一个或者几个原因引起。

索赔 1.avi

1. 发包人违约

发包人违约包括发包人、监理人及承包人没有履行合同责任，没有正确地行使合同赋予的权利，出现工程管理失误等。常常表现为没有按照合同约定履行自己的义务。监理人未能按照合同约定完成工作，如未能及时发出图纸、指令等也视为发包人违约。

索赔的原因.mp4

2. 合同缺陷

如合同条文不全、错误、矛盾、有二义性，设计图纸、技术规范错误等，表现为合同文件规定不严谨甚至矛盾、合同中的遗漏或错误。在这种情况下，工程师应当给予解释，如果这种解释将导致成本增加或工期延长，发包人应当给予补偿。

3. 合同变更

如双方签订新的变更协议、备忘录、修正案，发包人下达工程变更指令等，表现为设计变更、施工方法变更、追加或者取消某项工作、合同其他规定的变更等。

4. 工程环境变化

工程项目本身和工程环境有许多不确定性，技术环境、经济环境、政治环境、法律环境等的变化都会导致工程的计划实施过程与实际情况不一样，这些因素都会导致施工工期和费用变化，承包商可依据相关合同条款进行索赔。

5. 不可抗力因素

不可抗力可以分为自然事件和社会事件。不利的物质条件通常是指承包人在施工现场遇到的不可预见的自然物质条件、非自然的物质障碍和污染物，包括自然事件及社会事件，如恶劣的气候条件、地震、洪水、战争状态、罢工等。

6. 其他第三方原因

表现为与工程有关的第三方的问题而引起的对工程的不利影响，其他原因引起的索赔。如：业主指定的分包商出现工程质量不合格、工程进度延误等违约情况；合同范围内未明确说明，但对施工造成费用和工期增加；施工过程设计有误对设计修改而引起的变更等。

5.2.4　施工索赔的程序

施工索赔的程序.mp4

当合同当事人一方向另一方提出索赔时，要有正当的索赔理由，且有索赔事件发生时的有效证据并且需按照一定的程序进行索赔。同时工程索赔的依据也不容忽视，工程索赔必须有依有据。

索赔主要程序是施工单位向建设单位提出索赔意向，调查干扰事件，寻找索赔理由和证据，计算索赔值，起草索赔报告，通过谈判、调解或仲裁，最终解决索赔争议。建设单位未能按合同约定履行自己的各项义务或发生错误以及应由建设单位承担的其他情况，造成工期延误和(或)施工单位不能及时得到合同价款及施工单位的其他经济损失，施工单位可按下列程序以书面形式向建设单位索赔。

(1)　提出索赔要求。当出现索赔事项时，承包人以书面的索赔通知书形式，在索赔事项发生后的 28 天以内，向工程师正式提出索赔意向通知。如果超过这个期限，工程师和业主有权拒绝承包人的索赔要求。

(2)　报送索赔资料。在索赔通知书发出后的 28 天内，向工程师提出延长工期和(或)补偿经济损失的索赔报告及有关资料。如果超过这个期限，工程师和业主有权拒绝承包人的索赔要求。

(3)　工程师答复。工程师在收到承包人送交的索赔报告有关资料后，于 28 天内给予答复，或要求承包人进一步补充索赔理由和证据。

(4)　工程师逾期答复后果。工程师在收到承包人送交的索赔报告的有关资料后 28 天未予答复或未对承包人做进一步要求，视为该项索赔已经认可。

(5)　持续索赔。当索赔事件持续进行时，承包人应当阶段性向工程师发出索赔意向，在索赔事件终了后 28 天内，向工程师送交索赔的有关资料和最终索赔报告，工程师应在 28 天内给予答复或要求承包人进一步补充索赔理由和证据。逾期未答复，视为该项索赔成立。

(6)　发包人审批工程师的索赔处理证明。

(7)　承包人是否接受最终的索赔决定。承包人未能按合同约定履行自己的各项义务和发生错误给发包人造成损失的，发包人也可按上述时限向承包人提出索赔。

5.2.5　施工索赔的计算

1. 索赔费用的组成

索赔费用的组成与建筑安装工程造价的组成相似，一般包括以下几个方面。

索赔 2.avi.

1)　分部分项工程量清单费用

工程量清单漏项或非承包人原因的工程变更，造成增加新的工程量清单项目，其对应综合单价的确定参见工程变更价款的确定原则。

(1)　人工费。

人工费包括增加工作内容的人工费、停工损失费和工作效率降低的损失费等累计，其中增加工作内容的人工费应按照计日工费计算，而停工损失费和工作效率降低的损失费按窝工费计算，窝工费的标准双方应在合同中约定。

(2)　设备费。

设备费可采用机械台班费、机械折旧费、设备租赁费等几种形式。当工作内容增加引起设备费索赔时，设备费的标准按照机械台班费计算。因窝工引起的设备费索赔，当施工机械属于施工企业自有时，按照机械折旧费计算索赔费用；当施工机械是施工企业从外部租赁时，索赔费用的标准按照设备租赁费计算。

(3)　材料费。

材料费包括索赔事件引起的材料用量增加、材料价格大幅度上涨、非承包人原因造成的工期延误而引起的材料价格上涨和材料超期存储费用。

(4) 管理费。

此项又可分为现场管理费和企业管理费两部分，由于二者的计算方法不一样，所以在审核过程中应区别对待。

(5) 利润。

对工程范围、工作内容变更等引起的索赔，承包人可按原报价单中的利润百分率计算利润。

(6) 迟延付款利息。

发包人未按约定时间进行付款的，应按约定利率支付迟延付款的利息。

2) 措施项目费用

因分部分项工程量清单漏项或非承包人原因的工程变更，引起措施项目发生变化，造成施工组织设计或施工方案变更，造成措施费发生变化时，已有的措施项目，按原有措施费的组价方法调整；原措施费中没有的措施项目，由承包人根据措施项目变更情况，提出适当的措施费变更，经发包人确认后调整。

3) 其他项目费

其他项目费中所涉及的人工费、材料费等按合同的约定计算。

4) 规费与税金

除工程内容的变更或增加，承包人可以列入相应增加的规费与税金。其他情况一般不能索赔。

索赔规费与税金的款额计算通常是与原报价单中的百分率保持一致。

在不同的索赔事件中，索赔的费用可以是不同的，根据国家发改委、财政部、建设部等九部委第 56 号令发布的《标准施工招标文件》中通用条款的内容，可以合理补偿承包人的条款见表 5-1。

表 5-1　《标准施工招标文件》中合同条款规定的可以合理补偿承包人索赔的条款

序号	条款号	主要内容	可补偿内容		
			工期	费用	利润
1	1.10.1	施工过程发现文物、古迹以及其他遗迹、化石、钱币或物品	✓	✓	
2	4.11.2	承包人遇到不利物质条件	✓	✓	
3	5.2.4	发包人要求向承包人提前交付材料和工程设备		✓	
4	5.2.6	发包人提供的材料和工程设备不符合合同要求	✓	✓	✓
5	8.3	发包人提供资料错误导致承包人的返工或造成工程损失	✓	✓	
6	11.3	发包人的原因造成工期延误	✓	✓	
7	11.4	异常恶劣的气候条件	✓		
8	11.6	发包人要求承包人提前竣工		✓	
9	12.2	发包人原因引起的暂停施工	✓	✓	✓
10	12.4.2	发包人原因引起造成暂停施工后无法按时复工	✓	✓	
11	13.1.3	发包人原因造成工程质量达不到合同约定验收标准的	✓	✓	✓
12	13.5.3	监理人对隐蔽工程重新检查，经检验证明工程质量符合合同要求的	✓	✓	✓
13	16.2	法律变化引起的价格调整		✓	

续表

序号	条款号	主要内容	可补偿内容		
			工期	费用	利润
14	18.4.2	发包人在全部工程竣工前，使用已接收的单位工程导致承包人费用增加的	√	√	√
15	18.6.2	发包人的原因导致试运行失败的		√	√
16	19.2	发包人原因导致的工程缺陷和损失		√	√
17	21.3.1	不可抗力	√		

2. 索赔费用的计算方法

索赔费用的计算方法主要有：实际费用法、总费用法和修正总费用法。

索赔计算的方法.mp4

1) 实际费用法

实际费用法是施工索赔时最常用的一种方法。该方法是按照各索赔事件所引起损失的费用项目分别分析计算索赔值，然后将各个项目的索赔值汇总，即可得到总索赔费用值。这种方法以承包商为某项索赔工作所支付的实际开支为根据，但仅限于由于索赔事件引起的、超过原计划的费用，故也称额外成本法。在这种计算方法中，需要注意的是不要遗漏费用项目。

2) 总费用法

总费用法即发生了多起索赔事件后，重新计算该工程的实际费用，再减去原合同价，其差额即为承包人索赔的费用。计算公式为：

$$索赔金额 = 实际总费用 - 投标报价估算费用 \tag{5-4}$$

但这种方法对业主不利，因为实际发生的总费用中可能有承包人的施工组织不合理因素；承包人在投标报价时为竞争中标而压低报价，中标后通过索赔可以得到补偿。所以这种方法只有在难以采用实际费用法时采用。

3) 修正总费用法

即在总费用计算的原则上，去掉一些不合理的因素，使其更合理。修正的内容包括：

(1) 将计算索赔款的时段局限于受到外界影响的时间，而不是整个施工期；

(2) 只计算受到影响时段内的某项工作所受影响的损失，而不是计算该时段内所有施工工作所受的损失；

(3) 对投标报价费用重新进行核算，按受影响时段内该项工作的实际单价进行核算，乘以完成的该项工作的工程量，得出调整后的报价费用。

按修正后的总费用计算索赔金额的公式为：

$$索赔金额 = 某项工作调整后的实际总费用 - 该项工作的报价费 \tag{5-5}$$

3. 工期索赔的分析与计算方法

1) 工期索赔的分析流程

工期索赔的分析流程包括延误原因分析、网络计划(CPM)分析、业主责任分析和索赔结果分析等。

(1)　原因分析。

分析引起工期延误是哪一方的原因，如果由于承包人自身原因造成的，则不能索赔，反之则可索赔。

(2)　网络计划分析。

运用网络计划(CPM)方法分析延误事件是否发生在关键线路上，以决定延误是否可索赔。注意：关键线路并不是固定的，随着工程的进展，关键线路也在变化，而且是动态变化。关键线路的确定，必须是依据最新批准的工程进度计划。在工程索赔中，一般只限于考虑关键线路上的延误，或者一条非关键线路因延误变成关键线路。

(3)　业主责任分析。

结合 CPM 分析结果，进行业主责任分析，主要是为了确定延误是否能索赔费用。若发生在关键线路上的延误是由于业主原因造成的，则这种延误不仅可索赔工期，而且还可索赔因延误而发生的额外费用，否则，只能索赔工期。若由于业主原因造成的延误发生在非关键线路上，则只可索赔费用。

(4)　索赔结果分析。

在承包人索赔已经成立的情况下，根据业主是否对工期有特殊要求，分析工期索赔的可能结果。如果由于某种特殊原因，工程竣工日期客观上不能改变，即对索赔工期的延误，业主也可以不给予工期延长。这时，业主的行为已实质上构成隐含指令加速施工。因而，业主应当支付承包人采取加速施工措施而额外增加的费用，即加速费用补偿。此处费用补偿是指由业主原因引起的延误时间因素造成承包人负担了额外的费用而得到的合理补偿。

2)　工期索赔计算方法

(1)　网络分析法。

承包人提出工期索赔，必须确定干扰事件对工期的影响值，即工期索赔值。工期索赔分析的一般思路是：假设工程一直按原网络计划确定的施工顺序和时间施工，当一个或一些干扰事件发生后，使网络中的某个或某些活动受到干扰而延长施工持续时间。将这些活动受干扰后的新的持续时间代入网络中，重新进行网络分析和计算，即会得到一个新工期。新工期与原工期之差即为干扰事件对总工期的影响，即为承包人的工期索赔值。

网络分析是一种科学、合理的计算方法，它是通过分析干扰事件发生前、后网络计划之差异而计算工期索赔值的，通常可适用于各种干扰事件引起的工期索赔。但对于大型、复杂的工程，手工计算比较困难，需借助计算机来完成。

(2)　比例类推法。

在实际工程中，若干扰事件仅影响某些单项工程、单位工程或分部分项工程的工期，要分析它们对总工期的影响，可采用较简单的比例类推法。比例类推法可分为两种情况。

①　按工程量进行比例类推。

当计算出某一分部分项工程的工期延长后，还要把局部工期转变为整体工期，这可以用局部工程的工作量占整个工程工作量的比例来折算。如某工程在基础施工中，出现了不利的地质障碍，业主指令承包人进行处理，土方工程量由原来的 3600m^3 增至 4500m^3，原定工期为 48 天。因此承包人可提出工期索赔值为

$$工期索赔值=原工期\times\frac{额外或新增工程量}{原工程量}=48\times\frac{4500-3600}{3600}=12.0(天)$$

若本例中合同规定 10%范围内的工程量增加为承包人应承担的风险，则工期索赔值为

$$工期索赔值=48\times\frac{4500-3600\times(1+10\%)}{3600}=7.2(天)$$

② 按造价进行比例类推。

若施工中出现了很多大小不等的工期索赔事由，较难准确地单独计算且又麻烦时，可经双方协商，采用造价比较法确定工期补偿天数。

如：某工程合同总价为 1000 万元，总工期为 24 个月，现业主指令增加额外工程 90 万元，则承包人提出工期索赔为

$$工期索赔值=原合同工期\times\frac{附加或新增工程量价格}{原合同总价}=24\times\frac{90}{1000}=2.16(月)$$

比例类推法简单、方便，易于被人们理解和接受，但不尽科学、合理，有时不符合工程实际情况，且对有些情况如业主变更施工次序等不适用，甚至会得出错误的结果，在实际工作中应予以注意，正确掌握其适用范围。

(3) 直接法。

有时干扰事件直接发生在关键线路上或一次性地发生在一个项目上，造成总工期的延误。这时可通过查看施工日志、变更指令等资料，直接将这些资料中记载的延误时间作为工期索赔值。如承包人按工程师的书面工程变更指令，完成变更工程所用的实际工时即为工期索赔值。

如：某高层住宅楼工程，开工初期，由于业主提供的地下管网坐标资料不准确，于是经双方协商，由承包人经过多次重新测算得出准确资料，花费 3 周时间。在此期间，整个工程几乎陷入停工状态，于是承包人直接向业主提出 3 周的工期索赔。

5.2.6　施工中的其他项目费

施工中其他
项目费.mp4

施工中的其他项目费主要包括以下部分。

(1) 暂列金额：是指发包人在工程量清单中暂定并包括在工程合同价款中的一笔款项。用于施工合同签订时尚未确定或者不可预见的所需材料、工程设备、服务的采购，施工中可能发生的工程变更、合同约定调整因素出现时的工程价款调整以及发生的索赔、现场签证确认等的费用。

(2) 计日工：是指在施工过程中，承包人完成发包人提出的施工图纸以外的零星项目或工作所需的费用。

(3) 总承包服务费：是指总承包人为配合、协调发包人进行的专业工程发包，对发包人自行采购的材料、工程设备等进行保管以及施工现场管理、竣工资料汇总整理等服务所需的费用。

5.3　案　例　分　析

5.3.1　案例 1——合同类型

【例 1】　某一简单的小工程，甲方提供了项目招标文件和全套施工图纸，工期 7 个月，施工单位中标后与甲方签订了合同。甲方在乙方进入施工现场后，由于甲方原因，口头要求乙方暂停施工 10 日，乙方口头答应。工程按合同规定期限验收时，甲方发现工程质量有问题，要求返工。1 个月后，返工完毕。结算时甲方认为乙方迟延交付工程，应按合同约定偿付逾期违约金。乙方认为临时停工是甲方要求的，乙方为抢工期，加快施工进度才出现了质量问题，因此迟延交付的责任不在乙方。甲方则认为临时停工和不顺延工期是当时乙方答应的，乙方应履行承诺，承担违约责任。

问题：

1. 该工程应采用什么合同形式？
2. 该施工合同的变更形式是否妥当？
3. 此合同争议依据合同法律规范应如何处理？

解：问题 1

因为该工程项目有全套施工图纸，工程量能够较准确计算，规模不大，工期较短，技术不太复杂、风险不大，故应采用固定总价合同。

问题 2

该施工合同的变更形式不妥当。建设工程合同应采取书面形式，合同变更亦应采取书面形式。若在应急情况下，可采取口头形式，但事后必须予以书面确认。否则，当合同双方对合同变更内容有争议时，只能以书面协议的内容为准。本案例中甲方口头要求乙方临时停工，乙方口头答应，是甲、乙双方的口头协议，但事后并未以书面的形式予以确认，所以该合同变更形式不妥。在竣工结算时双方发生了争议，对此只能以原合同规定为准。

问题 3

施工期间，由于甲方原因停工，甲方应对停工承担责任，故应赔偿乙方停工 15 日的实际经济损失，工期顺延 15 日。工程因质量问题返工，造成逾期交付，责任在乙方，故乙方应当支付逾期交工 15 日的违约金，因质量问题引起的返工费用由乙方承担。

5.3.2　案例 2——索赔

【例 2】　某工程项目采用了固定单价施工合同。工程招标文件参考资料中提供的用砂地点距工地 4 公里。但是开工后，检查该砂质量不符合要求，承包商只得从另一距工地 20 公里的供砂点采购。而在一个关键工作面上又发生了 4 项临时停工事件。

事件 1：5 月 20 日至 5 月 26 日承包商的施工设备出现了从未出现过的故障；

事件 2：应于 5 月 27 日交给承包商的后续图纸直至 6 月 9 日才交给承包商；

事件 3：6 月 10 日至 6 月 12 日施工现场下了一场罕见的特大暴雨；

事件 4：6 月 13 日至 6 月 14 日该地区的供电全面中断。

问题：

1. 承包商索赔要求成立的条件是什么？

2. 由于供砂距离的增加，必然引起费用的增加，承包商经过认真仔细计算后，在业主指令下达的第 3 天，向业主的造价工程师提交了将原用砂单价每立方米提高 5 元的索赔要求。该索赔要求是否成立？为什么？

3. 若承包商对因业主原因造成的窝工损失进行索赔时，要求设备窝工损失按台班价格计算，人工的窝工损失按日工资标准计算是否合理？如不合理，应怎样计算？

4. 承包商按规定的索赔程序针对上述 4 项临时停工事件向业主提出了索赔，试说明每项事件工期和费用索赔能否成立？为什么？

5. 试计算承包商应得到的工期和费用索赔是多少(如果费用索赔成立，则业主按 2 万元/天补偿给承包商)？

6. 在业主支付给承包商的工程进度款中是否应扣除因设备故障引起的竣工拖期违约损失赔偿金？为什么？

解：问题 1

承包商索赔要求成立必须同时具备以下四个条件：①与合同相比较，已造成了实际的额外费用和(或)工期损失；②造成费用增加和(或)工期损失的原因不是承包商的过失；③造成的费用增加和(或)工期损失不是应由承包商承担的风险；④承包商在事件发生后的规定时间内提出了索赔的书面意向通知和索赔报告。

问题 2

因供砂距离增大提出的索赔不能被批准，理由是：①承包商应对自己就招标文件的理解负责；②承包商应对自己报价的正确性与完备性负责；③作为一个有经验的承包商可以通过现场踏勘确认招标文件参考资料中提供的用砂质量是否合格，若承包商没有通过现场踏勘发现用砂质量问题，其相关风险应由承包商承担。

问题 3

不合理。因窝工闲置的设备按折旧费或停滞台班费或租赁费计算，不包括运转费部分；人工费损失应考虑这部分工作的工人调作其他工作时工效降低的费用损失；一般用工日单价乘以一个测算的降效系数计算这一部分损失，而且只按成本费用计算，不包括利润。

问题 4

事件 1：工期和费用索赔均不成立，因为设备故障属于承包商应承担的风险。

事件 2：工期和费用索赔均成立，因为延误图纸交付时间属于业主应承担的风险。

事件 3：特大暴雨属于双方共同的风险，工期索赔成立，设备和人工的窝工费用索赔不成立。

事件 4：工期和费用索赔均成立，因为停电属于业主应承担的风险。

问题 5

事件 1：5 月 27 日至 6 月 9 日，工期索赔 14 天，费用索赔 14×2= 28(万元)；

事件 2：6 月 10 日至 6 月 12 日，工期索赔 3 天；

事件 3：6 月 13 日至 6 月 14 日，工期索赔 2 天，费用索赔 2×2=4(万元)；

合计：工期索赔 19 天，费用索赔 32 万元。

问题 6

业主不应在支付给承包商的工程进度款中扣除竣工拖期违约损失赔偿金，因为设备故障引起的工程进度拖延不等于竣工工期的延误。如果承包商能够通过施工方案的调整将延误的时间补回，将不会造成工期延误；如果承包商不能通过施工方案的调整将延误的时间补回，将会造成工期延误。所以，工期提前奖励或拖期罚款应在竣工时处理。

5.3.3　案例 3——工期索赔

【例3】　某工程，发包人和承包人按照《建设工程施工合同(示范文本)》签订了合同，经总监理工程师批准的施工总进度计划如图 5-1 所示(时间单位：天)，各项工作均按最早开始时间安排且匀速施工。

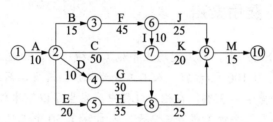

图 5-1　施工总进度计划图

工程施工过程中发生以下事件。

事件 1：合同约定开工日期前 10 天，承包人向项目监理机构递交了书面申请，请求将开工日期推迟 5 天。理由是：已安装的施工起重机械未通过有资质的检验机构的安全验收，需要更换主要支撑部件。

事件 2：主体结构施工时，发包人收到了用于工程的商品混凝土不合格的举报，立刻指令总包单位暂停施工。经检测鉴定单位对商品混凝土的抽样检验及混凝土实体质量抽芯检测，质量符合要求。为此，施工总包单位向项目监理机构提交了暂停施工后人员窝工及机械闲置的费用索赔申请。

事件 3：施工总进度计划调整后，工作 L 按期开工。施工合同约定，工作 L 要安装的设备由发包人采购，由于设备到货检验不合格，发包人进行了退还。由此导致承包人吊装机械台班费损失 8 万元，L 工作拖延 9 天。承包人向项目监理机构提出了费用补偿和工程延期申请。

问题：

1. 事件 1 中，项目监理机构是否应批准工程推迟开工？说明理由。

2. 事件 2 中，项目监理机构是否应批准施工总包单位的索赔申请？请说明理由。

3. 事件 3 中，项目监理机构是否应批准费用补偿和工程延期？分别说明理由。

解：问题 1

总监理工程师应批准事件 1 中承包人提出的延期开工申请。理由：根据《建设工程施工合同(示范文本)》的规定，如果承包人不能按时开工，应在不迟于协议约定开工日期的前

7天以书面形式向监理工程师提出延期开工的理由和要求，本案例是在开工前10天提出的。承包人在合同规定的有效期内提出了申请，说明承包人不具备施工条件。总监理工程师应批准承包人提出的延期5天开工申请。但由于承包人自身责任，总工期不予顺延。

问题2

项目监理机构应批准施工总包单位的索赔申请。理由：根据《建设工程施工合同(示范文本)》(GF-2017-0201)重新检查条款的规定，经检查证明工程质量符合合同要求的，由发包人承担由此增加的费用和(或)延误的工期，并支付承包人合理的利润。

问题3

费用补偿应当批准。因为是发包人采购的材料出现质量检测不合格导致的，属于发包人的责任，故监理机构应批准承包人因此发生的费用损失。

工期不予顺延。因为L工作拖延工期9天未超过其总时差10天，故不应补偿工期。

5.3.4 案例4——费用索赔

【例4】 某施工合同约定，施工现场主导施工机械一台，由施工企业租得，台班单价为300元/台班，租赁费为100元/台班，人工工资为40元/工日，窝工补贴为10元/工日，以人工费为基数的综合费率为35%，在施工过程中，发生了以下事件。

(1) 出现异常恶劣天气导致工程停工2天，人员窝工30个工日；

(2) 因恶劣天气导致场外道路中断，抢修道路用工20工日；

(3) 场外大面积停电，停工2天，人员窝工10工日。

为此，施工企业可向业主索赔多少费用？

解：各事件处理结果如下。

(1) 异常恶劣天气导致的停工通常不能进行费用索赔；

(2) 抢修道路用工的索赔额=20×40×(1+35%)=1080(元)；

(3) 停电导致的索赔额=2×100+10×10=300(元)。

索赔总费用=1080+300=1380(元)。

5.3.5 案例5——工程变更

【例5】 某工程项目施工招标文件中表明该工程采用综合单价计价方式。其中，合同约定，实际完成工程量超过估计工程量的15%以上时允许调整单价。原来合同中有A、B两项土方工程，工程量均为16万 m^3 ，土方工程的合同单价为16元/m^3 。实际工程量与估计工程量相等。施工过程中，总监理工程师以设计变更通知发布新增土方工程C的指示，该工作的性质和施工难度与A、B工作相同，工程量为32万 m^3 。总监理工程师与承包单位依据合同约定协商后，确定的土方变更价单价为14元/m^3 。计算承包人提出的上述变更费用，并说明理由。

解：承包人的变更费用计算如下。

(1) 工程量清单中计划土方=16+16=32(万 m^3)；

(2) 新增土方工程量=32(万 m^3);

(3) 按照合同约定,应按原单价计算的新增工程量=32×15%=4.8(万 m^3);

(4) 新增土方工程款=4.8×16+(32-4.8)×14=457.6(万元)。

5.3.6　案例 6——不可抗力索赔

【例 6】　某市政府投资新建一学校,工程内容包括办公楼、教学楼、实验室、体育馆等,招标文件的工程量清单表中,招标人给出了材料暂估价,承发包双方按《建设工程工程量清单计价规范》(GB 50500—2013)以及《标准施工招标文件》签订了施工承包合同。合同规定,国内《标准施工招标文件》不包括的工程索赔内容,执行 FIDIC 合同条件的规定。

工程实施过程中,发生了以下事件。

事件 1: 投标截止日期前 15 天,该市工程造价管理部门发布了人工单价及规费调整的有关文件。

事件 2: 分部分项工程量清单中,天平吊顶项目特征描述中的龙骨规格、中距与设计图纸要求不一致。

事件 3: 按实际施工图纸施工的基础土方工程量与招标人工程量清单表中挖基础土方工程量发生了较大的偏差。

事件 4: 主体结构施工阶段遇到强台风和特大暴雨,造成施工现场部分脚手架倒塌,损坏了部分已完工程、施工现场承发包双方办公用房、施工设备和运到施工现场待安装的一台电梯。事后,承包方及时按照发包方要求清理现场,恢复施工,重建承发包双方现场办公用房,发包方还要求承包方采取措施,确保工程按原工期完成。

事件 5: 由于资金原因,发包方取消了原合同中体育馆工程内容。在工程竣工结算时,承包方就发包方取消合同中体育馆工程内容提出补偿管理费和利润的要求,但遭到发包方拒绝。

上述事件发生后,承包方及时对可索赔事件提出了索赔。

问题:

1. 投标人对设计材料暂估价的分部分项进行投标报价,以及该项目工程造价价款的调整有哪些规定?

2. 根据《建设工程工程量清单计价规范》(GB 50500—2013)分别指出对事件 1、事件 2、事件 3 应如何处理,并说明理由。

3. 事件 4 中,承包方可提出哪些损失和费用的索赔?

4. 事件 5 中,发包方拒绝承包方要求的做法是否合理? 说明理由。

解: 问题 1

报价时对材料暂估价应进入分部分项综合单价,计入分部分项工程费用。

在工程价款调整时,材料暂估价如需依法招标的,由发包人和承包人以招标方式确定供应商或分包人,不需要招标的由承包人提供,发包人确认。中标或确认的金额与工程量清单中的暂估价的金额差以及相应的税金等其他费用列入合同价格。

问题 2

事件 1 中，人工单价和规费调整在工程结算中予以调整。因为报价以投标截止日期前 28 天为基准日，其后的政策性人工单价和规费调整，不属于承包人的风险，在结算中予以调整；

事件 2 中，清单项目特征描述与图纸不符，报价时按清单项目特征描述确定投标报价综合单价，结算时由投标人根据实际施工的项目特征，依据合同约定重新确定综合单价；

事件 3 中，挖基础土方工程量的偏差，是招标人应承担的风险。清单规范规定：采用工程量清单方式招标，工程量清单必须作为招标文件的组成部分，其准确性和完整性由招标人负责。

问题 3

事件 4 中，承包方可提出的索赔：部分已完工程损坏修复费、发包人办公用房重建费、已运至现场待安装的电梯损坏修复费、现场清理费，以及承包方采取措施确保按原工期完成的赶工费。

问题 4

不合理的。按照 FIDIC 索赔条例，发包人取消合同中的部分工程，应对承包人(除直接费以外)间接费、利润和税金进行适当补偿，本案例承包人提出的管理费和利润补偿合理。

5.3.7 案例 7——工程索赔

【例 7】 某大型土石方工程开挖过程中，施工单位施工过程中发现，在合同标明有松软石的地方没有遇到松软石，因此工期提前 1 个月。但在合同中另一未标明有坚硬岩石的地方遇到更多的坚硬岩石，开挖工作变得更加困难，因此工期拖延了 3 个月。由于工期拖延，使得施工不得不在冬季进行，又影响工期 1 个月。为此承包商向甲方提出索赔。

问题：

1. 简述索赔的基本程序。

2. 该项施工索赔能否成立？为什么？

3. 在该索赔事件中，提出的索赔内容应包括哪些方面？

4. 在施工索赔中通常可以作为索赔证据的有哪些？

5. 施工单位提供的索赔文件包括哪些？

解：问题 1

(1) 索赔事件发生 28 天内，向工程师发出索赔意向通知；

(2) 发出索赔意向通知后 28 天内，向工程师提出延长工期和(或)补偿经济损失的索赔报告及有关资料；

(3) 工程师在收到施工单位送交的索赔报告及有关资料后，应于 28 天内给予答复，或要求施工单位进一步补充索赔理由和证据；

(4) 工程师在收到施工单位送交的索赔报告和有关资料后，28 天内未予答复或未对施工单位做进一步要求的，视为该索赔已经认可；

(5) 当该索赔事件持续进行时，施工单位应当阶段性向工程师发出索赔意向，在索赔事件终了 28 天内，向工程师送交索赔的有关资料和最终索赔报告。

问题 2

该项施工索赔成立，施工过程中，在合同未标明有坚硬岩石的地方遇到更多的坚硬岩石，属于施工现场的施工条件与原来的勘察有很大差异，属于业主的责任范围。

问题 3

包括费用索赔和工期索赔。

问题 4

(1) 招标文件、工程合同及附件，业主认可的施工组织设计、工程图纸、技术规范等；

(2) 工程各项有关设计交底记录，变更图纸，变更施工指令等；

(3) 工程各项经业主或监理工程师确认的签证；

(4) 工程往来信件、指令、信函、通知答复等(往来书信也可)；

(5) 工程会议纪要；

(6) 施工计划及现场实施情况记录；

(7) 施工日志及备忘录；

(8) 工程送水送电，道路开通、封闭的日期及数量记录；

(9) 工程预付款、进度款拨付情况；

(10) 工程有关的施工照片及录像等；

(11) 施工现场气候记录情况等；

(12) 工程验收报告及技术鉴定报告等；

(13) 工程材料采购、订货、运输、进场、验收、使用等方面的凭据；

(14) 工程会计核算资料；

(15) 国家、省、市有关工程造价、工期的文件、规定等。

问题 5

索赔文件有：

(1) 索赔信(也可是索赔通知)；

(2) 索赔报告；

(3) 索赔证据与详细计算书等附件。

本 章 小 结

通过本章的学习，学生了解了建设工程合同概述与分类、合同价款的调整范围和工程价款的变更方法；掌握了工程量的计算、工程款支付及合同中不可抗力事件、合同争议处理方法及缺陷责任期；了解了工程索赔基本知识及索赔原因和程序；掌握了反索赔和施工索赔计算及施工中的其他项目费，为以后的学习或者工作打下了坚实的基础。

实 训 练 习

一、单选题

1. 施工企业的项目经理指挥失误，给建设单位造成损失的，建设单位应当要求(　　　)

赔偿。

    A. 施工企业　　　　　　　　B. 施工企业的法定代表人

    C. 施工企业的项目经理　　　D. 具体的施工人员

2. 根据专用条款约定的内容和时间，不属于发包人的工作范畴的是(　　)。

    A. 办理土地征用，拆迁补偿、平整施工场地等工作，使施工场地具备施工条件，并在开工后继续解决以上事项的遗留问题

    B. 向承包人提供施工场地的工程地质和地下管线资料，保证数据真实，位置准确

    C. 提供年、季、月工程进度计划及相应进度统计报表

    D. 确定水准点与坐标控制点，以书面形式交给承包人，并进行现场校验

3. 设计人的设计工作进展不到委托设计任务的一半时，发包人由于项目建设资金的筹措发生问题而决定停建该项目，单方发出解除合同的通知。按照设计范本的规定，设计人应(　　)。

    A. 没收全部定金补偿损失

    B. 要求发包人支付双倍的定金

    C. 要求发包人补偿实际发生的损失

    D. 要求发包人付给合同约定设计费用的 50%

4. 施工合同的合同工期是判定承包人提前或延误竣工的标准。订立合同时约定的合同工期概念应从(　　)的日历天数计算。

    A. 合同签字日起按投标文件中承诺

    B. 合同签字日起按招标文件中要求

    C. 合同约定的开工日起按投标文件中承诺

    D. 合同约定的开工日起按招标文件中要求

5. 工程师要求暂停施工的赔偿与责任的说法错误的为(　　)。

    A. 停工责任在发包人，由发包人承担所发生的追加合同价款，赔偿承包商由此造成的损失，相应顺延工期

    B. 停工责任在承包人，由承包人承担发生的费用，相应顺延工期

    C. 停工责任在承包人，因为工程师不及时做出答复，导致承包人无法复工，由发包人承担违约责任

    D. 停工责任在承包人，由承包人承担发生的费用，工期不予顺延

6. 材料采购在交货清点数量时发现，交货数量少于订购的数量，但数量的短少在合同约定的允许磅差范围内，采购方应(　　)。

    A. 拒付货款并索赔　　　　　　B. 按照订购数量及时付款

    C. 按照实际交货数量及时付款　　D. 待供货方补足数量后再付

7. FIDIC《施工合同条件》的"缺陷通知期"，是指(　　)。

    A. 工程保修期

    B. 承包商的施工期

    C. 工程师在施工过程中发出改正质量缺陷通知的时限

    D. 工程师在施工过程中对承包商改正缺陷限定的时间

8. 由于业主提供的设计图纸错误导致分包工程返工，为此分包商向承包商提出索赔，承包商(　　)。

    A. 因不属于自己的原因拒绝索赔要求

    B. 认为要求合理，先行支付后再向业主索赔

    C. 不予支付，以自己的名义向工程师提交索赔报告

    D. 不予支付，以分包商的名义向工程师提交索赔报告

9. 施工中遇到连续 10 天超过合同约定等级的大暴雨天气而导致施工进度的延误，承包商为此事件提出的索赔属于应(　　)。

    A. 由承包商承担的风险责任   B. 给予费用补偿并顺延工期

    C. 给予费用补偿但不顺延工期   D. 给予工期顺延但不给费用补偿

10. 施工合同通用条款规定，当施工合同文件中出现含糊不清或不一致的情况时，下列选项中解释顺序排列正确的为(　　)。

    A. 专用条款、通用条款、中标通知书、图纸

    B. 中标通知书、协议书、专用条款、通用条款

    C. 中标通知书、投标书、协议书、图纸

    D. 中标通知书、专用条款、通用条款、图纸

11. 施工合同中，承包人按照工程师提出的施工进度计划修改建议进行了修改，由于修改后的计划不合理而导致的窝工损失应当由(　　)承担。

    A. 发包人   B. 承包人   C. 工程师   D. 发包人与承包人共同

12. FIDIC 施工合同条件规定，应从(　　)之日止的持续时间为缺陷通知期，承包商负有修复质量缺陷的义务。

    A. 开工日起至颁发接收证书

    B. 开工令要求的开工日起至颁发接收证书中指明的竣工

    C. 颁发接收证书日起至颁发履约证书

    D. 接收证书中指明的竣工日起至颁发履约证书

13. 在工程施工中由于(　　)原因导致的工期延误，承包方应当承担违约责任。

    A. 不可抗力   B. 承包方的设备损坏

    C. 设计变更   D. 工程量变化

14. 委托任务并负责支付报酬的一方称(　　)。

    A. 承包人   B. 发包人   C. 出资人   D. 出工人

二，多选题

1. 当事人一方不履行合同义务或者履行合同义务不符合约定的，应承担的违约责任包括(　　)。

    A. 合同继续履行   B. 采取补救措施   C. 支付双倍违约金

    D. 返还财产恢复原状   E. 赔偿损失

2. 某工程施工中由于业主提出设计变更，导致工程量增加和工期延误，则承包商可索赔的费用包括(　　)。

    A. 人工费   B. 材料费   C. 机械费

D. 管理费　　　　　　　　E. 利润

3. 建设工程施工合同按合同的计价方式可划分为(　　)。

  A. 专业承包合同　　　　B. 可调整价格合同　　　　C. 分包合同

  D. 成本加酬金合同　　　E. 固定价格合同

4. 《建设工程施工合同》由(　　)三部分组成。

  A. 协议书　　　　　　　B. 通用条款　　　　　　　C. 专用条款

  D. 工程质量保证书　　　E. 承包人承揽工程项目一览表

5. 施工索赔从索赔的目的来看可分为(　　)。

  A. 质量索赔　　　　　　B. 数量索赔　　　　　　　C. 工期索赔

  D. 费用索赔　　　　　　E. 综合索赔

三、简答题

1. 简述建设施工合同的分类方法。

2. 简述合同争议的处理方法。

3. 简述建设工程索赔的概念。

4. 简述工程索赔的程序。

实训工作单一

班级		姓名		日期	
教学项目	建设工程合同管理与索赔				
任务	掌握合同类型		案例类型	合同类型分析	
相关知识			建设工程合同管理知识		
其他要求					

案例分析过程记录

评语				指导教师	

实训工作单二

班级		姓名		日期	
教学项目	建设工程合同管理与索赔				
任务	掌握建设工程索赔		案例类型	1. 工期索赔 2. 费用索赔 3. 不可抗力索赔	
相关知识			建设工程索赔相关知识		
其他要求					
案例分析过程记录					
评语				指导教师	

第 6 章　工程款结
算与竣工决算.pdf

第 6 章　工程结算与竣工决算

06

【学习目标】

- 了解工程结算的概念和内容、工程结算依据及结算方式。
- 了解工程价款结算的计算规则、工程预付款。
- 掌握期中支付、工程价款的动态结算及质量保修金。
- 了解竣工结算概述、审查及竣工结算的编制方法。
- 掌握竣工结算款支付及决算报告的主要内容。

第 6 章学习
目标.mp4

【教学要求】

本章要点	掌握层次	相关知识点
工程结算的概念和内容、工程结算依据及结算方式	1. 了解工程结算的概念和内容 2. 掌握工程结算依据及结算方式	工程结算
工程价款结算的计算规则、工程预付款	1. 掌握工程价款结算的计算 2. 掌握工程预付款计算	工程价款结算
期中支付、工程价款的动态结算及质量保修金	1. 掌握期中支付 2. 掌握工程价款的动态结算及质量保修金	工程量的计算、工程款支付计算
工程结算概述、审查及竣工结算的编制方法	了解工程结算概述、审查及竣工结算的编制方法	工程结算
竣工结算款支付及决算报告的主要内容	掌握竣工结算款支付及决算报告的主要内容	竣工结算款支付、决算报告

【项目案例导入】

某建筑工程公司(以下称承包人)通过投标承包了扬州市某学校(以下称业主)的食堂、浴室单位工程。工程建筑面积为 9447m², 基础为预应力管桩和桩承台, 主体为钢筋混凝土框架结构。采用工程量清单招投标, 甲乙双方签订了固定总价合同。工程计划于 2015 年 11 月 6 日开工, 实际于 2015 年 12 月 11 日开工, 2016 年 8 月 25 日如期竣工。承包方于 2017 年 9 月 20 日接受受业主委托对该项目进行工程结算审核。结算过程中在质量扣款、合同赶工措施费、生活水电费扣除、施工中变更签证部分的措施费是否计取等问题上存在很大争议。

【项目问题导入】

(1) 是否应按合同协议中工程质量为"合格"确保"琼花杯"精神执行?

(2) 赶工措施费如何计取?

(3) 签证中零星用工单价 80 元/工日是否合理?

(4) 生活水、电费如何扣除?

(5) 施工中变更签证部分措施费是否应计入?

6.1 工 程 结 算

6.1.1 工程结算的概念和内容

第 6 章 工程结算.avi

工程结算是指施工企业按照承包合同和已完成工程量向建设单位(业主)办理工程价清算的经济活动。工程建设周期长, 耗用资金数大, 为使建筑安装企业在施工中耗用的资金及时得到补偿, 需要对工程价款进行中间结算(进度款结算)、年终结算, 全部工程竣工验收后应进行竣工结算。工程结算是工程项目承包中的一项十分重要的工作。工程款结算以施工企业提出的统计进度月报表, 并报监理工程师确认, 经业主主管部门认可, 作为工程进度款支付的依据。

工程结算的概念.mp4

6.1.2 工程结算依据及结算方式

1. 工程结算依据

(1) 国家有关法律、法规、规章制度和相关的司法解释;

(2) 国务院建设行政主管部门以及各省、自治区、直辖市和有关部门发布的工程造价计价标准、计价办法、有关规定及相关解释;

(3) 施工方承包合同、专业分包合同及补充合同, 有关材料、设备采购合同;

(4) 招投标文件, 包括招标答疑文件、投标承诺、中标报价书及其组成内容;

(5) 工程竣工图或施工图、施工图会审记录, 经批准的施工组织设计, 以及设计变更、工程洽商和相关会议纪要；

(6) 经批准的开、竣工报告或停、复工报告；

(7) 建设工程工程量清单计价规范或工程预算定额、费用定额及价格信息、调价规定等；

(8) 工程预算书；

(9) 影响工程造价的相关资料；

(10) 安装工程定额基价；

(11) 结算编制委托合同。

2．工程结算方式

工程结算方式.mp4

我国常采用的工程结算方式主要有以下几种。

1) 按月结算

实行旬末或月中预支，月终结算，竣工后清算的方法。跨年度竣工的工程，在年终进行工程盘点，办理年度结算。

2) 竣工后一次结算

建设项目或单项工程全部建筑安装工程建设期在 12 个月以内，或者工程承包价值在 100 万元以下的，可以实行工程价款每月月中预支，竣工后一次结算。

3) 分段结算

分段结算是指当年开工，当年不能竣工的单项工程或单位工程，按其施工形象进度划分不同施工阶段，按阶段进行工程价款结算。

4) 目标结算方式

目标结算是指在工程合同中，将承包工程的内容分解成不同的控制界面，以业主验收控制界面作为支付工程款的前提条件。也就是说，将合同中的工程内容分解成不同的验收单元，当施工单位完成单元工程内容并经业主验收后，业主支付构成单元工程内容的工程价款。

在目标结算方式下，施工单位要想获得工程价款，必须按照合同约定的质量标准完成界面内的工程内容，要想尽早获得工程价款，施工单位必须充分发挥自己的组织实施能力，在保证质量的前提下，加快施工进度。

5) 结算双方约定的其他结算方式

实行预收备料款的工程项目，在承包合同或协议中应明确发包单位(甲方)在开工前拨付给承包单位(乙方)工程备料款的预付数额、预付时间，开工后扣还备料款的起扣点、逐次扣还的比例，以及办理的手续和方法。

我国有关规定，备料款的预付时间应不迟于约定的开工日期前 7 天。发包方不按约定预付的，承包方在约定预付时间 7 天后向发包方发出要求预付的通知。发包方收到通知后仍不能按要求预付的，承包方可在发出通知后 7 天停止施工，发包方应从约定应付之日起向承包方支付应付款的贷款利息，并承担违约责任。

6.1.3 工程价款结算的计算规则

在进行工程结算时,要根据现行的工程量计算规则、现行的计价程序、合同约定及确认的工程变更和索赔进行结算。在采用工程量清单计价的方式下,工程竣工结算的计价原则如下。

工程价款结算
计价原则.mp4

(1) 分部分项工程和措施项目中的单价项目应依据双方确认的工程量与已标价的工程量清单的综合单价计算;如发生调整的,以发、承包双方确认调整的综合单价计算。

(2) 措施项目中的总价项目应依据合同约定的项目和金额计算;如发生调整的,以发、承包双方确认调整的金额计算,其中安全文明施工费必须按照国家或省级、行业建设主管部门的规定计算。

(3) 其他项目应按下列规定计算。

① 计日工应按发包人实际签证确认的事项计算;

② 暂估价应由发、承包双方按照《建设工程工程量清单计价规范》(GB 50500—2013)的相关规定计算;

③ 总承包服务费应依据合同约定金额计算,如发生调整的,以发、承包双方确认调整的金额计算;

④ 施工索赔费用应依据发、承包双方确认的索赔事项和金额计算;

⑤ 现场签证费用应依据发、承包双方签证资料确认的金额计算;

⑥ 暂列金额应减去工程价款调整(包括索赔、现场签证)金额计算,如有余额归发包人。

(4) 规费和税金应按照国家或省级、行业建设主管部门的规定计算。规费中的工程排污费应按工程所在地环境保护部门规定标准缴纳后按实列入。

此外,发、承包双方在合同工程实施过程中已经确认的工程量结果和合同价款,在竣工结算办理中应直接进入决算。

6.1.4 工程预付款

1. 工程预付款的支付

工程预付款是发包人为帮助承包人解决施工准备阶段的资金周转问题而提前支付的一笔款项,用于承包人为合同工程施工购置材料、机械设备、修建临时设施以及施工队伍进场等。工程是否实行预付款,取决于工程性质、承包工程量的大小及发包人在招标文件中的规定。工程实行预付款的,发包人应按合同约定的时间和比例(或金额)向承包人支付工程预付款。当合同对工程预付款的支付没有约定时,按照财政部、建设部印发的《建设工程价款结算暂行办法》(财建[2004]369号)的规定办理。

(1) 工程预付款的额度。包工包料的工程原则上预付比例不低于合同金额(扣除暂列金额)的10%,不高于合同金额(扣除暂列金额)的30%;对重大工程项目,按年度工程计划逐年预付。实行工程量清单计价的工程,实体性消耗和非实体性消耗部分应在合同中分别约定预付款比例(或金额)。

(2) 工程预付款的支付时间。在具备施工条件的前提下，发包人应在双方签订合同后的一个月内或约定的开工日期前的 7 天内预付工程款。若发包人未按合同约定预付工程款，承包人应在预付时间到期后 10 天内向发包人发出要求预付的通知，发包人收到通知后仍不按要求预付的，承包人可在发出通知 14 天后停止施工，发包人应从约定应付之日起按同期银行贷款利率计算向承包人支付应付预付款的利息，并承担违约责任。

(3) 凡是没有签订合同或不具备施工条件的工程，发包人不得预付工程款，不得以预付款为名转移资金。

2. 工程预付款的抵扣

预付款额度.mp4

发包人拨付给承包人的工程预付款属于预支的性质。随着工程进度的推进，拨付的工程进度款数额不断增加，工程所需主要材料、构件的储备逐步减少，原已支付的预付款应以抵扣的方式从工程进度款中予以陆续扣回。预付的工程款必须在合同中约定扣回方式，常用的扣回方式有以下几种。

(1) 在承包人完成金额累计达到合同总价一定比例(双方合同约定)后，采用等比率或等额扣款的方式分期抵扣。也可针对工程实际情况具体处理，如有些工程工期较短、造价较低，就无须分期扣还；有些工期较长，如跨年度工程，其预付款的占用时间很长，根据需要可以少扣或不扣。

(2) 从未完施工工程尚需的主要材料及构件的价值相当于工程预付款数额时起扣，从每次中间结算工程价款中，按材料及构件比重抵扣工程预付款，至竣工之前全部扣清。其基本计算公式如下：

① 起扣点的计算公式：

$$T = P - \frac{M}{N} \tag{6-1}$$

式中：T——起扣点，即工程预付款开始扣回的累计已完工程价值；

P——承包工程合同总额；

M——工程预付款数额；

N——主要材料及构件所占比重。

② 第一次扣还工程预付款数额的计算公式：

$$a_1 = \left(\sum_{i=1}^{n} T_i - T \right) \times N \tag{6-2}$$

式中：a_1——第一次扣还工程预付款数；

$\sum_{i=1}^{n} T_i$——累计已完工程价值。

③ 第二次及以后各次扣还工程预付款数额的计算公式：

$$a_i = T_i \times N \tag{6-3}$$

式中：a_i——第 i 次扣还工程预付款数额($i > 1$)；

T_i——第 i 次扣还工程预付款时，当期结算的已完工程价值。

6.1.5 期中支付

1. 期中支付价款的计算

(1) 已完工程的结算价款。已标价工程量清单中的单价项目，承包人应按工程计量确认的工程量与综合单价计算。如综合单价发生调整的，以发、承包双方确认调整的综合单价计算进度款。

已标价工程量清单中的总价项目，承包人应按合同中约定的进度款支付分解，分别列入进度款支付申请中的安全文明施工费和本周期应支付的总价项目的金额中。

(2) 结算价款的调整。承包人现场签证和得到发包人确认的索赔金额列入本周期应增加的金额中。由发、承包人提供的材料、工程设备金额，应按照发包人签约提供的单价和数量从进度款支付中扣除，列入本周期应扣减的金额中。

2. 进度款

发、承包双方应按照合同约定的时间、程序和方法，根据工程计量结果，办理期中价款结算，支付进度款。进度款支付周期，应与合同约定的工程计量周期一致。其中，工程量的正确计量是发包人向承包人支付进度款的前提和依据。计量和付款周期可采用分段或按月结

进度款支付方式.mp4

算的方式，按照财政部、建设部印发的《建设工程价款结算暂行办法》(财建[2004]369 号)的规定。

(1) 按月结算与支付。即实行按月支付进度款，竣工后结算的办法。合同工期在两个年度以上的工程，在年终进行工程盘点，办理年度结算。

(2) 分段结算与支付。即当年开工、当年不能竣工的工程按照工程形象进度，划分不同阶段，支付工程进度款。

当采用分段结算方式时，应在合同中约定具体的工程分段划分方法，付款周期应与计量周期一致。

《建设工程工程量清单计价规范》(GB 50500—2013)规定：已标价工程量清单中的单价项目，承包人应按工程计量确认的工程量与综合单价计算；如综合单价发生调整的，以发、承包双方确认调整的综合单价计算进度款。已标价工程量清单中的总价项目，承包人应按合同中约定的进度款支付分解，分别列入进度款支付申请中的安全文明施工费和本周期应支付的总价项目的金额中。发包人提供的甲供材料金额，应按照发包人签约提供的单价和数量从进度款支付中扣除，列入本周期应扣减的金额中。进度款的支付比例按照合同约定，按期中结算价款总额计，不低于 60%，不高于 90%。

3. 承包人支付申请的内容

承包人应在每个计量周期到期后的 7 天内向发包人提交已完工程进度款支付申请一式四份，详细说明此周期内认为有权得到的款额，包括分包人已完工程的价款。支付申请应包括下列内容。

(1) 累计已完成的合同价款。

(2) 累计已实际支付的合同价款。

(3)　本周期合计完成的合同价款。

①　本周期已完成单价项目的金额;

②　本周期应支付的总价项目的金额;

③　本周期已完成的计日工价款;

④　本周期应支付的安全文明施工费;

⑤　本周期应增加的金额。

(4)　本周期合计应扣减的金额。

①　本周期应扣回的预付款;

②　本周期应扣减的金额。

(5)　本周期实际应支付的合同价款。

4. 发包人支付进度款

发包人应在收到承包人进度款支付申请后的 14 天内,根据计量结果和合同约定对申请内容予以核实,确认后向承包人出具进度款支付证书。若发、承包双方对某些清单项目的计量结果出现争议,发包人应对无争议部分的工程计量结果向承包人出具进度款支付证书。发包人应在签发进度款支付证书后的 14 天内,按照支付证书列明的金额向承包人支付进度款。若发包人逾期未签发进度款支付证书,则视为承包人提交的进度款支付申请已被发包人认可,承包人可向发包人发出催告付款的通知。发包人应在收到通知后的 14 天内,按照承包人支付申请的金额向承包人支付进度款。发包人未按规定支付进度款的,承包人可催告发包人支付,并有权获得延迟支付的利息;发包人在付款期满后的 7 天内仍未支付的,承包人可在付款期满后的第 8 天起暂停施工。发包人应承担由此增加的费用和延误的工期,向承包人支付合理利润,并应承担违约责任。若发现已签发的任何支付证书有错、漏或重复的数额,发包人有权予以修正,承包人也有权提出修正申请。经发、承包双方复核同意修正的,应在本次到期的进度款中支付或扣除。

6.1.6　工程价款的动态结算

工程价款的动态结算就是要把各种动态因素渗透到结算过程中,使结算大体能反映实际的消耗费用。

工程价款结算动态
方法.mp4

1. 按实际价格结算法

采用按实际价格结算法时,工程承包商可凭发票按实报销。这种方法方便,但由于是实报实销,因而承包商对降低成本不感兴趣,为了避免副作用,造价管理部门要定期公布最高结算限价,同时合同文件中应规定建设单位或监理工程师有权要求承包商选择更廉价的供应来源。

2. 按主材计算价差

按主材计算价差是指发包人在招标文件中列出需要调整价差的主要材料表及其基期价格(一般采用当时当地工程价格管理机构公布的信息价或结算价),工程竣工结算时按竣工当时当地工程价格管理机构公布的材料信息价或结算价，与招标文件中列出的基期价比较计算材料差价。

3. 主料按抽料计算价差

主料按抽料计算价差，其他材料按系数计算价差。主要材料按施工图预算计算的用量和竣工当月当地工程价格管理机构公布的材料结算价或信息价与基价对比计算差价。其他材料按当地工程价格管理机构公布的竣工调价系数计算方法计算差价。

4. 竣工调价系数法

按工程价格管理机构公布的竣工调价系数及调价计算方法计算差价。

5. 调值公式法(又称动态结算公式法)

根据国际惯例，对建设工程已完成投资费用的结算，一般采用此法。事实上，绝大多数情况是发包方和承包方在签订的合同中就明确规定了调值公式。

1) 利用调值公式进行价格调整的工作程序及监理工程师应做的工作

价格调整的计算工作比较复杂，其程序是：首先，确定计算物价指数的品种，一般来说，品种不宜太多，只确立那些对项目投资影响较大的因素，如设备、水泥、钢材、木材和工资等，这样便于计算。

其次，要明确以下两个问题：一是合同价格条款中，应写明经双方商定的调整因素，在签订合同时要写明考核几种物价波动到何种程度才进行调整。二是考核的地点和时点：地点一般在工程所在地，或指定的某地市场价格；时点指的是某月某日的市场价格。这里要确定两个时点价格，即基准日期的市场价格(基础价格)和与特定付款证书有关的期间最后一天的49天前的时点价格。这两个时点就是计算调值的依据。

最后，确定各成本要素的系数和固定系数，各成本要素的系数要根据各成本要素对总造价的影响程度而定。各成本要素系数之和加上固定系数应该等于1。

在实行国际招标的大型合同中，监理工程师应负责按下述步骤编制价格调值公式。

(1) 分析施工中必需的投入，并决定选用一个公式，还是选用几个公式；

(2) 估计各项投入占工程总成本的相对比重，以及国内投入和国外投入的分配，并决定对国内成本与国外成本是否分别采用单独的公式；

(3) 选择能代表主要投入的物价指数；

(4) 确定合同价中固定部分和不同投入因素的物价指数的变化范围；

(5) 规定公式的应用范围和用法；

(6) 如有必要，规定外汇汇率的调整。

2) 建筑安装工程费用的价格调值公式

建筑安装工程费用价格调值公式与货物及设备的调值公式基本相同。它包括固定部分、材料部分和人工部分三项。但因建筑安装工程的规模和复杂性增大，公式也变得更长、更复杂。典型的材料成本要素有钢筋、水泥、木材、钢构件、沥青制品等，同样，人工可包括普通工和技术工。调值公式一般为：

$$P = P_0 \left(a_0 + a_1 \frac{A}{A_0} + a_2 \frac{B}{B_0} + a_3 \frac{C}{C_0} + a_4 \frac{D}{D_0} \right) \tag{6-4}$$

式中：P——调值后合同价款或工程实际结算款；

$\qquad P_0$——合同价款中工程预算进度款；

$\qquad a_0$——固定要素，代表合同支付中不能调整的部分；

$\qquad a_1$、a_2、a_3、a_4——代表有关成本要素(如：人工费用、钢材费用、水泥费用、运输费等)在合同总价中所占的比重 $a_0+a_1+a_2+a_3+a_4=1$；

$\qquad A_0$、B_0、C_0、D_0——基准日期与 a_1、a_2、a_3、a_4 对应的各项费用的基期价格指数或价格；

$\qquad A$、B、C、D——与特定付款证书有关的期间最后一天的 49 天前与 a_1、a_2、a_3、a_4 对应的各成本要素的现行价格指数或价格。

各部分成本的比重系数在许多标书中要求承包方在投标时即提出，并在价格分析中予以论证。但也有的是由发包方在标书中即规定一个允许范围，由投标人在此范围内选定。因此，监理工程师在编制标书中，尽可能要确定合同价中固定部分和不同投入因素的比重系数和范围，招标时以给投标人留下选择的余地。

6.1.7　质量保修金

质量保修金
概念.mp4

建筑工程中，"质量保修金"是指建设单位与施工单位在建设工程承包合同中约定或施工单位在工程保修书中承诺，在建筑工程竣工验收交付使用后，从应付的建设工程款中预留的用以维修建筑工程在保修期限和保修范围内出现的质量缺陷的资金。质量保修金由承包方向发包方支付，也可由发包方从应付承包方工程款内预留。质量保修金的比例及金额由双方约定，比例一般为建设工程款的 3%～5%。工程的质量保证期满后，发包方应该及时结算和返还(如有剩余)质量保修金。发包方应当在质量保证金满 14 天后，将剩余保修金和按约定利率计算的利息返还承包方。

有约定每月从施工单位的工程款中按相应比例扣留，也可以最后结算时扣留(小工程)。

关于质量保修期，我国《建筑法》明确规定，建筑工程实行质量保修制度，建筑施工企业要对自己施工范围内的工程承担质量保修责任。国务院发布的《建设工程质量管理条例》和建设部发布的《房屋建筑工程质量保修办法》对工程保修期限做出了具体规定，明确了各专业工程的"最低保修期"，比如地基基础和主体结构工程为设计文件规定的该工程的合理使用年限、防水工程 5 年、装修工程 2 年等。由于上述期限属于法律规定的最低保修期，因此，当事人约定的保修期限只能高于或等于最低保修期，不得低于最低保修期，否则约定无效。 由此可见，针对不同的分项工程，质量保修期限是不同的，有的 2 年，有的 5 年，有的则更长，如地基基础和主体结构工程为设计文件规定的该工程的合理使用年限，按照国家《民用建筑设计通则》，该合理使用年限一般长达 50～70 年。

6.2 竣 工 结 算

竣工决算.avi

6.2.1 竣工结算概述

竣工结算是指建设工程项目完工并经验收合格后，对所完成的项目进行的全面工程结算。工程完工后，发、承包双方必须在合同约定时间内办理工程竣工结算。工程竣工结算应由承包人或受其委托具有相应资质的工程造价咨询人编制，并应由发包人或受其委托具有相应资质的工程造价咨询人核对。

竣工结算
概述.mp4

1. 竣工结算的程序

1) 承包人递交竣工结算书

承包人应在合同约定时间内编制完成竣工结算书，并在提交竣工验收报告的同时递交给发包人。承包人未在合同约定时间内递交竣工结算书，经发包人催促后仍未提供或没有明确答复的，发包人可以根据已有资料办理结算。

2) 发包人进行结算审核

工程竣工结算
程序.mp4

发包人在收到承包人递交的竣工结算书后，应按合同约定时间核对。合同中对核对时间没有约定或约定不明的，根据《建设工程价款结算暂行办法》的规定，按表 6-1 中的时间进行核对并提出核对意见。

表 6-1　工程竣工结算核对时间表

序　号	工程竣工结算书金额	核对时间
1	500 万元以下	从接到竣工结算书之日起 20 天
2	500 万～2000 万元	从接到竣工结算书之日起 30 天
3	2000 万～5000 万元	从接到竣工结算书之日起 45 天
4	5000 万元以上	从接到竣工结算书之日起 60 天

发包人或受其委托的工程造价咨询人收到承包人递交的竣工结算书后，在合同约定时间内，不核对竣工结算或未提出核对意见的，视为承包人递交的竣工结算书已经认可，发包人应向承包人支付工程结算价款。

承包人在接到发包人提出的核对意见后，在合同约定时间内，不确认也未提出异议的，视为发包人提出的核对意见已经认可。竣工结算办理完毕，发包人应将竣工结算书报送工程所在地或有该工程管辖权的行业管理部门的工程造价管理机构备案，竣工结算书作为工程竣工验收备案、交付使用的必备文件。

同一工程竣工结算核对完成，发、承包双方签字确认后，禁止发包人又要求承包人与另一个或多个工程造价咨询人重复核对竣工结算。

3)　工程竣工结算价款的支付

竣工结算办理完毕，发包人应根据确认的竣工结算书在合同约定时间内向承包人支付工程竣工结算价款。

发包人未在合同约定时间内向承包人支付工程结算价款的，承包人可催告发包人支付结算价款。如达成延期支付协议的，发包人应按同期银行同类贷款利率支付拖欠工程价款的利息。如未达成延期支付协议，承包人可以与发包人协商将该工程折价，或申请人民法院将该工程依法拍卖，承包人就该工程折价或者拍卖的价款优先受偿。

2. 竣工结算的依据

根据《建设工程工程量清单计价规范》(GB 50500—2013)的规定，工程竣工结算的主要依据有：

(1)　《建设工程工程量清单计价规范》(GB 50500—2013)；

(2)　工程合同；

(3)　发、承包双方实施过程中已确认的工程量及其结算的合同价款；

(4)　发、承包双方实施过程中已确认调整后追加(减)的合同价款；

(5)　建设工程设计文件及相关资料；

(6)　投标文件；

(7)　其他依据。

6.2.2　竣工结算的审查

工程竣工结算
审查方法.mp4

1. 竣工结算的审查方法

竣工结算的审查应依据合同约定的结算方法进行，根据合同类型，采用不同的审查方法。

(1)　采用总价合同的，应在合同价的基础上对设计变更、工程洽商以及工程索赔等合同约定可以调整的内容进行审查；

(2)　采用单价合同的，应审查施工图以内的各个分部分项工程量，依据合同约定的方式审查分部分项工程价格，并对设计变更、工程洽商、工程索赔等调整内容进行审查；

(3)　采用成本加酬金合同的，应依据合同约定的方法审查各个分部分项工程以及设计变更、工程洽商等内容的工程成本，并审查酬金及有关税费的取定。

除非已有约定，竣工结算应采用全面审查的方法，严禁采用抽样审查、重点审查、分析对比审查和经验审查的方法，避免审查疏漏现象发生。

2. 竣工结算的审查内容

1)　审查结算的递交程序和资料的完备性

(1)　审查结算资料的递交手续、程序的合法性，以及结算资料具有的法律效力；

(2)　审查结算资料的完整性、真实性和相符性。

竣工结算审查的
内容.mp4

2) 审查与结算有关的各项内容

(1) 建设工程发、承包合同及其补充合同的合法性和有效性；

(2) 施工发、承包合同范围以外调整的工程价款；

(3) 分部分项、措施项目、其他项目工程量及单价；

(4) 发包人单独分包工程项目的界面划分和总包人的配合费用；

(5) 工程变更、索赔、奖励及违约费用；

(6) 规费、税金、政策性调整以及材料差价计算；

(7) 实际施工工期与合同工期发生差异的原因和责任，以及对工程造价的影响程度；

(8) 其他涉及工程造价的内容。

6.2.3 竣工结算的编制

1. 竣工结算的编制方法

竣工结算的编制应区分合同类型，采用相应的编制方法。

(1) 采用总价合同的，应在合同价基础上对设计变更、工程洽商以及工程索赔等合同约定可以调整的内容进行调整；

(2) 采用单价合同的，应计算或核定竣工图或施工图以内的各个分部分项工程量，依据合同约定的方式确定分部分项工程项目价格，并对设计变更、工程洽商、施工措施以及工程索赔等内容进行调整；

(3) 采用成本加酬金合同的，应依据合同约定的方法计算各个分部分项工程以及设计变更、工程洽商、施工措施等内容的工程成本，并计算酬金及有关税费。

2. 竣工结算的编制内容

采用工程量清单计价，竣工结算编制的主要内容有：

(1) 工程项目的所有分部分项工程量，以及实施工程项目采用的措施项目工程量；为完成所有工程量并按规定计算的人工费、材料费、设备费、机具费、企业管理费、利润和税金；

竣工结算编制
内容.mp4

(2) 分部分项工程和措施项目以外的其他项目所需计算的各项费用；

(3) 工程变更费用、索赔费用、合同约定的其他费用。

3. 竣工结算的计算方法

工程量清单计价法通常采用单价合同的合同计价方式，竣工结算的编制是采取合同价加变更签证的方式进行。

$$工程项目竣工结算价 = \sum 单项工程竣工结算价 \tag{6-5}$$

$$单项工程竣工结算价 = \sum 单位工程竣工结算价 \tag{6-6}$$

$$单位工程竣工结算价 = 分部分项工程费 + 措施费 + 其他项目费 + 规费 + 税金 \tag{6-7}$$

《建设工程工程量清单计价规范》(GB 50500—2013)中对计价原则有如下规定。

(1) 分部分项工程和措施项目中的单价项目应依据双方确认的工程量与已标价工程量

清单的综合单价计算；发生调整的，应以发、承包双方确认调整的综合单价计算。

(2) 措施项目中的总价项目应依据已标价工程量清单的项目和金额计算；发生调整的，应以发、承包双方确认调整的金额计算，其中安全文明施工费应按国家或省级、行业建设主管部门的规定计算。

(3) 其他项目应按下列规定计价。

① 计日工应按发包人实际签证确认的事项计算；

② 暂估价应按计价规范相关规定计算；

③ 总承包服务费应依据已标价工程量清单的金额计算；发生调整的，应以发、承包双方确认调整的金额计算；

④ 索赔费用应依据发、承包双方确认的索赔事项和金额计算；

⑤ 现场签证费用应依据发、承包双方签证资料确认的金额计算；

⑥ 暂列金额应减去合同价款调整(包括索赔、现场签证)金额计算，如有余额归发包人。

(4) 规费和税金按国家或省级、建设主管部门的规定计算。规费中的工程排污费应按工程所在地环境保护部门规定标准缴纳后按实列入。

(5) 发、承包双方在合同工程实施过程中已经确认的工程计量结果和合同价款，在竣工结算办理中应直接进入结算。

6.2.4　竣工结算款

竣工结算款
支付.mp4

1. 竣工结算款支付

1) 承包人提交竣工结算款支付申请

承包人应根据办理的竣工结算文件向发包人提交竣工结算款支付申请，申请应包括下列内容。

(1) 竣工结算合同价款总额；

(2) 累计已实际支付的合同价款；

(3) 应预留的质量保证金；

(4) 实际应支付的竣工结算款金额。

2) 发包人签发竣工结算支付证书与支付结算款

发包人应在收到承包人提交竣工结算款支付申请后 7 天内予以核实，向承包人签发竣工结算支付证书，并在签发竣工结算支付证书后的 14 天内，按照竣工结算支付证书列明的金额向承包人支付结算款。

发包人在收到承包人提交的竣工结算款支付申请后 7 天内不予核实，不向承包人签发竣工结算支付证书的，视为承包人的竣工结算款支付申请已被发包人认可；发包人应在收到承包人提交的竣工结算款支付申请 7 天后的 14 天内，按照承包人提交的竣工结算款支付申请列明的金额向承包人支付结算款。

发包人未按照上述规定支付竣工结算款的，承包人可催告发包人支付，并有权获得延迟支付的利息。发包人在竣工结算支付证书签发后，或者在收到承包人提交的竣工结算款支付申请 7 天后的 56 天内仍未支付的，除法律另有规定外，承包人可与发包人协商将该工程折价，也可直接向人民法院申请将该工程依法拍卖。承包人应就该工程折价或拍卖的价款优先受偿。

2. 质量保证金

发包人应按照合同约定的质量保证金比例从结算款中预留质量保证金。承包人未按照合同约定履行属于自身责任的工程缺陷修复义务的，发包人有权从质量保证金中扣除用于缺陷修复的各项支出。经查验，工程缺陷属于发包人原因造成的，应由发包人承担查验和缺陷修复的费用。在合同约定的缺陷责任期终止后，发包人应按照合同中最终结清的相关规定，将剩余的质量保证金返还给承包人。当然，剩余质量保证金的返还，并不能免除承包人按照合同约定应承担的质量保修责任和应履行的质量保修义务。

3. 最终结清

缺陷责任期终止后，承包人应按照合同约定向发包人提交最终结清支付申请。发包人对最终结清支付申请有异议的，有权要求承包人进行修正和提供补充资料。承包人修正后，应再次向发包人提交修正后的最终结清支付申请。发包人应在收到最终结清支付申请后的14天内予以核实，并应向承包人签发最终结清支付证书。发包人应在签发最终结清支付证书后的14天内，按照最终结清支付证书列明的金额向承包人支付最终结清款。如果发包人未在约定的时间内核实，又未提出具体意见的，应视为承包人提交的最终结清支付申请已被发包人认可。

发包人未按期最终结清支付的，承包人可催告发包人支付，并有权获得延迟支付的利息。最终结清时，如果承包人被预留的质量保证金不足以抵减发包人工程缺陷修复费用的，承包人应承担不足部分的补偿责任。承包人对发包人支付的最终结清款有异议的，按照合同约定的争议解决方式处理。

6.3 竣 工 决 算

6.3.1 竣工决算概述

1. 竣工决算的概念

竣工决算是在建设项目或单项工程完工后，由建设单位财务及有关部门，以竣工结算等资料为基础，编制的反映建设项目实际造价和投资效果的文件。

竣工决算是竣工验收报告的重要组成部分，它包括建设项目从筹建到竣工投产全过程的全部实际支出费用。它是考核建设成本的重要依据，对于总结分析建设过程的经验教训，提高工程造价管理水平，积累技术经济资料，为有关部门制定类似工程的建设计划和修订概预算定额指标提供资料和经验，都具有重要的意义。

2. 竣工决算的编制依据

(1) 经批准的可行性研究报告及其投资估算书；

(2) 经批准的初步设计或扩大初步设计及其概算书或修正概算书；

(3) 经批准的施工图设计及其施工图预算书；

(4) 设计交底或图纸会审会议纪要；

(5) 招投标的标底、承包合同、工程结算资料；

(6) 施工记录或施工签证单及其他施工发生的费用记录；

(7) 竣工图及各种竣工验收资料；

(8) 历年基建资料、财务决算及批复文件；

(9) 设备、材料等调价文件和调价记录；

(10) 有关财务核算制度、办法和其他有关资料、文件等。

3. 竣工决算的内容

建设项目竣工决算应包括从筹集到竣工投产全过程的全部实际费用，即包括建筑安装工程费，设备、工具及器具购置费，工程建设其他费用等部分。按照财政部、国家发改委和建设部的有关文件规定，竣工决算由竣工财务决算说明书、竣工财务决算报表、工程竣工图和工程竣工造价对比分析四部分组成。

4. 竣工决算的作用

(1) 全面反映竣工项目的实际建设情况和财务情况。

(2) 有利于节约基建投资。

(3) 有利于经济核算。

(4) 考核设计概算的执行情况，提高管理水平。

(5) 正确编制竣工决算，有利于进行"三算"对比。即设计概算、施工图预算和竣工决算的对比。

6.3.2 竣工决算报告

竣工决算报告是考核基本建设项目投资效益、反映建设成果的文件，是建设单位向生产、使用或管理单位移交财产的依据。建设单位从项目筹建开始，即应明确专人负责，做好有关资料的收集、整理、积累、分析工作。项目完建时，应组织工程技术、计划、财务、物资、统计等有关人员共同完成工程竣工决算报告的编制工作。基本建设项目完建后，在竣工验收之前应当根据有关资料所列的数字预编制竣工决算报告。未预编制竣工决算报告的项目原则上不能通过竣工验收。

竣工决算报告由竣工决算报告说明书、竣工决算报表、建设工程项目竣工图和工程造价比较分析四部分组成。

竣工决算报告
概述.mp4

1. 竣工决算报告说明书

竣工决算报告说明书的主要内容包括：

(1) 建设工程项目概况，即对工程总的评价，一般从进度、质量、安全、环保等方面进行分析说明；

(2) 工程项目建设过程和管理中的重大事件、经验教训；

(3) 会计账务的处理、财产物资情况及债权债务的清偿情况；

(4) 资金结余、基本建设结余资金、基本建设收入等的上交分配情况；

(5) 主要技术经济指标的分析、计算情况以及工程遗留问题等；

(6) 基本建设项目管理及决算中存在的问题、建议；

(7) 需说明的其他事项。

2. 竣工决算报表

按规定，建设项目竣工财务决算报表按大、中型建设项目和小型建设项目分别制定。其中大、中型建设项目竣工财务决算报表包括：建设项目竣工财务决算审批表；大、中型建设项目概况表；大、中型建设项目竣工财务决算表；大、中型建设项目交付使用资产总表；建设项目交付使用资产明细表。小型建设项目竣工财务决算报表包括：建设项目竣工财务决算审批表、小型建设项目竣工财务决算总表、建设项目交付使用资产明细表。

3. 建设工程项目竣工图

建设工程项目竣工图是真实记录各种地上地下建筑物、构筑物等情况的技术文件，是工程进行交工验收、维护、改建和扩建的依据。为确保竣工图质量，必须在施工过程中及时做好隐蔽工程检查记录，整理好设计变更文件。

4. 工程造价比较分析

批准的概(预)算是考核建设工程实际造价的依据。在分析时，可将决算报表中所提供的实际数据和相关资料与批准的概(预)算指标进行对比，以反映出竣工项目总造价和单方造价是节约还是超支，在对比的基础上，找出节约和超支的内容和原因，总结经验教训，提出改进措施。

6.4 案 例 分 析

6.4.1 案例 1——工程预付款

【例 1】 某建筑工程承包合同额为 1000 万元，预付款为合同金额的 15%，工期为 12 个月。承包合同规定：

(1) 主要材料及构配件金额占合同总额的 60.83%；

(2) 材料储备天数为 90 天；

(3) 工程保修金为承包合同总价的 3%，业主在最后一个月扣除；

(4) 除设计变更和其他不可抗力因素外，合同总价不做调整。

由业主的工程师代表签认的承包商各月计划和实际完成的建安工程量见表 6-2。

表 6-2　工程结算数据表

单位：万元

月份	1～8	9	10	11	12
计划完成建安工程量	420	160	170	150	100
实际完成建安工程量	440	160	170	130	100

问题：

1. 本例的工程预付款和起扣点是多少？应从几月开始扣回工程预付款？

2. 1～8 月及其他各月工程师代表应签证的工程款是多少？应签发付款凭证金额是多少？

解：问题 1

(1) 工程预付款金额=1000×15%=150(万元)

工程预付款的起扣点计算：1000-150÷60.83%=753(万元)

(2) 1～8 月及其他各月工程师代表应签证的工程款、应签发付款凭证金额：1～8 月完成 440 万元；9 月完成 160 万元，累计完成 600 万元；10 月完成 170 万元，累计完成 770 万元，770 万元>753 万元，因此，应从 10 月份开始扣回工程预付款。

问题 2

(1) 1～8 月实际完成的建筑安装工程量 440 万元，工程师代表应签证的工程款为：440 万元，应签发付款凭证金额为：440 万元。

(2) 9 月工程师代表应签证的工程款为：实际完成的建筑安装工程量 160 万元，9 月应签发付款凭证金额为：160 万元。

(3) 10 月实际完成的建筑安装工程量为 170 万元，10 月应扣回工程预付备料款金额为：(770-753)×60.83%=10.34(万元)，工程师代表应签证的工程款为：170-10.34=159.66(万元)，10 月应签发付款凭证金额为：170-10.34=159.66(万元)。

(4) 11 月实际完成的建筑安装工程量为 130 万元，11 月应扣回工程预付备料款金额为：130×60.83%=79.08(万元)，11 月应签发付款凭证金额为：130-79.08=50.92(万元)。

(5) 12 月实际完成的建筑安装工程量为 100 万元，12 月应扣除保修金为：1000×3%=30(万元)，12 月应扣回工程预付备料款金额为：100×60.83%=60.83(万元)，应签发付款凭证金额为：100-30-60.83=9.17(万元)。

累计扣回工程预付备料款金额为：10.34+79.08+60.83=150.25(万元)。

6.4.2　案例 2——调值工程

【例 2】　某企业承担一工程项目，该工程项目采用调值公式进行结算，其合同价款为 2000 万元，该工程的人工费占总工程费的 20%，材料费占总工程费的 60%，不调值费用占 20%，合同签订日期为 2017 年 8 月 15 日，工程于 2018 年 8 月 15 日建成交付使用。该地区工程造价管理部门发布的价格指数和工程的各项费用构成比例见表 6-3。用调值公式计算实际支付的工程价款。

表 6-3　价格指数和工程的各项费用构成比例表

项　目	人工费	材料费	不调价费
占合同比例	20%	60%	20%
2017 年 8 月 15 日	101	98	
2018 年 8 月 15 日	115	112	

解：根据调值公式可知：

$$P = P_0 \times \left(a_0 + a_1 \times \frac{A}{A_0} + a_2 \times \frac{B}{B_0} + a_3 \times \frac{C}{C_0} + \cdots \right)$$

实际应支付的工程价款为 $P = 2000 \times \left(0.2 + 0.2 \times \frac{115}{101} + 0.6 \times \frac{112}{98} \right) = 2231$ (万元)

工程款结算.avi

6.4.3 案例3——工程款结算

【例3】 某施工单位承包某工程项目，甲乙双方签订的关于工程价款的合同内容有：建筑安装工程造价 660 万元，建筑材料及设备费占施工产值的比重为 60%；工程预付款为建筑安装工程造价的 20%。工程实施后，工程预付款从未施工工程尚需的建筑材料及设备费相当于工程预付款数额时起扣，从每次结算工程价款中按材料和设备占施工产值的比重扣抵工程预付款，竣工前全部扣清；工程进度款逐月计算；工程质量保证金为建筑安装工程造价的 3%，竣工结算月一次扣留；建筑材料和设备费价差调整按当地工程造价管理部门有关规定执行(按当地工程造价管理部门有关规定，上半年材料和设备价差上调 10%，在 6 月一次调值)。工程各月实际完成产值见表 6-4。

表 6-4 各月实际完成产值

单位：万元

月份	2	3	4	5	6
完成产值	55	110	165	220	110

问题：

1. 该工程的工程预付款、起扣点为多少？

2. 该工程 2 月至 5 月每月拨付工程款为多少？累计工程款为多少？

3. 6 月办理工程竣工结算，该工程结算造价为多少？甲方应付工程结算款为多少？

4. 该工程在保修期间发生屋面漏水，甲方多次催促乙方修理，乙方一再拖延，最后甲方另请施工单位修理，修理费 1.5 万元，该项费用如何处理？

解： 问题 1

由题意可知，工程预付款为：660×20%=132(万元)

根据起扣点公式可知，起扣点为：660-132/60%=440(万元)

问题 2

各月拨付工程款为：

(1) 2 月工程款：55 万元，累计工程款 55 万元；

(2) 3 月工程款：110 万元，累计工程款：110+55=165(万元)

(3) 4 月工程款：165 万元，累计工程款：165+165=330(万元)

(4) 5 月工程款：220-(220+330-440)×60%=154(万元)

累计工程款：330+154=484(万元)

问题 3

6 月办理工程竣工结算，该工程结算造价为：660+660×60%×10%=699.6(万元)

甲方应付工程结算款为：699.6-484-(699.6×3%)-132=62.612(万元)

问题 4

根据相关规定，1.5 万元维修费应从乙方(承包方)的质量保证金中扣除。

6.4.4　案例 4——清单结算

【例 4】　某工业项目发包人采用工程量清单计价方式，与承包人按照《建设工程施工合同(示范文本)》签订了工程施工合同。合同约定：项目的成套生产设备由发包人采购，管理费和利润为人材机费用之和的 18%，规费和税金为人材机费用与管理费和利润之和的 10%，人工工资标准为 80 元/工日，窝工补偿标准为 50 元/工日，施工机械窝工闲置台班补偿标准为正常台班费的 60%，人工窝工和机械窝工闲置不计取管理费和利润，工期 270 天，每提前或拖后一天奖励(或罚款)5000 元(含税费)。承包人经发包人同意将设备与管线安装作业分包给某专业分包人，分包合同约定，分包工程进度必须服从总包施工进度的安排，各项费用、费率标准约定与总承包施工合同相同。开工前，承包人编制的施工网络进度计划得到了监理工程师的批准，如图 6-1 所示，图中箭线下方括号外数字为工作持续时间(单位：天)，括号内数字为每天作业班组工人数，所有工作均按最早可能时间安排作业。

施工过程中发生了以下事件。

事件 1：主体结构作业 20 天后，遇到持续 2 天的特大暴雨，造成工地堆放的承包人部分周转材料损失费用 2000 元，特大暴风雨结束后，承包人安排该作业队中 20 人修复倒塌的模板及支撑，30 人进行工程修复和场地清理，其他人在现场停工待命，清理和修复工作持续了 1 天时间。施工机械 A、B 持续窝工闲置 3 个台班(台班费用分别为：1200 元/台班、900 元/台班)。

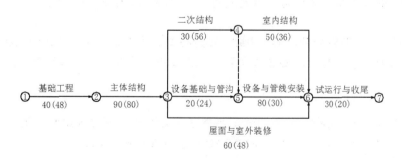

图 6-1　施工网络计划图

事件 2：设备基础与管沟完成后，专业分包人对其进行技术复核，发现有部分基础尺寸和地脚螺栓预留孔洞位置偏差过大，经沟通，承包人安排 10 名工人用了 6 天时间进行返工处理，发生人、材费用 1260 元，使设备基础与管沟工作持续时间增加。

事件 3：设备与管线安装工作中，因发包人采购成套生产设备的配套附件不全，专业分包人自行决定采购补全，发生采购费用 3500 元，并造成作业班组整体停工 3 天，因受干扰降效增加作业用工 60 个工日，施工机械 C 闲置 3 个台班(台班费 3600 元/台班)，设备与管线安装工作持续时间增加 3 天。

事件 4：为抢工期，经监理工程师同意，承包人将试运行部分工作提前安排，和设备与管线安装搭接作业 5 天，因搭接作业相互干扰降效，使费用增加 10000 元。

其余各项工作的持续时间和费用没有发生变化。

上述事件发生后，承包人均在合同规定的时间内向发包人提出了索赔，并提交了相关索赔资料。

问题：

1. 分别说明各事件工期、费用索赔能否成立，简述其理由。

2. 各事件工期索赔分别为多少天？总工期索赔为多少天？实际工期为多少天？

3. 专业分包人可以得到的费用索赔为多少元？专业分包人应该向谁提出索赔？

4. 承包人可以得到的各事件费用索赔为多少元？总费用索赔额为多少元？工期奖励(或罚款)为多少元？

解：问题 1

(1) 事件 1，工期索赔成立，因为主体结构作业是关键工作，并且是不可抗力造成的延误和清理修复花费的时间，所以可以索赔工期。

部分周转材料损失费用，修复倒塌的模板及支撑，清理现场时的窝工及机械闲置费用索赔不成立，因为不可抗力期间工地堆放的承包人部分周转材料损失及窝工闲置费用应由承包人承担。

修理和清理工作发生的费用索赔成立，因为修理和清理工作发生的费用应由业主承担。

(2) 事件 2，工期和费用索赔均不成立，因为是施工方施工质量问题造成的延误和费用，应由承包人自己承担。

(3) 事件 3，工期索赔成立，因为设备与管线安装作业是关键工作，且发生延误是因为发包人采购设备不全造成，属于发包方原因。

费用索赔成立，因为发包方原因造成的采购费用和现场施工的费用增加，应由发包人承担。

(4) 事件 4，工期和费用均不能索赔，因为施工方自身原因决定增加投入加快进度，相应工期不会增加，费用增加应由施工方承担。施工单位自行赶工，工期提前，最终可以获得工期奖励。

问题 2

事件 1 索赔 3 天，事件 2 索赔 0 天，事件 3 索赔 6 天，事件 4 索赔 0 天。

总工期索赔 9 天，实际工期=40+90+3+30+80+6+30-5=274(天)

问题 3

事件 3 费用索赔=[3500×(1+18%)+3×30×50+60×80×(1+18%)+3×1600×60%]×(1+10%)
            =18891.4(元)

专业分包人可以得到索赔费用 18891.4 元，专业分包人应该向总承包单位提出索赔。

问题 4

事件 1：费用索赔=50×80×(1+18%)×(1+10%)=5192(元)

事件 2：费用索赔 0 元

事件 3：费用索赔=[3500×(1+18%)+3×30×50+60×80×(1+18%)+3×1600×60%]×(1+10%)
　　　　　　＝18891.4(元)

事件 4：费用索赔 0 元。

总费用索赔额=5192+18891.4=24083.4(元)

工期奖励=(270+9-274)×5000=25000(元)

6.4.5　案例 5——关于索赔的结算

【例 5】　某房屋建筑工程项目，建设单位与施工单位按照《建设工程施工合同(示范文本)》签订了施工承包合同。施工合同中规定：

(1)　设备由建设单位采购，施工单位安装。

(2)　建设单位原因导致的施工单位人工窝工，按 18 元/工日补偿，建设单位原因导致的施工单位设备闲置，补偿标准见表 6-5。

表 6-5　设备闲置补偿标准

机械名称	台班单价/(元/台班)	补偿标准
大型起重机	1060	台班单价的 60%
自卸汽车(5t)	318	台班单价的 40%
自卸汽车(8t)	458	台班单价的 50%

(3)　施工过程中发生的设计变更，其价款以工料单价法计价程序计价(以直接费为计算基础)，间接费费率为 10%，利润率为 5%，增值税税率为 11%。该工程在施工过程中发生以下事件。

事件 1：施工单位在土方工程填筑时，发现取土区的土壤含水量过大，必须经晾晒后才能填筑，增加费用 3000 元，工期延误 10d。

事件 2：基坑开挖深度为 3m，施工组织设计中考虑的放坡系数为 0.3(已经监理工程师批准)。施工单位为避免坑壁塌方，开挖时加大了放坡系数，使土方开挖量增加，导致费用超支 1000 元，工期延误 3d。

事件 3：施工单位在主体钢结构吊装安装阶段发现钢筋混凝土结构上缺少相应的预埋件，经查实是由于土建施工图样遗漏该预埋件的错误所致。返工处理后，增加费用 20000 元，工期延误 8d。

事件 4：建设单位采购的设备没有按计划时间到场，施工受到影响，施工单位一台大型起重机、两台自卸汽车(载重 5t、8t 各一台)闲置 5d，人工窝工 86 工日，工期延误 5d。

事件 5：某分项工程由于建设单位提出工程使用功能的调整，须进行设计变更。设计变更后，经确认直接工程费增加 18000 元，措施费增加 2000 元。

上述事件发生后，施工单位及时向建设单位造价工程师提出索赔要求。

1. 分析以上各事件中造价工程师是否应该批准施工单位的索赔要求？为什么？

2. 对于工程施工中发生的工程变更，造价工程师对变更部分的合同价款应根据什么原则确定？

3. 造价工程师应批准的索赔金额是多少元？工程延期是多少天？

解： 问题1

(1) 事件1不应该批准，这是施工单位应该预料到的，属于施工单位的责任。

(2) 事件2不应该批准，施工单位为确保安全，自行调整施工方案，属于施工单位的责任。

(3) 事件3应该批准，这是由于土建施工图纸错误造成的，属于建设单位的责任。

(4) 事件4应该批准，这是由于建设单位采购的设备没按计划时间到场造成的，属于建设单位的责任。

(5) 事件5应该批准，由于建设单位设计变更造成的，属于建设单位的责任。

问题2

变更价款的确定原则为：

(1) 合同中已有适用于变更工程价格的，按合同已有的价格计算，变更合同价款；

(2) 合同中只有类似于变更工程价格的，可以参照此价格确定变更价格，变更合同价款；

(3) 合同中没有适用或类似于变更工程价格的，由承包商提出适当的变更价格，经工程师确认后执行；如不被工程师确认，双方应首先通过协商确定变更工程价款；当双方不能通过协商确定变更工程价款时，按合同争议的处理方法解决。

问题3

索赔计算如下：

(1) 造价工程师应批准的索赔金额：

事件3：返工费用：20000元

事件4：机械台班费：$(1060×60\%+318×40\%+458×50\%)×5=4961(元)$

事件5：应给施工单位增补：$86×18=1548(元)$

直接费：$18000+2000=20000(元)$

间接费：$20000×10\%=2000(元)$

利润：$(20000+2000)×5\%=1100(元)$

增值税：$(20000+2000+1100)×11\%=2541(元)$

应增补：$(20000+2000+1100+2541)=25641(元)$

合计：$20000+4961+1548+25641=52150(元)$

(2) 造价工程师应批准的工程延期：

事件3：8天；

事件4：5天；

合计：13天。

6.4.6 案例6——网络图优化

【例6】某工程业主在招标文件中规定：工期T(周)不得超过80周，也不应短于60周。

某施工单位决定参与该工程的投标。在基本确定技术方案后，为提高竞争能力，对其中某技术措施拟订了三个方案进行比选。方案一的费用为 $C_1=100+4T$；方案二的费用为 $C_2=150+3T$；方案三的费用为 $C_3=250+2T$。

这个技术措施的三个比选方案对施工网络计划的关键线路均没有影响。各关键工作可压缩的时间及相应增加的费用见表 6-6。假定所有关键工作压缩后不改变关键线路。

表 6-6　各关键工作可压缩的时间及相应增加的费用表

关键工作	A	C	E	H	M
可压缩时间/周	1	2	1	3	2
压缩单位时间增加的费用/(万元/周)	3.5	2.5	4.5	6.0	2.0

问题:

1. 该施工单位应采用哪种技术措施方案投标? 为什么?

2. 该工程采用问题 1 中选用的技术措施方案时的工期为 80 周，造价为 2653 万元。为了争取中标，该施工单位投标应报工期和价格各为多少?

3. 若招标文件规定，施工单位自报工期小于 80 周时，工期每提前 1 周，其总报价降低 2 万元作为经评审的报价，则施工单位的自报工期应为多少? 相应的经评审的报价为多少?

4. 如果该工程的施工网络计划如图 6-2 所示，则压缩哪些关键工作可能改变关键线路? 压缩哪些关键工作不会改变关键线路?

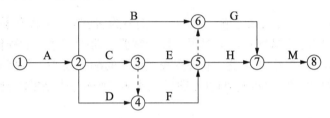

图 6-2　施工网络计划图

解: 问题 1

解法一: 令 $C_1=C_2$，即 $100+4T=150+3T$，解得 $T=50$ 周。

当工期小于 50 周时，应采用方案一; 当工期大于 50 周时，应采用方案二。

由于招标文件规定工期为 60～80 周，因此，应采用方案二。

再令 $C_2=C_3$，即 $150+3T=250+2T$，解得 $T=100$ 周。

当工期小于 100 周时，应采用方案二; 当工期大于 100 周时，应采用方案三。

因此，根据招标文件对工期的要求，施工单位应采用方案二的技术措施投标。

解法二: 当 $T=60$ 周，则

$$C_1=100+4\times60=340(万元)$$
$$C_2=150+3\times60=330(万元)$$
$$C_3=250+2\times60=370(万元)$$

此时，方案二为最优方案。

当 $T=80$ 周，则

$$C_1=100+4\times80=420(万元)$$
$$C_2=150+3\times80=390(万元)$$
$$C_3=250+2\times80=410(万元)$$

此时，方案二为最优方案。

所以施工单位应采用方案二的技术措施投标。

问题 2

由于方案二的费用函数为 $C_2=150+3T$，所以对压缩 1 周时间增加的费用小于 3 万元的关键工作均可压缩，即应对关键工作 C 和 M 进行压缩。

则自报工期：80-2-2=76(周)

相应的报价：2653-(80-76)×3+2.5×2+2.0×2=2650(万元)

问题 3

由于工期每提前 1 周，可降低经评审的报价 2 万元，所以对压缩 1 周时间增加的费用小于 5 万元的关键工作均可压缩，即应对关键工作 A、C、E、M 进行压缩。

则自报工期：80-1-2-1-2=74(周)

相应的经评审的报价：2653-(80-74)×(3+2)+3.5+2.5×2+4.5+2.0×2=2640(万元)

问题 4

(1) 压缩关键工作 C、E、H 能改变关键线路；

(2) 压缩关键工作 A、M 不会改变关键线路。

本 章 小 结

通过本章的学习，学生主要了解了工程结算的概念和内容、工程结算依据及结算方式；了解了工程价款结算的计算规则、工程预付款；掌握了期中支付、工程价款的动态结算及质量保修金。了解了竣工结算概述、审查及竣工结算的编制方法；掌握了竣工结算款支付及决算报告的主要内容等。为同学们以后的学习或者工作打下坚实的基础。

实 训 练 习

一、单选题

1. 若从接到竣工结算报告和完整的竣工结算资料之日起审查时限为 45 天，则单项工程竣工结算报告的金额应该为(   )。

　　A. 500 万元以下　　　　　　　　B. 500 万～2000 万元

　　C. 2000 万～5000 万元　　　　　D. 5000 万元以上

2. 建设项目竣工总结算在最后一个单项工程竣工结算确认后 15 天内汇总，送业主(   )天内审查完成。

　　A. 20　　　　B. 45　　　　C. 30　　　　D. 60

3. 当某单项工程竣工结算报告金额为 1500 万元时，审查时限应从接到竣工结算报告和完整的竣工结算资料之日起(   )天。

　　A. 20　　　　B. 30　　　　C. 45　　　　D. 60

4. 编制竣工结算除应具备全套竣工图纸、材料价格或材料、设备购物凭证、取费标准以及有关计价规定外，还应具备的资料有(   )。

　　A. 工程量清单报价书和设计变更通知单等

　　B. 施工预算书和材料价格变更文件等

　　C. 材料限额领料单

D. 工程现场会议纪要

5. 根据确认的竣工结算报告，承包商向业主申请支付工程竣工结算款。业主应在收到申请后(　　)天内支付结算款，到期没有支付的应承担违约责任。

    A. 14　　　　　　　B. 28　　　　　　　C. 15　　　　　　　D. 30

6. 工程竣工结算的审核，除了核对合同条款、严格按合同约定计价、注意各项费用计取、防止各种计算误差之外，还包括(　　)。

    A. 落实合同价款调整数额和按图计算工程造价

    B. 落实工程索赔价款和按图核实工程造价

    C. 落实设计变更签证和按图核实工程数量

    D. 落实工程价款签证和按图计算工程数量

7. 某独立土方工程，招标文件估计工程量为100万 m^3。合同约定：工程款按月支付并同时在该款项中扣留5%的工程预付款；土方工程为全费用单价，每立方米10元，当实际工程量超过估计工程量的10%时，超过部分调整单价，每立方米为9元。某月施工单位完成土方工程量25万 m^3，截至该月累计完成的工程量为120万 m^3，则该月应结工程款为(　　)万元。

    A. 240　　　　　　B. 237.5　　　　　　C. 228　　　　　　D. 236.6

8. 主管部门对于按规定报财政部审批的项目，一般应在收到竣工决算报告后(　　)内完成审核工作，并将经审核后的决算报告报财政部审批。

    A. 1个月　　　　　B. 3个月　　　　　C. 6个月　　　　　D. 1年

9. 竣工财务决算报表中的(　　)采用平衡表形式，即资金来源合计等于资金支出合计。

    A. 大中型建设项目交付使用资产总表

    B. 建设项目交付使用资产明细表

    C. 大中型建设项目竣工决算表

    D. 大中型建设项目概况表

10. 建设项目竣工决算的作用不包括(　　)。

    A. 建设项目竣工决算是综合全面地反映竣工项目建设成果及财务情况的总结性文件

    B. 建设项目竣工决算是缩短工程建设周期的唯一途径

    C. 建设项目竣工决算为确定建设单位新增固定资产价值提供依据

    D. 建设项目竣工决算是分析和检查设计概算执行情况的依据

11. 承包商应当按照合同约定的方法和时间，向监理(业主)提交已完工程量的报告。监理(业主)接到报告(　　)天内核实已完工程量，如未及时核实完，承包商报告中的工程量即视为被确认，作为工程价款支付的依据。双方合同另有约定的，按合同执行。

    A. 7　　　　　　　B. 10　　　　　　　C. 14　　　　　　　D. 28

12. 在工程进度款结算过程中，除了对承包商超出设计图纸范围而增加的工程量，监理不予计量之外，还包括(　　)。

    A. 因发包人原因造成返工的工程量

    B. 因承包商原因造成返工的工程量

    C. 因不可抗力造成返工的工程量

    D. 因不利施工条件造成返工的工程量

13. 根据监理(业主)确认的工程量计量结果,承包商向监理(业主)提出支付工程进度款申请,监理(业主)应在(　　)天内向承包商支付工程进度款。

　　A. 7　　　　　　　B. 10　　　　　　　C. 14　　　　　　　D. 28

14. 对承包人超出设计图纸范围和因承包人原因造成返工的工程量,发包人(　　)。

　　A. 按实际计量　　B. 按合同计量　　C. 不予计量　　　D. 双方协商计量

15. 根据监理(业主)确认的工程量计量结果,承包商向监理(业主)提出支付工程进度款申请,监理(业主)应在规定时间内按工程价款的(　　)向承包商支付工程进度款。

　　A. 30%~60%　　B. 60%~90%　　C. 10%~90%　　　D. 30%~90%

16. 监理(业主)超过约定的支付时间不支付工程进度款,承包商应及时向业主发出要求付款的通知,监理(业主)收到承包商通知后仍不能按要求付款,可与承包商协商签订延期付款协议,经承包商同意后可延期支付,协议应明确延期支付的时间和从工程量计量结果确认后第(　　)天起计算应付款的利息。

　　A. 14　　　　　　B. 28　　　　　　　C. 15　　　　　　　D. 30

17. 根据《建设工程价款结算暂行办法》的规定,在竣工结算编审过程中,单位工程竣工结算的编制人是(　　)。

　　A. 业主　　　　　B. 承包商　　　　　C. 总承包商　　　　D. 监理咨询机构

18. 竣工结算的方式不包括(　　)。

　　A. 单位工程竣工结算　　　　　　　B. 单项工程竣工结算
　　C. 建设项目竣工总结算　　　　　　D. 分部分项工程竣工结算

19. 单项工程竣工结算或建设项目竣工总结算由(　　)编制。

　　A. 业主　　　　　B. 承包商　　　　　C. 总承包商　　　　D. 监理咨询机构

20. 单项工程竣工后,承包商应在提交竣工验收报告的同时,向业主递交完整的结算资料和(　　)。

　　A. 竣工验收资料　　　　　　　　　B. 合同文件
　　C. 工程竣工图　　　　　　　　　　D. 竣工结算报告

二、多选题

1. 竣工结算的方式有(　　)。

　　A. 建设项目竣工总结算　　B. 单项工程竣工结算　　C. 单位工程竣工结算
　　D. 分部工程竣工结算　　　E. 分项工程竣工结算

2. 竣工结算的原则包括(　　)。

　　A. 任何工程的竣工结算,都必须在工程全部完工,经提交验收并提出竣工验收报告以后方能进行
　　B. 以单位工程为基础对施工图预算、报价内容进行检查核对
　　C. 坚持实事求是,针对具体情况处理遇到的复杂问题
　　D. 强调合同的严肃性,依据合同约定进行结算
　　E. 办理竣工结算,必须依据充分,基础资料齐全

3. 在竣工验收和竣工结算中,承包人应当(　　)。

　　A. 申请验收　　　　　　　B. 组织验收　　　　　　　C. 提出修改意见

　　　　D. 递交竣工结算报告　　　E. 移交工程
4. 工程竣工结算的审核一般从(　　　)入手。
　　　　A. 核对合同条款　　　　B. 落实设计变更签证　　　C. 按图核实工程数量
　　　　D. 严格按决算约定计价　E. 注意各项费用计取
5. 项目竣工决算的内容包括(　　　)。
　　　　A. 竣工结算书　　　　　B. 竣工决算报表　　　　　C. 竣工决算报告说明书
　　　　D. 竣工工程平面示意图　E. 工程造价比较分析

三，简答题

1. 简述工程价款结算的原则。
2. 简述质量保修金的概念。
3. 简述竣工结算的编制方法。

实训工作单一

班级		姓名		日期	
教学项目	工程款结算与竣工决算				
任务	掌握工程款结算流程	要求		1. 工程预付款案例分析 2. 工程款结算案例分析	
相关知识			工程款结算知识		
其他要求					
案例分析过程记录					
评语				指导教师	

实训工作单二

班级		姓名		日期	
教学项目	工程款结算与竣工决算				
任务	掌握竣工决算知识		案例类型	1. 清单结算 2. 网络图的优化	
相关知识			工程款结算与竣工决算		
其他要求					

案例分析过程记录

评语				指导教师	

参 考 文 献

[1] 全国造价工程师考试培训教材编写委员会. 建设工程造价案例分析[M]. 北京：中国城市出版社，2017.

[2] 全国造价工程师考试培训教材编写委员会. 建设工程技术与计量[M]. 北京：中国计划出版社，2017.

[3] 全国造价工程师考试培训教材编写委员会. 建设工程造价管理[M]. 北京：中国计划出版社，2017.

[4] 全国造价工程师考试培训教材编写委员会. 建设工程计价[M]. 北京：中国计划出版社，2017.

[5] 王春梅. 工程造价案例分析[M]. 北京：清华大学出版社，2010.

[6] 建设工程工程量清单计价规范(GB 50500—2013).

[7] 郭树荣. 工程造价案例分析[M]. 北京：中国建筑工业出版社，2007.

[8] 谭德精. 工程造价确定与控制[M]. 重庆：重庆大学出版社，2001.

[9] 李慧民. 建筑工程经济与项目管理[M]. 北京：冶金工业出版社，2002.

[10] 戚安邦. 工程项目全面造价管理[M]. 天津：南开大学出版社，2000.

[11] 全国造价工程师考试培训教材编写委员会，尹贻林. 工程造价管理相关知识[M]. 北京：中国计划出版社，2000.

[12] 何增勤，李丽红. 建设工程造价案例分析[M]. 北京：中国计划出版社，2016.

[13] 王振强. 日本工程造价管理[M]. 天津：南开大学出版社，2002.